물리로 세상을 바꾸다

How Physics Changed the World

차명식 지음

청문각

그림 2-2
이라크 10,000 디나르 지폐
에 실린 알 하이삼의 초상
(본문 68쪽)

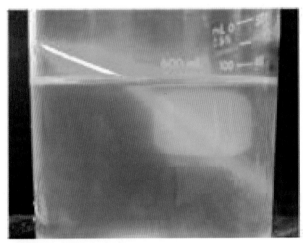

그림 5-13(좌)
공기-물 경계에서 빛(레이
저 광선)의 굴절 현상
(사진: 최희주, 심현수, 본문
217쪽)

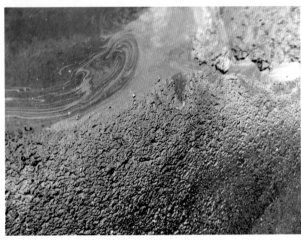

그림 5-20
얇은 기름막에서 반사된 빛.
간섭 현상으로 무지개색을
띤다. (본문 227쪽)

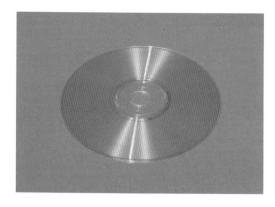

그림 5-22
CD에서 보이는 무지개
(사진: Greg Goebel,
본문 231쪽)

그림 5-24(우)
마이컬슨 간섭계에서
관찰된 간섭무늬 사진
(사진: 김병주. 본문 235쪽)

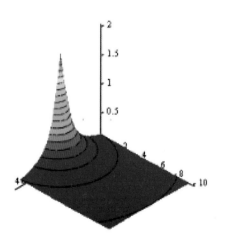

그림 5-28
양의 점전하에 의한 전위.
(반쪽만 표시함) 점전하는
뾰족한 곳에 있다. 등고선들
은 전위가 같은 '등전위면'
을 나타낸다. (본문 245쪽)

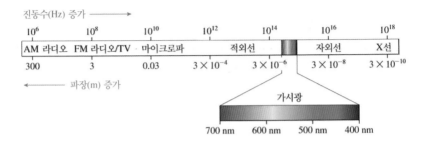

그림 5-33
전자기파 스펙트럼. 위 수평축에서 눈금 하나 증가는 주파수 혹은 진동수가 100배 증가함을 의미한다.
아래 수평축은 이것을 파장의 단위로 나타낸 것이다. 참고로 파장은 주파수에 반비례한다.(4.8.2 참조)
(본문 255쪽)

그림 6-9
수소원자에서 나오는 빛의 스펙트럼 (본문 275쪽)

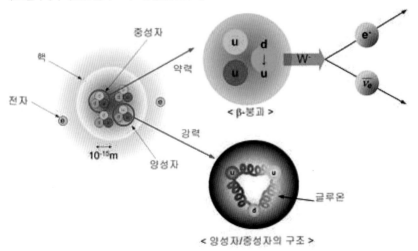

그림 6-23
핵을 이루는 중성자와 양성자, 그리고 이들을 이루는 쿼크들. 오른쪽 그림들은 이들 사이의 약한(상), 그
리고 강한(하) 상호작용을 나타낸다. (본문 298쪽)

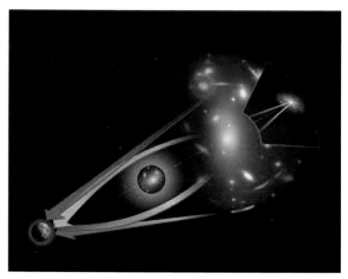

그림 7-7
일반 상대론에 의한 중력렌즈 현상. 빛은 안쪽 화살표와 같이 휘어지므로 관측자에게는 바깥쪽 직선 화살표로 진행한 것처럼 보인다. (출처: nasaimages.org, 본문 333쪽)

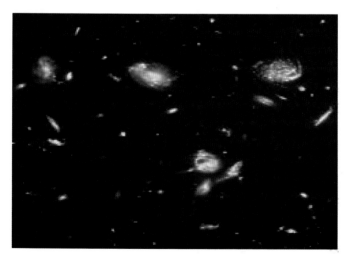

그림 7-8
Hubble Ultra-Deep Field (2004) (출처: nasaimages.org, 본문 335쪽)

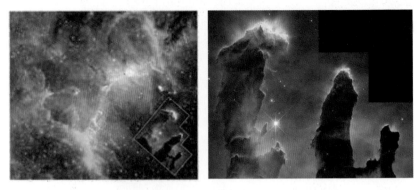

그림 7-9
허블 망원경이 포착한 '창조기둥(pillars of creation)'. 왼쪽 사진에 표시된 부분을 확대한 것이 오른쪽 사진이다. (기둥의 길이는 약 1광년) (출처: nasaimages.org, 본문 336쪽)

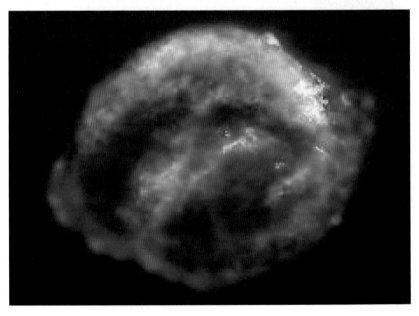

그림 7-10
허블 망원경이 찍은 1604년에 폭발한 케플러 초신성의 잔유물 (출처: nasaimages.org, 본문 337쪽)

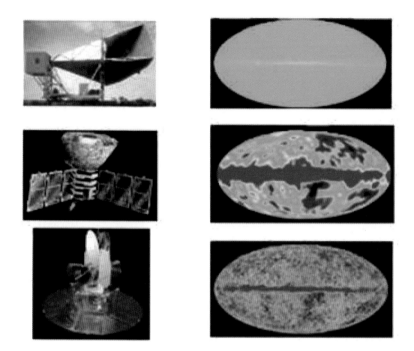

그림 7-11
우주배경복사를 측정한 장치(좌)와 온도 비등방성 지도(우). 위로부터 윌슨과 펜지아스의 안테나
(1964), COBE 위성(1989), WMAP 위성(2001) (출처: nasaimages.org, 본문 342쪽)

추천 글

저자 차명식 교수는 과학윤리에 대해서는 완고할 정도로 깐깐하다. 그렇다고 시도 때도 없이 마구 자기주장을 펴는 스타일은 아니다. 그러나 그의 체취가 짙게 배인 강의를 들은 식별력 있는 수강생들이 즐거운 놀라움에 빠진다는 사실이 캠퍼스에 널리 회자되고 있다. 늘 조용히 자기 일을 향해 묵묵히 나아가면서 사람들을 이런 지적 희열로 유도하는 것이다.

자연 탐구라는 목표에 이르는 길은 가마득한 옛날부터 선대가 지켜온 굴곡의 고샅길이 있을 뿐이지 지름길 따위는 없다는 고집을 꺾지 않는 점에서 그는 완강함을 보인다. 그래서 요즘 차고 넘치는 양자역학과 상대론의 유행으로부터가 아니라 뉴턴과 맥스웰의 고전물리에서 출발하면서 그는 더욱 신발끈을 조이는 것이다.

그는 특이하게도 이 책에서 물리학의 역사와 물리 개념 두 마리 토끼를 잡고자 한다. 필자는 과문 탓으로 다른 저자들의 저술에서 비슷한 것을 만난 기억이 별로 없다. 그런데 이 목표는 가능한 것일까?

그는 자기만의 이야기 솜씨로 독자를 이끈다. 독일에서 제작된 렌즈가 우수한 이유를 유리제조 장인의 손끝 때문인 것을 '느끼는' 실험광학자가 그다. 저자가 놀라운 저술 목표의 야심을 가질만한 이유이다. 독자는 이런 별난 감각의 저자가 갈파한 과학과 기술로 짜인 인류의 정신 진화사를 따라가면서 즐기기만 하면 된다. 그러나 항간行間에 주목해야 한다.

제1장. 신화에서 과학으로

이 장에 증기기관이 등장한다. 고대 그리스 때 이야기다. 그 때 벌써 증기기관이 있었던가? 그렇다면 그 후 어떻게 되었을까? 산업혁명 때 나타난 기계와는 어떻게 다른 것인가?

제2장. 동방의 빛

이 장에 실린 10,000 디나르 이라크 지폐에 실린 알 하이삼이라는 인물은 낯설다. 그는 도대체 어떤 인물일까? 지금도 전쟁후유증이 심심찮게 보도되는 전란의 땅 이라크에 나타났던 이 인물이 인류사에 어떤 역할을 했었단 말인가?

제3장. 천문학 혁명과 물리학의 탄생

인류가 멀리 볼 수 있게 어깨를 빌려준 거인 중의 한 사람은 갈릴레오 갈릴레이이다. 그는 처음으로 세상을 보는 관점을 바꾼 사람이다. 질적인 것에서 양적으로의 변환이 그것이다. 그의 비탈실험을 재현한 한 장의 사진이 우리를 숙연하게 한다. 그는 그 시대 사람이 아닌 것이다. 그가 휩싸였을 외로움에 가슴이 아려온다. 이 장에는 수많은 사람들의 고뇌가 보인다. 케플러가 보여준 공 껍질 우주 모형에서 웃어야 할까 울어야 할까? 그가 처했을 고뇌가 옷깃을 여미게 한다.

제4장. 만물의 운동법칙

제목 자체가 이 시대의 정신을 상징적으로 표현한 것일 것이다. '만물' 이란 수사修辭는 인류의 어떤 시각을 나타내려 함이었을까? 이 무대에 등장했던 인물들, 브라헤, 케플러, 갈릴레이가 뉴턴을 만나 비로소 그들의 존재감을 인류사에서 과시한다. 이들이 만든 구슬이 뉴턴이라는 거인에 의해 한 줄의 실에 꿰어져서 빛을 내기 때문이다. 대를 잇는 이 구슬연결은 DNA의 유전암호가 단백질을 생성하는 광경을 생각하게 한다. 인류 문화사의 한 역동적인 기간이었다.

제5장. 베이컨 과학

자연을 고문하여 그것에서 법칙을 끌어내야 한다고 한 사람이 베이컨이다. 그 고문의 결과가 이 장에 펼쳐진다. 온도가 눈에 보이지 않는 미시입자의 운동의 결과라는 엉뚱한 사실에 이르렀고, 많은 입자가 관여한 집단의 거동은 본질적으로 비가역적일 수밖에 없다는 불편한 사실을 인정할 수밖에 없게 되었다. 빛을 고문하여 이것의 행동 규칙을 알아내어 인간의 눈을 더 밝게 하는 데 성공하고 자석과 전기가 빛과 연계된다는 놀라운 사실 발견이 인간의 자신감과 자만을 한껏 부풀린다.

제6장. 현대물리 I, 제7장 현대물리 II.

삼라만상의 물리적 작동원리를 찾는 마지막 부분이 이 두 장이다. 높은 산에 오르면 전에 생각지 못했던 새로운 미지 세계가 어렴풋이 떠올라 새로운 목표에 유혹되듯이, 더 빠른 세계와 더 작은 세계라는 봉우리를 만나 그것들을 넘으면서 인류는 개안開眼한다. 양자물리와 상대성 이론이라는 새로운 세계 작동원리가 현란하다.

이 두 개의 색다른 물리학은 오색 창연한 무지개 서린 곳으로 우리를 인도

한 것일까? 정신을 차려보니 오히려 앞길이 더 컴컴하여 기대하던 장밋빛 세계가 아니다. 저자 차명식의 의도는 이것이었을까? 'Big Rip'이라는 낯선 어휘는 짓궂다. 허위단심 따라왔더니 여기에 우리를 내동댕이친단 말인가?

앞에 놓인 심연深淵 앞에 숙연해진다. 그러나 해는 내일 다시 뜬다. '인류의 자연에 대한 인식은 최종적일 수 없다'고 아인슈타인이 말하지 않았던가? 호모사피엔스의 궁구窮究는 멈추지 않을 것이다.

저자의 속편을 기대한다.

2019년 8월
부산대학교 명예교수 김학수

저자 서문

이 책은 2012년 출간된《물리과학의 세계》의 개정판이다. 새로운 책 제목《물리로 세상을 바꾸다》를 청문각에서 제안 받았을 때 잠시 망설였던 게 사실이다. 인류 역사에 큰 영향을 미친 사람들은 주로 정치나 종교 지도자들이 아니었던가? 물리가 세상을 바꾼 경우가 있었나? 그러나 이런 망설임은 잠시였고, 나는 그 제목이 물리학의 역사를 소개하는 책에 꽤 적절하다는 결론을 내렸다. 그 이유 중 하나는 뉴욕의 주간지 타임Time이 1999년 마지막 호에 20세기를 마감하면서 아인슈타인을 '20세기의 인물'로 꼽았다는 것이다.

그러나 대중에게는 아인슈타인이 어떻게 세상을 바꾸었는지 그렇게 명확하게 보이지 않는 것이 사실이다. 그의 대표적인 업적인 상대성 이론이 위성항법시스템GPS에서와 같이 일상적인 도구에 숨어있긴 하지만, 그 이론이 물질적으로 우리 세상을 크게 바꾸지는 않은 것 같다. 아인슈타인이 20세기의 인물로 선정된 것은 이 시기가 과학과 기술이 지배한 시대이고, 그가 이 시대의 과학계를 대표하는 인물로 평가되었기 때문이다.

현대 이전에 근대 과학의 역사를 보면 물리가 세상을 바꾸었는지는 더욱더 불분명하다. 예를 들어 유럽 몇 나라가 산업혁명으로 강대국이 되었고 이 배경에는 과학이 있었다고 생각하기 쉽지만 그것은 오해이다. 과학이 신기술을 창조하기 시작한 것은 과학이 완벽에 가까워진 20세기 이후이고, 그 이전에는 대개 기술이 먼저 실현되고 그 후에 과학이 결과를 설명한 경우가 많았다. 그럼, 현대 이전에는 물리가 어떻게 세상을 바꾸었을까?

눈에 띄지는 않지만 과학은 고대부터 인간의 '생각'을 변화시켜 왔다. 위에 예를 든 산업혁명의 바탕이 된 기술혁신이 과학 이론에 근거하여 만들어진 것은 아니지만, 천문학 혁명으로부터 시작된 근대 과학이 계몽사상의 발현과 전파에 큰 영향을 미쳤다고 볼 수 있다. 인간의 이성을 믿는 이런 사상적인 개혁이 기술혁신의 바탕이 되었던 것이다. 과학, 특히 물리학의 이런 측면은 아인슈타인의 상대성 이론도 마찬가지라고 생각된다. 즉, 물질적인 변화보다 인간이 자연을 보는 시각을 넓히고 인식을 바꾸는 정신적인 개혁의 측면이 크다는 것이다. 물리학은 이렇게 세상을 바꿔왔고 현대 문명의 중요한 축을 이루고 있다.

《물리과학의 세계》가 출간되고 나서 7년여 동안 중력파 관측, 새로운 물리량 단위 제정 등 몇 가지 큰 사건이 있었다. 이들을 추가·갱신하고, 《물리과학의 세계》에 있었던 다수의 오타를 바로잡기 위해 개정판을 쓰게 되었다. 《물리로 세상을 바꾸다》에서는 장의 구성, 제목 등 구본의 구조를 거의 그대로 유지하였으므로 책의 성격이나 내용상의 변화는 크지 않다. 그러나 《물리과학의 세계》가 같은 이름의 교양과목 강의를 듣는 수강생을 위해 쓴 교재라면, 《물리로 세상을 바꾸다》는 일반적인 독자를 대상으로 한 개정판이다. 따라서 물리 현상이나 법칙을 소개할 때 설명이 부족했던 부분은 설명을 추가하였고, 복잡한 수식은 과감히 생략하였으며, 일상생활에서 접할 수 있는 예를 들어 쉽게 설명하고자 노력하였다. 또한 본문의 이해에 필요하지만 주제에서 벗어나는 보조 설명이나, 일반 상식 수준을 넘는다고 판단되는 내용은 주석을 달아 보완하여, 독자가 주제에 집중해서 읽을 수 있도록 하였다는 것이 이 개정판의 작은 변화이다.

일반 독자를 위해 물리 관련 책을 쓸 때 항상 고민되는 것은 수식의 사용 범위이다. 앞에 언급한 것과 같이 이 책에서는 복잡한 수식은 쓰지 않고 물리 개념을 설명하려고 노력하였다. 그러나 수식 수준의 판단은 주관적이므로 어떤 독자에게는 그래도 어렵고, 반면에 다른 독자에게는 너무 쉬울 수 있다. 한 가지 기준이 있다면 우리나라 학생들이 인문계, 이공계를 불문하고 고등학교에서 미분·적분을 포함한 수학을 꽤 충실히 배운다는 점이다. 물론 많은 학생들이 수학에 자신감을 갖고 있지는 않지만 우리 학생들이 수학에 많은 시간을 투자하고, 또 많이 알고 있는 것은 사실이다.

따라서 이 책에서는 고등학교 수준의 기본적인 수학만을 사용한다. 뉴턴 역학을 예로 들면 이것이 바로 미·적분학이 갓 개발되고 처음 적용된 사례이므로 미·적분학을 빼고 뉴턴 역학을 설명하는 것은 수박겉핥기와 같다. 미분에 아주 자신이 없는 독자는 이 책에 소개된 일상의 예를 통해 속도, 가속도 등의 물리 개념을 익히면서 미분이 무엇인지, 그리고 이것이 우리 생활에 어떻게 쓰이는지 알아나갈 수 있을 것이다. 미분 외에도 사인 함수나 로그 함수 등이 수식에 사용되는데, 새로운 함수가 나올 때는 구체적인 예를 들어 이런 함수들이 무엇인지, 이것을 왜 사용하는지 등을 간단히 소개하였다.

그 외에 책에 대한 소개는 구본《물리과학의 세계》저자 서문을 참고하면 될 것이다.

이 개정판에서도 구본에서처럼 물리학의 역사와 물리 개념 소개란 두 마리의 토끼를 잡으려 시도하였는데 그 중 어느 하나도 제대로 성공하지 못한 것 같아 걱정이 앞선다. 그러나 이 책이 인류 문명의 한 부분을 이루는 물리학의 역사를 소개하고 물리 개념을 고찰함으로써, 독자들이 자연을 보는 시야를 넓히는 데 조금이라도 도움을 줄 수 있으면 좋겠다.

　개정판 원고를 처음부터 끝까지 읽어 준 제자 김병주 박사에게 감사드린다. 그리고 7년 전 《물리과학의 세계》의 서평을 남겨 주시고, 이번에는 추천 서문을 과분하게 써 주신 부산대학교 물리교육과 김학수 명예교수님께 특별한 사의를 표한다. 마지막으로 개정판의 출간을 적극적으로 권유한 청문각의 함승형 부장님과 까다로운 원고 수정 요청을 잘 반영해 주신 편집 담당자들께도 감사드린다.

2019년 8월

차 명 식

《물리과학의 세계》 저자 서문

물리학은 자연과학의 여러 학문 분야 중에서도 가장 기초가 되는 학문이다. 화학, 생물, 지구과학 등의 자연과학 분야는 물론이고, 공학의 각 분야에서도 물리학은 전공지식의 바탕을 이루고 있다. 각 학문 분야의 전문가들도 이러한 사실을 종종 알아차리지 못하는 경우가 많지만, 현대 융합과학의 발달로 인하여 다른 학문 분야 간의 연계가 중요해지고 있는 추세에서 물리학의 중요성은 더욱 강조되고 있다. 그러나 19세기 이전 자연과학의 분화가 이루어지지 않았을 무렵에는 한 사람의 과학자가 거의 모든 분야의 자연과학을 연구했으므로 과학의 발전에서도 역사는 되풀이된다고 볼 수 있다.

물리학자들은 일상생활에서 일어나는 많은 현상들을 물리법칙으로 이해하는 즐거움을 누리고 있지만 일반인들에게는 '물리학'은 어렵고, 수학을 잘하는 천재들만 할 수 있는 특별한 학문이라는 인식이 지배적인 듯하다. 물론 이러한 인식이 전혀 틀린 것은 아니지만, 과학의 대중화라는 중요한 과제를 물리학자들이 조금은 등한시 해 온 탓에 물리학과 대중 사이의 괴리가 더욱 커진 듯하다. 19세기 이전에는 과학에 가까이 다가갈 수 있는 대중은 드물었지만, 현대에 들어와서 과학문명의 산물들이 대중들에게 보급되고, 대부분의 청소년들이 초·중·고등학교에서 과학 교육을 받으면서 과학을 접하는 '대중'의 범위는 매우 넓어졌다. 이 방대한 수와 계층의 대중을 대상으로 몇몇 과학 분야는 과학의 대중화에 어느 정도 성공을 거두고 있는 듯하나, 물리학은 그렇지 못한 것 같다.

대학에서는 위에서 언급한 자연과학이나 공학의 전공지식의 바탕에 있는 물리학을 이해하기 위하여 주로 대학 1학년 때 '일반물리학'을 필수로 1~2학기 배우게 한다. 이들 중 상당히 많은 학생들에게 '일반물리학' 과정은 꼭 지나가야 하는 고통의 가시밭길일 것이다. 이것은 우리나라만의 문제는 아니고, 세계적으로 공통된 현상으로 보인다. 상당수의 이공계 대학생들에게 조차 물리학이 기피 학문이 되어 있으니, 비이공계 전공을 하는 사람들에게는 얼마나 어렵게 보일까…. 물리학의 대중화가 매우 어렵고 먼 길인 것만은 틀림없는 것 같다.

이 책을 쓰게 된 동기는 부산대학교 교양과목의 하나로 이 책과 같은 제목을 가진 과목인 '물리과학의 세계'를 여러 해 강의해 오면서 주 교재의 필요성을 느꼈기 때문이다. 물론 이 과목은 이공계, 비이공계 학생 누구나 수강할 수 있다. 그러나 수강생들에게 매 학기 설문조사를 해본 결과 이들의 기본 과학 지식 혹은 상식의 수준이 크게 차이가 나며, 이렇게 이질적인 집단에게 물리학을 어떻게 설명해야 할지 매우 난감했던 것이 사실이다. (이러한 과학 상식의 수준 차이는 흥미롭게도 이공계와 비이공계의 차이는 아닌 듯하다.) 이 문제를 조금이라도 해소하는 방안으로 주 교재의 집필을 생각하게 되었다. 지식이 상대적으로 부족한 사람들은 주 교재를 읽고, 필요할 경우 해당 참고문헌을 찾아보면 강의 내용을 이해하는 데 도움이 될 수 있으리라고 기대한다.

'물리과학의 세계' 강의 내용도 그렇지만 이 책에서도 과학 사전지식이 많지 않은 사람들에게 물리학의 관심을 유발하기 위해, 잘 알려진 물리학자들을 중심으로 현재의 물리학을 있게 한 중요한 사건들을 조명해 본다. 이러한 방식은 어느 정도 위인전의 모양을 갖추므로 진부해 보일 수도 있다. 또한 물리학의 발전을 이끌어 온 수많은 숨은 과학자들의 공을 무시하고, 마치 이러한 위인들만에 의해 과학의 발전이 이루어진 것으로 오해할 소지를 제공할 수도 있다. 그러나 대중에게 쉽게 다가가고, 짧은 시간에 이해시킬 수 있는 방편으로 몇몇 위인 중심의 전개를 하는 것이 그나마 형식적인 틀을 벗어나 '어려운' 물리학에 좀 더 편안하게 접근하는 데 유리하다고 생각하였다. 또한 유명한 과학자의 업적뿐만 아니라 이들의 성격이나 삶, 역사적 배경 등을 들여다봄으로써 과학자란 어떤 태도와 신념을 가지고, 역사에 어떻게 기여한 사람들인가에 대해 생각해 보고자 한다. 과학의 뒤안길 이야기는 흥미롭기도 하지만 이들의 업적이 어떻게 이루어졌나를 이해하는 데 도움이 된다.

이 책에서는 '과학철학'과 같은 무거운 주제는 취급하지 않는다. 하지만 우리가 어떤 것을 '과학'이라고 부르며, 이것이 인류 문명사에 어떻게 등장했고, 발전해 왔으며, 그 결과 우리의 일상에 어떻게 연관되어 있는지는 언급하지 않을 수 없다. 특히 과학적인 태도는 어떤 것인가를 위인들의 업적과 연구 과정을 통해 배우게 될 것이다.

그러나 우리가 현재 학교교육에서 배우고 있는 과학이 서양, 즉 유럽 문명의 한 줄기이며, 따라서 이 책에 소개된 위인 중 서양인이 아닌 경우가 거의 없다는 것은 큰 아쉬움이다. 인류의 3대 발명품이 모두 중국에서 나왔고, 1,000년 전에는 이슬람 세계의 과학이 가장 뛰어났었는데, 왜 유럽에서만 과학 혁명이 일어났고, 그 이후 다른 문화권에는 기회가 없었는지를 부분적으로나마 이해하기 위해, 이 책에서는 근대 과학 혁명 이전의 과학 역사도 어느 정도 비중 있게 취급하고자 한다.

20세기 이후 물리학은 폭발적인 발전을 거듭하여, 현대물리의 양 축인 상대성 이론과 양자역학 이론이 수립되어 17세기 말 뉴턴에 의해 완성된 고전역학의 체계를 크게 바꾸어 놓았다. 그 결과 물리학 안에서도 고체물리, 입자물리, 광학, 천체물리 등의 다양한 세분화가 일어난다. 지금은 전문가들도 이러한 세부 분야를 모두 이해하기는 어려우므로, 이를 대중에게 이해시키기는 더더구나 어렵다. 따라서 이 책에서는 현대물리 이후의 내용은 상대적으로 분량을 줄이고, 대중 매체를 통해 비교적 잘 알려진 사실들에 대해서만 요약하는 것으로 만족한다.

이 책의 또 다른 관점은 순수과학의 가치를 재조명하는 데 있다. 흔히 요즘에는 과학을 독립적으로 말하지 않고 '과학기술'이라고 지칭하는 경우가 많다. 21세기의 추세는 융합과학이므로 굳이 과학과 기술을 구분하고자 함은 아니지만, 지금도 순수과학을 전공하는 과학자들은 과학기술이란 어휘에 거부감을 가질 수도 있을 것이다. (특히 정치가들이나 경영자들이 '과학기술'이라고 말할 때는 과학자들은 뭔가 쓸모 있는 연구를 해야 한다는 것과, 나아가 돈을 벌어올 기술개발을 기대하고 있는 것이다.) 그러나 과학의 역사를 살펴보면 진정한 과학의 발전은 권력자나 국가의 이해에 관계없이, 자연의 보편적인 진리 탐구에 집중했을 때 이루어진 것을 알 수 있다. 이 책에서는 적절한 참고문헌을 인용하여 과학과 기술이 어떻게 하여 '과학기술'이 되었으며, 어떻게 상보적인 역할을 해왔나에 대해 중요한 과학적 사건이나 발명을 예로 들어 조명해 볼 것이며, 이를 통해 순수과학 연구의 중요성에 대해 생각해 보고자 한다. 우리는 이 책에서 아래와 같은 질문들을 던지고 일부 답을 얻고자 할 것이다.

역사적으로 과학과 기술의 관계는?

기초과학은 왜 중요한가?

왜 서양 과학만 배우나?

어떤 것이 과학적인 태도인가?

'과학 = 진실'인가?

만물은(우리는) 어디로부터 와서 어디로 가는가?

사회나 개인의 삶과 과학에 대한 이해는 어떤 관계가 있을까?

그러나 이 책이 물리학의 역사나 겉모습만 다루지는 않는다. 대학교 1학년 과정 일반물리학의 내용에는 못 미치지만 역사상 중요한 발견에 대해서는 다소 정량적인 부분까지 그 의미를 설명하였다. 어려운 개념의 이해를 돕기 위해 가능한 일상생활에서 관찰할 수 있는 예를 들어 설명하였다.

이 책은 대학 교양과정 교과서로 의도되었지만 고등학교 과학 수준 정도의 상식을 가진 학생들이나 일반인들도 읽을 수 있도록 쉽게 쓰고자 하였다. 수식은 꼭 필요한 경우 가장 간단한 식만 소개하였으며, 수식의 유도 과정보다는 그 의미와 결과의 활용에 중점을 두고, 적절한 예를 들어 설명하였다.

물리학은 자연현상의 관측에 바탕을 둔 학문체계이다. 아무리 그럴듯한 이론도 실험적인 검증을 거치지 않으면 과학적인 사실로 받아들여질 수가 없다. 특히 대중들에게 물리 개념을 이해시키기 위해서는 실험이 필수적이다. '물리과학의 세계' 강의에서는 간단한 물리실험이라도 많은 사람을 대상으로 직접 해 보이는 것이 어려우므로 그 대신 실험을 촬영한 동영상을 주로 보여주었는데, 학생들의 호응이 매우 좋았다. 그러나 책에서는 동영상 상영이 불가능하므로 할 수 없이 글과 그림으로 실험을 설명하는 어려움이 있었다. 독자들은 인터넷에서 해당 물리실험 동영상을 찾아볼 것을 권장한다.

끝으로 이 책의 바탕이 된 '물리과학의 세계' 강의를 열심히 듣고 귀중한 질문을 했던 학생들에게 감사를 표한다. 이들의 질문은 책의 일부가 되었다. 원고를 읽고 의견을 주신 문한섭, 홍덕기, 이경수 교수님, 그리고 김재권 선생

님과, 책에 들어간 일부 그림 제작을 도와주신 김청식 교수님과 비선형광학
연구실 학생들에게 감사드린다. 이 저술은 부산대 교양교육센터의 교양선택
교과목 교재개발 지원사업의 일환으로 이루어졌다.

2012년 1월

차 명 식

용어와 인명 표기법

물리학 용어는 가능하면 한국물리학회에서 추천하는 용어를 준수하였다. 대부분 한자어로 쓰고 있던 물리학 용어를 순우리말로 고쳐 쓰려는 운동이 한때 있었고, 지금도 순우리말 용어를 고수하여 물리학 책이나 번역본을 쓰는 저자들이 있다. 그러나 우리 사회에서 오랫동안 쓰지 않던 순우리말 용어를 발굴해서 사용하는 것은 아직 사회적 합의가 충분치 않아 보인다. 물리학회 용어집에서도 이렇게 고안한 순우리말과, 한자어라도 이제까지 써오던 익숙한 용어를 혼용할 수 있도록 정하고 있다. 과학 역사의 대부분이 유럽에 있었고, 우리는 그것을 받아들인 지 100년도 채 되지 않으며, 그나마 초기에는 한자권의 이웃 나라들을 통하여 과학을 접했으니 용어 통일에 어려움을 겪는 것은 당연한 일인지 모른다. 예를 들어 역학에서 사용하는 핵심 용어인 '힘'은 순우리말, '운동량'은 한자어, '에너지'는 영어식 표기이다. 이들만 보아도 우리말 용어 표기의 어려움을 이해할 수 있을 것이다. 이 책에서는 이러한 현실을 받아들여, 순우리말을 쓰도록 노력은 했지만 무리하게 그것을 추진하지는 않았다. 예를 들어 'friction'은 '쓸림'이 아니라 익숙한 한자어인 '마찰'로 썼다. 이렇게 하는 것이 그나마 독자들이 책의 내용을 이해하는 데 도움이 된다고 생각했기 때문이다. 다만, '익숙한' 용어의 선정에는 저자의 주관이 반영되었음을 부인할 수 없다.

또 하나 언급할 것은 외국인 이름의 표기법이다. 서유럽 대부분의 나라는 영어 알파벳과 매우 가까운 문자를 쓰지만 그리스와 러시아 등은 상당히 다른 모양의 알파벳을 사용하므로 이들 국가 출신 과학자들의 이름은 영어식으로 표기하였다. 그리고 가끔 라틴어식 이름으로 알려진 경우는 영어 알파벳과 같은 라틴 문자로 표기하였다. 외국인 이름을 한글로 표기할 때는 그 나라 언어의 발음을 존중하는 것이 원칙이며, 이 책에서도 이러한 노력을 기울였다. 예를 들어 'Ampère'는 영어식 '암페어'가 아니라 프랑스어 발음에 가깝게 '앙페르'라고 썼다. 그러나 예외적으로 영어식 표기가 워낙 익숙해져있어서 원어 표기를 포기한 경우도 있다. 예를 들어 'Eucleides'는 그리스어 발음으로 '에우클레이데스'이지만 우리에게 익숙한 영어식 표기인 '유클리드Euclid'로 썼다. 한국물리학회와 대한수학회 모두 이 영어식 표기법을 선택하고 있다.

차례

서론

우리의 먼 조상은 수백 만 년 전 일어서서 두 발로 걷기 시작하면서, 자유로워진 손으로 사냥, 조리, 주거 등에 필요한 도구를 만들었고, 불을 다루는 방법을 깨달았다. 인류는 약 5천 년 전부터 문자로 역사를 기록하기 시작하였고, 그 이후 눈부신 발전을 거듭한 결과 현재 우리는 그 문명의 혜택을 누리면서 번영하고 있다. 문명은 인류가 이제까지 쌓아온 방대하고 복잡한 지식을 바탕으로 이루어졌으며, 지식의 양과 복잡성은 기하급수적으로 늘어나고 있다.

반 도렌Charles Van Doren은 그의 저서 《지식의 역사A History of Knowledge》에서 인간만이 학습을 하는 유일한 동물은 아니라고 했다[1]. 다람쥐는 어디에 가면 도토리를 많이 구할 수 있는지 아는데, 이것이 본능적인 것인지 학습에 의한 것인지는 구분하기 어렵다. 반면에 어떤 종류의 원숭이는 흙에 섞여있는 쌀(벼)을 바닷물로 분리하여 섭취한다고 한다. 즉, 염분이 없는 맑은 물보다 밀도가 높은 바닷물에 쌀이 떠오르는 부력의 원리를 이용한다는 것이다. 더구나 연장자 원숭이들이 어린 원숭이들에게 이 방법을 가르친다고 한다. 물론 사람은 이보다 훨씬 더 복잡한 지식을 전수하고 활용하지만 동물들에게도 이런 학습 능력이 있다는 사실은 놀라운 것이다. 인간이 보유하고, 일상에서 사용하는 대부분의 지식 또한 대부분 쌀과 흙을 분리하는 문제와 크게 다르지 않다. 즉, 생존에 필요하거나 삶을 좀 더 편하게 하는 방법이 일상의 관심사이다. 그러나 우리는 동물이 할 수 없는 능력을 인간이 가지고 있다고 믿고 있다.

군이 영혼의 유무를 언급하지 않더라도 지식의 측면에서도 그렇다.

쌀과 흙을 분리하는 문제와는 달리, 예를 들어 "우주는 끝이 있는가"라는 명제도 인간의 오만인지는 모르겠지만 인간 이외의 동물들이 이런 생각을 해보지는 못했을 것이라고 생각된다. 이와 같이 근본적이고 변하지 않는 지식을 '보편지식general knowledge'이라고 하며, 쌀을 흙으로부터 분리하는 방법과 같은 '개별지식knowledge of particulars'과 대비된다[1]. 인간은 원천적으로 호기심이 많은 동물이며, 이들의 뇌는 일생 동안 엄청나게 많은 생각을 하도록 진화되어 왔다.

보편지식은 인간의 호기심을 강하게 자극하는데, 이는 하나의 보편지식이 서로 연관성이 없어 보이는 다른 많은 개별 지식의 바탕이 되며, 다양한 현상을 통찰하는 창view을 제공하기 때문이다. 그러나 보편명제는 개별명제에 비해 진위를 쉽게 알 수 없는 경우가 많으며, 이해하는 데 고도의 지적인 노력이 요구된다는 것이 특징이다. 현실적으로는 사회나 인류의 생존을 위해 개별지식이 중요시 되는 현상은 동서고금 어느 사회에서나 마찬가지 일 것이다. 우리 사회에 퍼져있는 '과학기술'이란 용어부터 이 두 지식을 혼동하고 있으며 개별지식을 우선시하는 경향을 보여준다.

그러나 과학은 보편지식의 추구로부터 시작되었고, 자연과학은 자연현상(물질계)의 기본적인 규칙을 연구하는 학문 분야이다. 특히 '물리학'은 이 중에서도 가장 기본적인 보편지식, 즉 일관되고 통합적인 자연 법칙을 추구하는 학문이다. '만물의 이론Theory of Everything'이 대표적인 예인데, 이것은 이제까지 알려진 모든 힘을 하나로 통합하여 만물의 구성과 우주의 역사를 설명하기 위해 현재 물리학자들이 추구하고 있는 궁극적인 물리법칙이다.[1]

---

1) 이 시도가 성공하더라도 이 '만물의 이론'이 인간 뇌의 활동이나 사회현상 등을 모두 설명할 수 있

만물의 이론보다는 덜 거창하지만 이와 같이 통합성을 추구하는 물리학의 특징을 보여주는 예는 종종 찾아볼 수 있다. 뉴턴은 사과가 땅에 떨어지는 것과 달이 지구 주위를 도는 것을 하나의 물리법칙으로 설명하였고, 아인슈타인은 뉴턴 역학과 전자기학 사이의 모순을 해소하고 통합하는 상대성 이론을 수립하였다. 일상생활에서 쉽게 접할 수 있는 현상으로는 흔들이(진자)의 주기와 물감의 색과 같이 전혀 다르게 보이는 현상들이 하나의 키워드로, 즉 일관된 물리법칙으로 설명된다.

이 책에서는 주로 지금의 물리학이 확립된 역사적 과정을 살펴보고, 그 법칙들이 어떤 결과를 예측하고, 어떻게 쓰이는지, 그리고 물리학이 어떻게 인류의 역사와 우리 세계를 바꾸어 왔는지를 되돌아보고자 한다. 하지만 300여 년 전까지만 해도 물리학이 다른 자연과학 학문분야와 분화되지 않았으며, 특히 수학과 철학의 일부분으로 탐구되었다. 과학이 처음 등장했던 고대 그리스 시대에는 더욱 더 그러했는데, 그 당시의 과학자들을 '자연철학자'라고 부르는 것이 타당하다. 그러나 그리스 철학의 전반에 대한 고찰은 이 책의 범위를 넘어서기 때문에 '과학'이라고 부를 수 있는 영역만 다루기로 한다.

제1장에서 소개할 고대 그리스의 자연철학은 현대과학의 입장에서 보면 터무니없는 오류가 많고, 근대 과학 혁명에서 타파의 대상이었지만 놀랍게도 이것이 과학(적어도 과학적인 방법론)의 시작이 되었다. 따라서 고대 그리스의 자연철학자들이 이 책의 첫 장을 장식한다. 이들의 독특한 생각 방식은 어렵기만 하고 전혀 실용적인 것이 아니어서 그들을 정복한 로마인들에게 배척당하였지만, 먼 훗날 근대 유럽 과학 혁명의 씨앗이 되었다.

다는 의미는 아니다.

제2장은 주로 중세 아랍 세계의 과학에 대해 간단히 기술한다. 로마제국의 멸망 후 유럽은 암흑시대를 맞아 모든 학문이 원시시대로 떨어졌으며, 그리스 과학은 1,000년 정도 단절되는 위기를 겪는다. 그러나 다행히 학문의 불씨는 꺼지지 않고 아랍 세계로 건너가 잘 보존되었다가 다시 유럽으로 건너오게 된다. 과학의 발전에 대해 중세 아랍 세계가 그리스 과학의 보전 이상으로 크게 기여하지 못한 것이 아쉬운 점이므로, 그 이유와 더불어 왜 유럽에서만 과학 혁명이 일어났는지에 대해 고찰해 볼 기회를 갖는다. 그러나 그 이후에는 온전히 유럽의 과학에 대해서만 서술하게 된다. (학교에서 '과학'이라고 배우는 영역이다.)

제3장에서는 코페르니쿠스, 케플러, 갈릴레이 등에 의해 천문학 혁명이 일어나고, 근대 물리학의 기초가 수립되는 과정을 살펴보았다. 특히, 중세의 긴 잠에서 깨어난 유럽에서 어떤 사회적인 배경이 천문학 혁명을 가능케 했고, 어떤 갈등이 있었는지 간단히 조명해 본다.

제4장에서는 주로 뉴턴의 물리학을 소개하는데, 당시 만물의 운동법칙으로 받아들여진 고전역학의 완성 과정과 그 결과에 대해 고찰한다. 한편, 역학적 파동 현상은 뉴턴 역학으로 잘 설명되지만, 전자기 파동은 뉴턴 역학이 아니라 그 이후 수립된 전자기학 법칙으로 설명되며, 20세기 초 양자역학에서는 뉴턴 역학을 뒤집는 물질파 개념이 등장한다. 따라서 제4장에는 18세기 전후에 시작된 파동역학의 기초 개념과 현상들도 소개하였다.

제5장에서는 뉴턴 이후 100여 년 동안 역학의 완성도에 비해 경험 법칙에 머물렀던 전자기학, 열역학, 광학, 원자론 등이 19세기에 들어 눈부신 발전을 거듭하여, 근대 물리학이 완성되는 과정을 조명해 본다.

19세기 말 거의 모든 자연현상이 물리법칙으로 설명되고, 물리학에서 더

해야 할 새로운 것은 없는 것처럼 보였다. 그러나 이것은 또 다른 시작에 불과했다. 즉, 20세기 들어서면서 '현대물리'로 불리는 두 분야의 발전이 급격히 이루어졌다. 그 하나는 원자론에서 시작한 양자역학 이론이며, 제6장에서 다룰 것이다. 양자역학은 특히 반도체 이론의 바탕이 되어 현대 반도체 산업에 매우 성공적으로 적용되었다.

현대물리의 또 다른 축은 아인슈타인이 주로 개발한 상대성 이론이며, 제7장의 주제가 된다. 일반 상대성 이론은 중력과 시공간의 연관성을 밝힘으로써 우주론의 바탕이 되었다. 천문학은 고대로부터 과학의 중요한 분야였고, 과학 혁명의 시작이 되었을 뿐만 아니라, 현대 우주론에 직접 연결되어 지금도 지적 호기심의 지평을 끝없이 넓혀주고 있다.

그럼, 시작하기 전에 이 책에서 인용한 주요 참고문헌들을 간단히 소개하고자 한다.

그리빈Gribbin의 《과학》은 물리뿐만 아니라 근대유럽의 과학 혁명부터 과학의 역사를 쉽게 풀어쓴 책이다. 이 책의 2/3 정도는 물리학에 관한 내용을 담고 있으므로 좋은 참고문헌이 된다. 특히 과학사의 뒷이야기들을 과학적인 내용과 함께 잘 소개하고 있다.

맥클랜런 3세McClellan III와 돈Dorn 원저, 《과학과 기술로 본 세계사 강의》는 역사 속에서 과학과 기술의 상호관계를 소상히 분석한 책이다. 물리학만 취급한 것은 아니지만 현대 과학의 분화 이전에 중점을 두고 있으므로 이 책의 전반부에서 자주 인용하는 참고문헌이 되었다. 이 참고문헌의 주제는 물리학과 기술의 상호관계에 대한 역사적 고찰이라고 볼 수 있다.

로스먼Rothman의 《Instant Physics》는 물리학의 역사를 따라가면서 물리 개념을 재치 있는 일상 언어로 설명하고 있다. 물리학을 배우다가 질린 학생들을 위한 책이라고 저자는 소개하고 있다.

할리데이Halliday, 레즈닉Resnick, 워커Walker의 《Principles of Physics》(번역본 《일반물리학》)는 이공계 대학 1학년 과정에서 배우는 대표적인 물리학 입문 교과서이다. 물리 개념을 소개하면서 수식이 필요한 경우 수학적인 설명 없이 이 참고문헌을 인용한 경우가 있다. 내용을 더 깊이 알고 싶은 이공계 독자는 이 참고문헌에서 해당 내용을 찾아볼 것을 권한다.

서웨이Serway, 모지즈Moses, 모어Moyer의 《Modern Physics》(번역본 《현대물리학》)는 20세기 이후의 현대물리 분야에 관한 입문 지식을 제공한다. 물론 깊은 지식을 원하는 이공계 독자에게 권하는 참고문헌이다.

한편, 블룸필드Bloomfield의 《How Things Work》(번역본 《생활 속의 물리》)는 일상 속에서 접할 수 있는 물리 현상들을 기초부터 설명한 책이다. 책을 읽다가 처음 만나는 기초적인 물리 용어나 개념에서 생소함을 느끼는 비이공계 독자들은 이 참고문헌을 찾아보기를 권한다. 그러나 이 참고문헌에서 다루는 내용은 제한적일 수 있다.

김학수의 《말로 물을 끓인 사람》은 열역학을 중심으로 18-19세기 유럽 과학의 역사를 잘 보여준다. 필자가 직접 답사여행을 하면서 접한 유적들과 함께 과학 발전이 가속되는 유럽의 사회상과 과학자들의 숨겨진 이야기들을 흥미롭게 소개하고 있다. 특히 이 참고문헌에서는 동시대 우리나라(조선) 학자들의 천문·과학 관련 활동을 유럽 과학 발전과 대비해 고찰한 부분이 다수 있는데, 과학의 역사가 짧은 우리가 고민해야 할 문제를 던져주고 있다.

김학수의 또 다른 저서 《빛 이야기》는 고대부터 근대의 고전전자기학에 이르는 광학의 역사를 '이야기'한다. 과학사에서 잊힌 고대나 중세 이슬람 자연철학자들, 그리고 과학 혁명기에 활동했던 과학자들이 어떻게 자연을 이해했는지, 이들 사이의 연결고리는 어떤 것이었는지를 사료에 근거하여 풀어쓴 참고문헌이다.

헬먼Hellman의《과학사 속의 대논쟁 10》은 물리학에 관련된 논쟁으로 갈릴레이와 교황청의 지동설-천동설 논쟁, 그리고 뉴턴과 라이프니츠의 미적분 우선권 논쟁을 취급하고 있다. 새로운 과학이론이 나타날 때 기존 이론체계 혹은 경쟁자와 마찰을 빚게 되는데, 이러한 '분쟁'의 과정을 재미있게 묘사하였다.

호킹Hawking의《그림으로 보는 시간의 역사》는 그의 원저《시간의 역사》에 많은 사진과 그림을 첨가해 일반인의 이해를 도운 훌륭한 과학교양 도서이다.《시간의 역사》는 수 년 전의 통계로 9백만 부 이상 팔린 베스트셀러이나, 사 놓고서 잘 읽지는 않는 책으로도 유명하다. 그러나《그림으로 보는 시간의 역사》에는 물리 개념을 직관적으로 잘 설명해 주는 그림과 사진들이 많은 것이 특징이다. 호킹은 물리학 연구에서 두각을 나타냈을 뿐만 아니라, 어려운 수학으로 묘사되는 물리 세계를 쉬운 말로 대중에게 설명할 수 있는 재능을 갖춘 물리학자였다.

세이건Sagan의《코스모스Cosmos》는 제목이 말하는 것처럼 우주에 관한 대중 과학책이지만 우주론에 연결되는 물리학의 역사뿐만 아니라 물질, 심지어는 생명의 역사까지 개괄하는 대작이다. 특히 2014년에는 National Geographic Channel(NGC)에서 세이건의 제자 닐 타이슨이 해설자로 등장하는 다큐멘터리 13부작이 제작되었고, 같은 해 우리나라에도 TV로 방영되어 과학의 대중화에 크게 기여하였다.

창클Zankl의《과학의 사기꾼》은 과학윤리의 중요성을 일깨워 준다. 대상 인물 중 상당수는 생명과학·의학 분야이지만 뉴턴과 밀리컨과 같은 물리학자도 등장한다. 이들은 자신의 이론을 관철시키기 위해 실험 데이터를 조작하거나, 선별해서 보고하는 어리석은 행위를 하였는데, 인간적인 탐욕에서 비롯된 거물급 과학자들의 비윤리적인 태도를 신랄하게 비판한 책이다. 진정한 과학윤리가 무엇인가에 대해 다시 한 번 생각해 볼 기회를 준다.

크리스Crease의 《세상에서 가장 아름다운 실험 열 가지》는 과학자들에게 설문조사를 해서 뽑은 10가지의 실험을 소개하고 있다. (대부분 물리실험이다.) 과학의 '아름다움'에 대한 주관적인 견해를 피력한 책이지만 역사적으로 중요한 실험들에 대한 저자의 흥미로운 견해를 읽을 수 있다.

서문에서 언급하였듯이 20세기 현대물리 수립 과정에서 그 이전에 일어났던 것보다 훨씬 많은 변화가 일어났지만 이 책에서는 저자의 주관으로 선정한 일부분만 간략히 취급하였다. 이 부족함에 목마른 독자들에게는 임경순의 '현대물리학의 선구자' (다산출판사, 2001)를 추천한다. 한국물리학회 홈페이지(www.kps.or.kr) 물리정보 란에 게시되어 있는 '물리학의 선구자'에서 이 참고문헌의 본문을 읽을 수 있다.

위키백과(www.wikipedia.org)는 광범위한 과학지식을 인터넷에서 무료로 공급한다. 생소한 지식도 키워드로 찾아 들어가면 손쉽게 정보를 얻을 수 있어 편리하지만, 문서 제작자에 따라 정보의 양은 물론, 방향과 수준에서 편차가 크다는 단점도 있다. 언어를 선택할 수 있지만 대개는 영어 사이트가 내용이 풍부하므로 이것을 권한다. 위키백과는 독자들이 내용을 고칠 수 있도록 운영이 되므로 아주 가끔 오류나 검증되지 않은 주장이 게시되는 경우가 있으므로 주의를 요한다.

마지막으로 물리 개념을 쉽게 이해시키기 위해 간단한 실험을 동영상으로 보여주거나 애니메이션으로 묘사하는 국내외 기관의 웹사이트들이 다수 있고 (예를 들어 유튜브의 MIT Physics Demo), 심지어는 수많은 개인들이 올려놓은 물리실험 데모 영상들을 인터넷에서 쉽게 검색할 수 있는데, 이 책에서 글과 그림으로만 설명한 물리 개념을 더욱 깊이 이해하는 데 활용할 것을 권장한다.

제1장

신화에서 과학으로

1.1 문명의 시작과 고대 천문학

호모사피엔스라 불리는 우리 인류의 조상은 수백만 년 전에 아프리카 대륙으로부터 나와 전 세계로 퍼져나간 것으로 알려져 있다. 이들은 석기 시대를 거쳐 불을 다스리는 능력을 키웠고, 이를 바탕으로 금속을 녹여 도구를 만드는 청동기와 철기 문화를 꽃피웠다. 우리가 역사에서 처음 배우는 것이 인류의 4대 고대문명의 발상지인데, 이집트, 메소포타미아, 인더스, 그리고 황하문명을 말하며, 이들은 당시로 보아 서로 매우 멀리 떨어져 거의 독립적으로 생성된 문명이나 모두 비슷한 시기였음이 매우 흥미롭다.

이들은 모두 높은 인구밀도를 바탕으로 도시국가를 이루었으며, 물(강)을 다스려 효율적인 농사를 지었다는 것이 공통점이다. 또한, 이러한 사회를 유지하기 위해 계급제도를 수립했으며, 경제활동을 기록하기 위해 문자와 숫자를 고안하여 활용하였다. 즉, 빌려준 재화를 기록하고, 그 원금과 이자를 계산하는 체계적인 방법은 이미 그 때 고안되었다.

문자의 발명과 사용으로 인류는 비로소 역사시대에 진입하게 되었는데, 서구 알파벳의 원조는 BC 3,000년경에 메소포타미아 문명권에서 고안된 수메르 문자이며, 함무라비 법전으로 남겨져 있다. 서구 문자의 발전 과정은 매우 복잡하지만 수메르 문자가 표음문자로 간소화되는 과정을 거쳐 그리스와 로마 문자로 확립된 것이다.

중국의 한자는 BC 1,500~1,000년 경 상왕조의 갑골문자가 발전한 것인데 현재도 표의문자로 남아있다. 중국 정부가 수십 년 전 대대적인 문자 개혁을 단행했지만 로마자나 한글과 같은 표음문자에 비해 정보화에 치루는 비용이 크다는 단점이 있다.

서방세계의 문자는 BC 800년경 그리스 문자에서 드디어 자음과 모음이 분화되면서《일리아드》와《오디세이》등의 문학 작품이 등장하고, 문자는 체계적인 역사의 기록과 학문의 기본 도구로 정착된다. 자연철학도 문자가 확립된 직후 탄생되었다. 한편, 숫자도 문자와 함께 고대문명들 속에서 진화를 거듭하였다. 우리가 시계를 보거나 각도를 잴 때 쓰는 60진법은 BC 3,500년경에 바빌로니아에서 사용하던 것이다. 그러나 0을 적극적으로 활용하는 10진법은 중세 인도에서 고안되어 AD 800년경이 되어서야 대수학algebra과 함께 아랍에서 확립되었다. 이것이 '아라비아 숫자'이다.

고대문명권에서는 농경, 도시 건설과 방위를 위해 천문학, 수학, 건축, 토목 등의 기술이 발달했다. 예를 들어, 메소포타미아 문명권에서 시작된 바빌로니아 천문학은 별을 관측하여 달력을 만들고, 계절과 농사의 시기를 알려주는 실용적인 도구였다. 이들은 1년이 대략 360일이라는 것을 오랜 관측을 통해 알아냈으며,[2] 이것이 60진법 수체계를 만든 것과 관련이 있는 것으로 추측된다. 별자리의 위치가 계절을 알려준다면, 해와 달은 좀 더 정교한 시간을 알려준다. 고대뿐만 아니라 근대까지 천문학은 달력의 제작과 시간의 표준을 정하는 데 매우 중요한 도구였으며, 많은 국가의 지도자들이 큰 관심을 쏟았다. 현대에는 천문관측을 토대로 시간을 정하지는 않지만 시간의 표준은 여전히 물리학에서 매우 중요한 분야로 자리 잡고 있다. (4.3.1 참조)

하지만 바빌로니아인들이 천문관측을 설명하는 바탕 이론을 생각해 내거나 제안하지는 못했으며, 불안한 정세 탓에 천문학은 자주 점성술로 연결되었다. 지금도 운세를 예측하는 데 쓰는 12궁 별자리는 고대 바빌로니아 천문학의 유산이며, 행성의 타원 궤도를 수식으로 풀어낸 케플러도 이와 같은 점성술을 부업으로 가지고 있었다. (3.3.3 참조)

그러나 천문학의 중요성은 예나 지금이나 여전하다. 당시의 천문학이 도시국가의 생존을 위한 유용한 도구였다면, 르네상스 말기 유럽에서는 천문 관

---

2) 현대 기술로 측정한 1년은 365.242190일이다.

측을 바탕으로 태양계 행성의 타원 궤도를 밝혀내어 근대 과학 혁명을 유발하였으며, 현대 천문학은 우주 탄생의 궁극적인 비밀을 밝히는 우주론에 관측 데이터를 제공한다. (밤하늘의 별에 매료되어 물리학에 입문하게 된 사람들도 상당수 있다.) 물리학의 발달사는 인류가 지구를 포함한 천체를 바라보는 시각인 우주 모형의 발전에 그대로 반영되어 있다. 현재 우리의 시야는 빛의 속도로 가도 100억 년 이상 걸리는 곳을 우주의 끝이라고 부를 만큼 넓어져 있다.

고대 천문학을 포함한 고대문명, 특히 이집트와 메소포타미아 문명은 지리적으로 가까운 그리스 도시국가들에 전파되어 자연철학의 탄생을 촉발하였다.

1.2 그리스 초기의 자연철학자들

1.2.1 그리스식 사고방식

물리학의 법칙은 흔히 수식으로 표현되고, 수식에서는 영어식 알파벳 문자뿐만 아니라 그리스 문자를 많이 사용한다. 예를 들어 π(pi)는 예외 없이 원주율을 지칭하며, Δ(delta)는 매우 작은 변화를 의미한다. 그러나 이런 기호들은 일반인들이 이해하기에는 매우 어려운 것이 사실이다. 영어에 "It's all greek to me"란 표현이 있는데[2], 이를 직역하면 "그것은 나에게 모두 그리스 문자야"이다. 하지만 실제로는 "내게 너무 어려워" 혹은 "전혀 모르겠어"란 뜻이다. 이 표현의 바탕에 깔려 있는 것은 일반인들이 이해하기 어려운 고대 그리스 자연철학자들의 특이한 사고방식일 것이다. (또한 그리스 사람들의 이름은 너무 길어 외우기가 어려운 경우가 많다.)

이들은 중요하지도 않은 '싱거운' 일들을 꼬치꼬치 따지고, 몇 해를 두고 생각해서 논리적인 주장을 하며, 신랄한 논쟁을 거듭한다. 예를 들어 물체가 땅에 떨어지는 데 무슨 이유가 필요할까 하지만, 이들은 일상의 일들을 젖혀 두고 그 이유를 설명하기 위해 인간의 상상으로 가능한 모든 이론을 도입하고, 논리적인 검증과 토론을 거친다. 물론 이 이론들의 대부분은 먼 후일 갈릴레이에 의해 실험으로 반박되었으며(3.4 참조), 현대 과학 상식으로 보면 중등학생들도 비웃을 터무니없는 것들이다. 과연 이런 일들을 한 그리스의 자연철학자들은 의미없는 일만 한 게으른 자들일까?

반 도렌Charles Van Doren은 그의 저서《A History of Knowledge》에서 고대 그리스의 과학 혁명에 대해 다음과 같이 요약하고 있다[1]. "과학이란 조직적이고 공개적인 지식이며, 그 지식의 바탕을 이루는 원리는 모든 사람이 정기적으로 (항상) 재검토하고, 의문을 제기하고, 검증할 수 있어야 한다."3) 즉, 과학이론의 핵심은 공개적인 지식이며, 진실인가 아닌가를 떠나서 반증이 가능한 지식인가 하는 점이다.

예를 들어 "태양은 우리(지구)를 중심으로 돈다"와 같은 명제는 반증이 가능하므로 과학이론이다.4) 이런 과학이론은 그 법칙에 위배되는 단 하나의 예외를 발견해도 반증이 되므로 진위를 판별하기 쉽다고 생각할 수 있지만, 반증하는 방법을 찾기 어려운 경우가 많았다. 또한, 원칙적으로 과학적 지식은 '모든 사람'이 반증을 할 수 있어야 하지만, 실제로 이는 잘 훈련된 소수의 전문가들만이 할 수 있었다. (물론 현대에도 모든 사람이 전문적인 과학지식을 익히고 검증하기는 불가능한 것이 사실이지만 이 전문가의 층이 매우 두텁다.)

이와 같이 고대 그리스 철학자들은 깊은 사고의 결과로 더 나은 이론을 이끌어 내고, 이것을 논리적으로 반증하는 과학적인 방법론을 확립하였다. 지

---

3) 저자의 번역
4) 유럽에서 천문학 혁명이 일어나기 전에는 이 지구중심설, 즉 천동설이 타당한 과학이론으로 받아들여졌다.

금도 '그리스인 방식으로 생각하기thinking as a Greek'는 과학적 태도의 중요한 부분이다. 이런 '까칠한' 태도가 사회생활에 있어서는 기이하고, 무용하고, 심지어 게을러 보이기까지 하지만 그런 그리스인들이 있었기에 근대 유럽의 과학 혁명도 가능하였다. 서로의 주장을 비판하고 더 나은 이론을 이끌어 내려는 노력은 현대의 연구자들도 갖추어야 할 과학적 태도인 것이다.

1.2.2 최초의 자연철학자들

그리스는 고대문명의 발상지들과는 달리 큰 강이 없고 척박한 땅으로, 지금의 그리스와 터키의 해안을 따라 무역에 바탕을 둔 다수의 도시국가들이 발달하였다. 이들은 자연스럽게 바다를 통해 이집트와 메소포타미아 문명을 흡수하여 발전시켰으며, 문자의 발달로 인해 그리스 신화가 문학작품으로 현재까지 전해져 내려오는데, 당시 고대인들의 자유로운 상상력을 가늠케 한다. [5]신화의 세계는 매우 문학적이고 낭만적이지만 다분히 숙명적이고 비논리적이었다. 예를 들어 "벼락은 제우스가, 지진은 포세이돈이 일으킨다"는 등이다.

BC 6세기경 밀레토스Miletus[6]의 철학자들은 이러한 전통적인 생각에 반기를 든 최초의 사람들로 생각된다. 즉, 자연현상에 대해 신화적인 해석에서 벗어나 논리적이고 이성적인 이유를 찾고자 한 것이다. 이들을 밀레토스 학파라고 하며, 탈레스Thales of Miletus; BC 625-545는 이 학파의 대표적인 인물이다.

탈레스는 자연철학의 시조로 간주된다. 그는 신들과 자연을 분리해서 생각하기 시작했으며, 이 세상을 이루는 근본적인 (변하지 않는) 것이 무엇인지 고민한 끝에 물이 만물의 근원이라고 주장하였다. 이 근본 물질로부터 만물

---

5) 서구 문화를 이해하려면 그리스 · 로마 신화와 성서를 먼저 읽으라고 한다.
6) 밀레토스는 현재 터키 남서부 지중해 해안에 위치했던 도시국가였다.

이 형성되고, 자연현상이 일어난다는 것이다. 아마 자신들이 살고 있는 땅이 물 위에 떠있을 것이라는 가정에서 추론한 것으로 보인다. 비슷한 시기에 같은 밀레토스 학파의 엠페도클레스Empedocles, BC 494 - 434는 여기에 흙, 공기, 불을 더하여 만물은 '흙, 공기, 불, 물'의 4가지 원소로 이루어져 있다고 주장하였는데, 후일 아리스토텔레스가 이를 받아들여 발전시킴으로써 4원소론은 거의 2,000년 동안 유럽인들의 자연관을 지배하게 된다.

1.2.3 피타고라스

만물의 근원에 대해서 다른 주장을 한 사람도 있었다. 피타고라스Pythagoras of Samos; BC 530년경 활동가 그 중 한 사람이다. 그는 수數 신비주의를 신봉했으며, 그의 학파는 신비적인 결사를 조직하여 '콩을 먹지 말라'는 등 이상한 율법들을 만들고, 지켜나갔다. 이들은 직각삼각형에 대한 피타고라스의

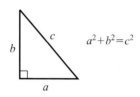

$$a^2 + b^2 = c^2$$

그림 1-1
피타고라스의 정리

정리(그림 1-1)를 증명하는 등 수학에서 대단한 진보를 이루었지만 제곱근 등의 무리수를 이해하지 못하고 쇠퇴하였다. 사실 피타고라스의 정리에서 삼각형 변의 비율이 3:4:5 등으로 특이한 비가 아니면 빗변의 값은 무리수가 나온다. 따라서 무리수를 모르면 피타고라스의 정리는 매우 당황스러운 결과를 준다. 피타고라스는 이런 약점을 숨기기로 하고 이들 조직으로부터 무리수의 비밀을 누설한 사람에게는 큰 보복을 했던 것으로 전해진다.

　피타고라스의 정리는 비슷한 시기에 중국 한나라의 수학 서적《주비산경周髀算經》에도 바둑판 위에 변의 비가 3:4:5인 직각삼각형의 그림으로 묘사되어 있다(그림 1-2). 이 책에서는 그 이치를 또한 설명하고 있으나 서구식 '증명'과는 차이가 있다고 한다. 참고로 피타고라스의 정리를 증명하는 방법은 중

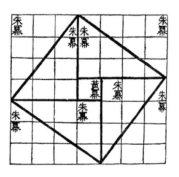

句股冪合以成弦冪

그림 1-2
《주비산경(周髀算經, BC 500-200)》에 실린 피타고라스의 정리. 세 변의 비가 3:4:5임을 도해로 보여준다.

등 수학에서 가르치는 전형적인 방법 외에도 100가지가 넘는 방법들이 있다고 한다.

피타고라스는 자신의 수학 이론이 큰 성공을 거두자 수 신비주의에 빠지게 되어, 급기야 만물의 근원은 수라고 주장하였다. 물건을 쪼개고 또 쪼개어 끝까지 가면 숫자들로 이루어진 최소 단위가 나온다니, 흥미로운 주장이다(물론 피타고라스는 현대의 아라비아 숫자가 나올 것이라고 상상하지는 않았을 것이다).

1.2.4 데모크리토스

피타고라스보다 100여 년 후 활동한 데모크리토스Democritus of Abdera, BC 460-370는 현대 원자론과 매우 흡사한 원자론을 주장하였다. 즉, 원자와 진공만이 실재이고, 이 원자들이 구성하는 물질의 성질은 원자의 모양, 배열, 위치 등에 의해 결정되며, 성질의 변화는 원자들의 결합과 분리로 설명하였다. 그러나 데모크리토스의 원자론은 당시에 거의 주목받지 못하였고, 18세기경에 와서야 부활하여 화학의 바탕 이론이 된다. 특히 그리스 자연철학의 정점을 이룬 아리스토텔레스는 데모크리토스의 원자론을 배척했는데, 그 이유는 아

그림 1-3
그리스 동전 10 드라크마에 새겨진 데모크리토스의 초상과 원자 모형
(출처: Wikimedia Commons, 사진: Wächter, 2006)

리스토텔레스의 운동론이 진공을 인정하지 않았기 때문이다. (1.2.5 참조)

물론 데모크리토스의 원자론은 순전히 논리적인 가정이었고 그 당시로는 실증이 불가능했기 때문에 과학적인 모형이라고는 할 수 없다. 그러나 2,000 년이 더 지난 후 근대 유럽의 과학자들은 비슷한 원자론을 부활시켜 물리학과 화학이 크게 발전하였고, 결국 원자의 실체는 증명되었다. (5.2 참조)

현대의 그리스 후손들은 화폐에 데모크리토스의 초상을 넣어 그의 업적을 기렸다[7](그림 1-3). 과학자의 초상이 한 국가의 지폐에 등장한 것은 매우 드문 일이며, 과학자의 한 사람으로서 매우 반가운 일이다. 앞으로 보겠지만 이런 예가 가끔 있다.

1.2.5 플라톤과 아리스토텔레스

비슷한 시기에 아테네의 플라톤Plato of Athens, BC 428-347은 스승인 소크라테스의 철학에서 벗어나 자연철학에 치중하여 나름대로 물질론과 우주 모형을 정

---

7) 그리스는 현재 드라크마 대신 유로화를 쓰고 있다.

립하였으며, 제자인 아리스토텔레스는 이를 발전시켜 방대한 저서를 남긴다. 특히 플라톤은 '이상향'을 주장했는데, 이곳에서는 모든 일들이 이론에 맞게 완벽하고 논리적으로 설명된다고 주장하였다. 반면에 사람들이 사는 '실제 세계'에서는 이 모든 일들이 불규칙적이고 비논리적으로 일어나는 혼란의 도가니라고 생각하였고, 이상향과 뚜렷이 구분을 지었다. 이런 가정을 도입함으로써 플라톤은 자신이 제안한 자연법칙이 왜 현실세계에서는 적용되지 못하는지 설명하지 않고 논리적으로 피해나갈 수 있었다. 그러나 관측을 전제로 하지 않은 이론은 과학의 범주에 들 수 없다.

플라톤은 천체들이 천구에 박혀있고, 지구(인간)를 중심으로 원운동을 한다는 우주관을 세웠는데, 그 이유는 천체들은 이상향에 있으므로 이들은 가장 완벽한 도형인 원 궤도를 그리며 운동한다고 생각했기 때문이다. 이것은 '천동설', 더 정확히 말하면 '지구중심설geocentricism'의 원조로, 후세의 천문학자들에게 큰 영향을 주었다. 그러나 천문관측으로 잘 알려진 '행성의 역진운동'은 천동설과 모순을 낳게 된다[2]. (그림 1-4)

플라톤은 아테네에 '아카데미아Academia'를 설립하여 지식의 전수에도 힘

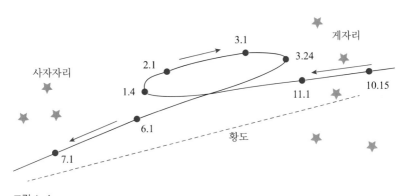

그림 1-4
1994년 10월 15일부터 다음 해 7월 1일 사이에 관찰한 화성의 경로. 붙박이별들(사자자리와 게자리)을 기준으로 황도를 따라 진행하다가 1월 4일과 3월 24일 사이에는 역진하였다.

썼는데, 아카데미아는 동로마제국의 유스티니아누스 황제가 폐교를 명할 때까지 이후 800년을 지속하였다. (2.1.2 참조) 지금도 대학이나 학계를 통칭하여 아카데미아라고 한다.

플라톤의 제자 아리스토텔레스Aristotle of Stagira, BC 384-322는 그리스 자연철학의 정점을 이룬 당대 최고의 학자이다. 당시 그리스 북쪽 변방국인 마케도니아의 필리포스 2세는 그리스 도시국가들을 무력으로 점령하였고, 그의 아들 알렉산드로스는 광대한 동방(페르시아)을 정복하였다. 아리스토텔레스는 알렉산드로스가 왕자일 때부터 스승으로 초빙되어 왕실의 대규모 지원을 받았고 후세에 영향력 있는 책을 많이 남겨, 근대 과학 혁명 이전까지 거의 2,000년 동안 아랍과 유럽 자연철학의 원조가 되었다. 그러나 알렉산드로스 대왕 사후 반 마케도니아 정서가 팽배하게 되자 아리스토텔레스는 신변의 위협을 느껴 아테네를 떠났고, 얼마 지나지 않아 병사했다.

아리스토텔레스는 매우 관념적이고 수학적이었던 스승 플라톤과는 달리 "모든 원리는 경험에서 비롯된다"고 하면서 관찰과 경험에 바탕을 둔 자연철학을 주장하였다. 그러나 모든 고대 자연철학자들이 그러했듯이 그도 실제로는 관측을 등한시하고 논리를 선호하였다. 이와 같은 결점을 가진 이론들은 먼 훗날 치밀한 관찰과 실험을 내세운 갈릴레이에 의해 철저히 반증된다. (3.4 참조)

그는 또한 스승 플라톤과 유사하게 자연의 목적성에 기초한 자연철학을 추구하였다. 즉, 천체의 운동 등 피상적인 관찰을 합리화하기 위해 '신성한 부동자Unmoved' 혹은 '제1운동자Prime Mover'의 존재를 도입하여 천체 운동의 원인을 설명했는데, 이것은 후일 기독교나 이슬람교의 절대자(신)와 흡사하므로 종교가 지배하던 중세 아랍과 유럽 사회에 잘 융화되어 오랫동안 자연을 설명하는 모형으로 사용되었다[3]. 즉, 아리스토텔레스의 자연철학은 종교와 얽혀 절대적인 진리로 받아들여졌다.

아리스토텔레스의 이론 중 후세 과학에 가장 큰 영향을 미친 것은 원소론과 운동론이다. 원소론은 밀레토스 학파의 엠페도클레스가 주장한 4원소론을 받아들여 발전시킨 것이다. 즉, 만물의 근원은 '흙, 물, 공기, 불'이라고 주장하였는데, 각 원소에 독특한 성격을 부여하여 더욱 발전시켰다. 예를 들어, 공기와 불은 가벼워 위로 (땅 혹은 중심에서 멀어 지는 방향으로) 움직이며, 따라서 불길이 위로 올라가는 것은 '자연스러운 운동'이라고 설명하며, 흙은 무거워 자연스러운 위치인 (지구) 중심으로 향한다. 이것은 지구가 멈추어 있고 천체가 움직이는 것이 전제되어야 하므로 이러한 논리는 지구중심설의 근거를 제공하였다.

그리스 자연철학자들이 지구가 둥글다는 인식을 이미 가지고 있었음에 유의하자. 이것은 동양(중국) 철학에서 땅은 편평하고 하늘은 둥글다고 생각한 자연관과 대비된다. 따라서 물체의 자유낙하는 동양적인 사고로는 물체가 '아래로' 떨어지는 것이지만 서양적인 사고방식에 따르면 '중심으로' 향하는 자연스러운 운동이 된다. 이와 같이 상하가 명확하게 구분되는 동양의 자연관은 이후 동양 천문학자들이 태양중심설에 근거한 우주 모형은 물론이고 서양 선교사들을 통해 유입된 프톨레마이오스의 지구중심설을 제대로 이해하는 데도 심각한 장애로 작용하였다. (2.3.2 참조)

또한 고대그리스의 4원소론에 의하면 모든 물질은 이 네 원소의 적절한 배합으로 무거운 물질이 되기도 하고 가벼운 물질이 되기도 한다. 따라서 구리를 구성하는 원소를 조금 바꾸면 금을 만들 수 있다고 생각하는 연금술의 바탕 이론이 되었다. 연금술은 중세 아랍을 거쳐 근대 유럽에서도 성행하였으며, 19세기 근대 원자론이 확립될 때까지 수많은 과학자들의 시간과 수명을 소모시켰다.[8] 그러나 근대 화학이 연금술로부터 시작된 것은 부인할 수 없다.

운동론은 4원소론과 관련이 있다. 현재 우리는 당연히 '운동'이 물질의

---

8) 뉴턴도 말년에 연금술에 심취했으며, 현대인들은 그의 유해에서 중금속을 검출하였다.

구성과는 관련이 없다는 것을 알고 있지만, 아리스토텔레스의 '운동'은 현대적 의미의 운동과는 달리 물질의 본성과 관련된 모든 변화를 포함한다. 예를 들어 씨앗이 자라 나무가 되는 과정은 본연의 성질이 실현되는 과정이므로 '자연스러운 운동'이며, 무거운 물체는 원소의 대부분이 흙으로 이루어져 있어서 중심(땅)으로 돌아가는 것이므로 이 역시 자연스러운 운동이다. 따라서 무거운 물체일수록 빨리 떨어진다는 주장을 하였다. 사과와 깃털을 떨어뜨려 보면 이것이 명백한 것으로 보이나, 이는 분명히 공기의 저항을 본질적인 중력과 구별하지 못한 극히 부분적인 이론이며, 모양은 같으나 무게가 다른 두 물체의 자유낙하 실험으로 통렬히 반증된다. (3.4 참조)

자연스러운 운동에 반하여 '강요된 운동'은 속도가 힘에 비례하고 무게에 반비례한다고 주장하였다. 그러면 시위를 떠난 화살은 어디로부터 힘을 받는가? 그것은 매질에 의한 힘이고, 화살의 속도는 매질의 밀도에 반비례한다고 주장하였다. 즉, 진공에서는 밀도가 영이라서 속도는 무한대가 되므로 진공이 존재할 수 없음을 논리적으로 강변하였다. 앞에서 언급한 것과 같이 진공에 대한 혐오는 데모크리토스의 원자론을 배척하는 근거가 되었다. 운동하는 물체의 속도는 힘에 비례한다고 생각했으므로 아리스토텔레스의 운동론으로는 '관성'을 이해할 수 없었고, 따라서 후일 유럽인들이 지구의 자전과 공전을 받아들이는 데 장애가 되었다.

그리고 그는 스승 플라톤과 같이 물질계를 천상세계(천체들이 속한 이상향)와 지상세계로 구분함으로써 자신의 이론이 실제 관측 결과를 잘 설명하지 못하는 모순을 합리화 시켰다. 아리스토텔레스의 자연철학은 이러한 모순에도 불구하고 후대의 종교관과 잘 융화하면서 무려 2,000년 동안 이슬람과 기독교 문화권에서 최고의 학문으로 숭상되었다.

1.3 그리스 후기의 자연철학자들

그리스 후기라 함은 알렉산드로스 대왕의 사후를 말한다. 그의 동방 정복으로 동방과 서방 문화가 융합된 헬레니즘Hellenism 시대가 열렸다. 여기서 서방은 그리스 (마케도니아), 동방은 페르시아 제국(지금의 중동지역)을 한정하여 지칭한 것이다. 알렉산드로스는 정복 전쟁에서 돌아오는 과정에서 열병으로 32세의 젊은 나이에 급사하였으며, 그가 정복한 방대한 영토는 그 수하에 있던 4명의 장군에 의해 분리 통치된다.

이 중 이집트를 다스리게 된 프톨레마이오스 1세는 수도 알렉산드리아에 대규모 도서관을 짓게 했는데, 이곳은 후기 그리스 학문의 중심지가 되었다. 이 도서관은 물론 많은 책을 소장했지만 현대적 의미로 보면 미국 항공우주국NASA과 같은 국립연구소에 가까우며, 그리스 이후 로마 시대를 거쳐 700여 년 동안 학문의 불씨를 지켜나갔다. 알렉산드리아 도서관에는 수많은 자연철학자와 수학자들이 모였는데, 대표적인 인물로는 유클리드, 에라토스테네스, 헤론, 프톨레마이오스 등을 들 수 있다.

1.3.1 유클리드

그리스식 이름은 에우클레이데스($E\acute{υ}κλειδης$)이나 영어식 이름 유클리드Euclid of Alexandria, BC 300년경 활동로 우리에게 더 익숙하므로 여기서는 영어식으로 부르기로 한다. 그는 《원론Elements》 13권을 집필하여 고대 수학을 집대성하였다. (그림 1-5) 이 저서는 후에 아랍에서 중국, 인도의 대수학과 함께 유럽으로 유입되어 교육과정으로 확립되었고, 이것이 지금도 중·고등학교에서 가르치는 '유클리드 기하학'이다.

예를 들면 "한 직선과 그 직선 밖에 한 점이 주어졌을 때 이 점을 지나며 그 직선에 평행한 직선은 단 하나만 존재한다"는 등의 지극히 기본적인 공리로

그림 1-5
파피루스에 기록된 유클리드 《원론》의 일부(출처: Wikimedia Commons)

부터 출발하여 복잡한 여러 기하학 문제들을 논리적으로 해결하였다.

현대인들이 《원론》을 원저 그대로 읽지는 않지만 정리된 형태로 많은 사람들이 2,000년 이상 읽었고, 앞으로도 계속 읽을 불후의 명저이다.

1.3.2 아리스타르코스

근대 유럽에서 수학이나 논리에 대한 수많은 논쟁이 있었지만, '천동설-지동설' 논란은 과학과 종교, 그리고 사회에 큰 파장을 일으킬 중요한 논쟁으로 등장하였다. 갈릴레이는 코페르니쿠스의 태양중심설을 천문관측을 통해 확신하고, 대중에게 전파하였다. 이것이 아리스토텔레스의 우주론인 천동설을 지지하는 교황청의 진노를 사서 종교재판에 끌려 나와 단죄를 받았다. (3.4.2 참조) 그러나 지동설, 좀 더 정확히 말하면 태양중심설heliocentricism은 아리스타르코스Aristarchus of Samos, BC 310-230가 이미 주장하였고, 그로부터 약 1,800년 후 코페르니쿠스는 좀 더 정교한 계산을 첨가하여 이것을 부활시킨 것이다. (3.3.1 참조)

아리스타르코스는 반달이 남중할 때, 태양과 달 사이의 각도를 재고, 간단한 삼각비를 이용하여 지구에서 달까지의 거리와 태양까지의 거리를 비교했는데, 태양이 달보다 약 19배 먼 것으로 계산하였다.[9] 해와 달의 겉보기 크기는 비슷하므로 (둘 다 0.5° 정도) 태양의 지름이 달보다 19배 크다는 논리적인 결론을 얻었다. 그는 나아가 월식 때 달에 드리워진 지구 그림자의 곡률을 유심히 관찰하여 지구, 달, 태양의 크기의 비율을 계산할 수 있었는데, 지구가 달보다 3배 정도 크다는 결론도 얻었다.[10]

계산 결과 태양이 지구보다 상당히 크므로 아리스타르코스는 태양중심설을 선호했던 것으로 추측된다. 당시의 측정 도구의 한계로 그의 계산 결과는 오차가 크지만 태양 중심 모형과 기하학적인 방법론은 매우 타당하다. 그러나 그의 이론을 그 당시로는 증명할 방법이 없었으며, 불행히도 대학자 아리스토텔레스의 지구중심설에 정면으로 도전하는 학설이 되었다. 예나 지금이나 상식에 위배되고, 당대의 주류 학설에 이의를 제기하는 것은 외로운 일이다. 아리스타르코스의 태양중심설은 거의 지지를 받지 못하였고, 코페르니쿠스가 태양중심설을 부활시킬 때까지 1,800년 동안 빛을 보지 못하게 된다.

1.3.3 아르키메데스

이제 현대 과학자에 가장 가까운 아르키메데스Archimedes of Syracuse; BC 287-212를 만나 보자. 지중해의 큰 섬 시라쿠사는 현재 이탈리아의 영토인 시칠리아Sicilia 섬을 말한다. 그는 수학적으로도 원주율의 근삿값을 구하고, 무리수를 이해하였다. 특히, 원주율을 계산할 때 원을 피자 조각 모양으로 (정 n각형) 나눈 다음 변의 길이를 합하는 방법을 사용하여 원의 넓이와 원주 길이의 근삿값을 구했는데, 이것은 현대 적분의 개념이므로 아르키메데스는 초기 적분

---

9) 정확히는 400배 정도이다.
10) 실제로는 지구가 4배 정도 크다.

의 창시자로 간주되기도 한다.

그는 이전의 자연철학자들과는 달리 실험을 중시하였으므로 고대인들 중에서는 현대적 의미의 물리학자에 가장 가까운 사람으로 여겨진다. 우리에게 부력의 법칙으로 익숙한 아르키메데스의 원리가 그의 과학적 업적 중 하나이다. 즉, '액체 속에 잠긴 물체는 그것이 밀어낸 액체의 무게와 같은 힘으로 위로 밀려 떠오른다'는 법칙이다. 그는 히에론 2세 왕의 의뢰를 받고 새로 제작된 왕관의 순금 여부를 알아낼 방법을 고민하던 중, 목욕탕 속에서 몸이 밀어낸 물이 미치는 부력을 느끼는 순간 이 아이디어를 떠올렸고, 너무 기쁜 나머지 "유레카Eureka!"를 외치면서 목욕탕을 뛰어나왔다고 한다. 과학적 발견이 주는 진정한 기쁨을 표현한 한마디였다.

그 외에도 아르키메데스는 지렛대의 원리를 이용하여 무거운 물체(주로 적국의 함선)를 들어 올리는 기구를 제작했으며, 빛의 직진과 반사법칙을 이해하고 전투에 활용하였다. 요즘 말로 하면 방위산업의 핵심 브레인이었던 셈인데, 어떤 시기의 역사를 보아도 첨단 과학과 기술은 가장 먼저 국가방위에 응용되는 경향이 있다.

당시 그리스 도시국가들과는 달리 중앙 집권형 국가인 로마가 영토를 넓혀 가다가 아프리카 북부의 강국 카르타고와 지중해 패권을 두고 긴 전쟁을 치르고 있었다. 시라쿠사는 처음에는 로마와 손을 잡았으나 나중에 등을 돌리면서 결국 로마의 정복 대상이 되었다. 아르키메데스가 고안하고 제작한 기구들은 로마 함대들의 상륙을 상당히 지연시켰다. 그 중 반사법칙을 이용하여 금속 방패로 햇빛을 반사시켜 침략군의 함선을 불태웠다는 기록이 있다. 진위 여부를 확인하기는 어려우나 지중해의 강렬한 태양이라면 가능하지 않았을까 추측해 본다.[11]

---

11) 몇 가지 가정을 하면 불을 붙이는 데 필요한 방패의 수를 추산해 볼 수 있다.

아르키메데스의 노력에도 불구하고 역사의 흐름은 막지 못했다. 로마군은 결국 시라쿠사를 점령하고 아르키메데스도 최후를 맞게 된다. 점령군 사령관의 호출 명령을 묵살하고 수학 문제에 몰두한 아르키메데스는 한 로마 군인에 의해 무참히 살해되었다. 로마 점령군 사령관 마르켈루스는 이 유능한 학자의 죽음을 아쉬워했다고 한다. 우리는 이 대 학자를 살해한 로마군에 대해 당연히 잔인하고 야만적이라는 정서적인 비판을 가할 수 있다.

그러나 이 사건은 좀 더 깊은 의미를 내포하고 있다. 과학사에서, 특히 순수과학 분야에서 로마제국의 과학은 거의 논의되지 않는다. 로마가 그리스를 포함한 주변 국가들을 차례로 정복한 후 유래 없이 큰 영토를 가진 대제국을 만들었고, 이후 세계사에 엄청난 영향을 주었지만, 이들이 그리스의 자연철학을 계승하지는 않았다. 오히려 로마인들은 '쓸모없는 논쟁만 일삼는' 그리스 자연철학자들을 경멸하였고, 건축, 토목, 의학, 법학 등 실용적인 학문에 치중하였다. 아르키메데스의 죽음은 실용주의 로마제국에서 순수과학의 운명을 상징적으로 보여준다.

1.3.4 에라토스테네스

이제 다시 학문의 중심지 알렉산드리아로 돌아가서 그리스 말기를 장식한 자연철학자 몇 명을 더 살펴보자. 알렉산드리아 도서관장을 지낸 에라토스테네스Eratosthenes of Cyrene; BC 276-194는 지구의 둘레를 최초로 측정하였다. 그는 그림 1-6과 같이 남북으로 약 800 km 떨어진 두 도시 알렉산드리아와 시에네Syene[12]에서 태양이 남중할 때, 막대를 수직으로 세우고 동시에 그림자의 길이를 재었다. 알렉산드리아에서는 통상적으로 막대의 그림자가 북쪽으로 생기나, 시에네는 알렉산드리아보다 적도에 가까워, 하지가 되면 그림자가 거

---

12) 현재 나일강 댐이 있는 아스완Aswan

의 없어지게 된다. 같은 시각 알렉산드리아에서 잰 그림자의 길이로부터 계산한 태양의 남중 각은 약 7.2도였다. 이것은 총 원주각 360도의 1/50이므로 지구를 완벽한 공이라고 가정하면 지구의 둘레는 800 km × 50 = 40,000 km로 계산된다.

이것이 매우 정확한 값이긴 하지만 이 계산은 에라토스테네스의 방법을 현대에 재현한 것이고. 고대 그리스는 거리 단위로 m나 km가 아니고 '스타디움'이란 단위를 썼는데, 1 스타디움이 몇 m인지 기록이 확실하지 않기 때문에 실제로 그가 지구의 둘레를 이렇게 정확한 값으로 추산했는지는 알기 어렵다. 어쨌든 그의 계산 방법은 완벽히 논리적이다.

고대에는 통신이 어려워 한 번 이 방법을 사용하려면 대단한 준비가 필요했을 것으로 보인다. 그러나 현대에는 시외전화나 휴대폰으로 먼 거리에 있는 사람과 실시간 통화가 가능하므로 미국의 고등학교 선생님들은 이 방법을 써서 지구의 크기를 측정하라는 숙제를 가끔 내준다. 넓은 땅을 가진 나라에서는 지도를 보고 자신의 위치에서 정북이나 정남에 걸리는 도시 또는 마을의 학교에 협조를 구하면 된다.

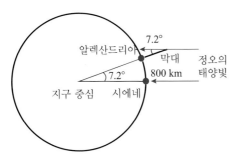

그림 1–6
에라토스테네스가 지구의 둘레를 측정한 방법

1.3.5 프톨레마이오스

프톨레마이오스Ptolemy of Alexandia, AD 87-150가 알렉산드리아 도서관의 마지막

과학자는 아니지만, 그 이후 그리스 과학은 큰 진보를 이루지 못하고 그리스 자연철학의 유산은 아랍 세계로 피신하게 된다. 하기야 당시는 알렉산드리아가 (아니 유럽 대부분이) 로마제국의 지배하에 있었기 때문에 이미 '그리스 과학'은 아니라고 할 수 있다. 그러나 앞에서 언급한 것처럼 로마가 그리스의 자연철학을 경멸하긴 했지만 알렉산드리아만은 예외적으로 로마제국의 지원을 받았고, 덕분에 그리스 학문의 전통을 당분간 계승할 수 있었다.

프톨레마이오스 이전 히파르코스Hipparchus, BC 190-120 등은 바빌로니아 천문학을 계승하여 더욱 발전시켰으나 직접적인 기록은 남아있지 않고, 프톨레마이오스의 저술에 그의 업적이 언급되어 있다고 한다. 프톨레마이오스는 직접 천문관측을 하지 않았다고 알려져 있으니 아마 그는 히파르코스의 천문관측 기록을 수학적인 모형을 세워 해석했을 가능성이 크다. 어쨌든 그는 그의 수학적인 모형을 정리하여 《천문학집대성》을 집필한다. 이 책의 아랍어 번역본은 《알마게스트Almagest》란 이름으로 후세에 1,700년 동안이나 읽히는데, 알마게스트란 아랍어로 '가장 위대한 것(책)'이란 뜻이다.

플라톤의 지구중심설에 의하면 천체는 완벽하며, 따라서 지구를 중심으로 완벽한 원운동을 한다고 했다. 밤하늘의 별들을 오랜 기간 관측해 보면 붙박이별들(항성)은 이 이론을 따르는 것 같은데, 떠돌이별(행성)들은 예외적으로 운동하는 경우가 많았다. 특히 화성은 다른 별들과 같이 잘 진행하다가 가끔은 뒷걸음질 치는 시기가 있다는 것이다[2](그림 1-4).

프톨레마이오스는 행성의 역진운동을 지구중심설로 설명하기 위해 그림 1-7과 같은 모형을 세웠다. 즉, 화성(행성)은 본 원 궤도인 수송원을 도는 동시에, 수송원 상의 한 점에 중심을 둔 작은 원인 주전원을 그리면서 돈다는 복잡한 모형이다. 현대 과학상식으로 보면 터무니없는 이론이지만 행성의 역진운동을 무난하게 설명한다. 물론 관측과 약간의 오차를 보이는데 이것이 후일 케플러가 타원 궤도를 생각하게 된 원인이 된다. (3.3.3 참조)

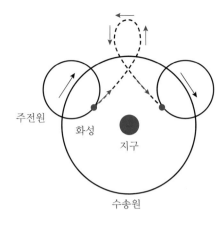

그림 1-7
프톨레마이오스가 고안한 화성의 궤도.
점선으로 표시된 겉보기 경로가 역진운동
을 설명한다.

알마게스트는 케플러가 행성 타원 궤도에 근거한 루돌프 표를 만들기 전까지 역법의 바탕이 되었으며, 선원들에게는 그 이후 19세기 초까지도 항해력으로 활용되었다.

그럼 아리스타르코스의 태양중심설이 이미 있었는데도 왜 프톨레마이오스는 코페르니쿠스와 같이 태양을 중심으로 수성, 금성, 지구, 화성, 목성, 그리고 토성이 원으로 도는 아름다운 천체 모형을 생각하지 못하고, 수학적으로 매우 성가시고 복잡한 주전원들을 가지고 '억지로' 지구중심설에 맞추었을까? 만약 (역사에 '만약'이란 없지만) 그가 태양중심설을 받아 들였더라면 이후 1,500여 년 동안 중세 아랍과 유럽의 수많은 천문학자들의 시행착오는 없었을 것이고, 천문학의 역사는 그만큼 앞당겨질 수 있었을까?

유럽 천문학 혁명의 주역 중 한 사람인 브라헤도 지구중심설을 포기하지 못하고, 조금 수정하는 범위에서 그쳤다. (3.3.2 참조) 16세기까지 과학자들이 지구중심설에 집착한 것은 대학자 아리스토텔레스의 영향과 종교적인 이유도 있었지만, 과학적인 이유 중 하나는 '연주시차' 측정이 불가능했기 때문인데, 이것은 제3장에서 상세히 설명하기로 한다.

프톨레마이오스는 천문학 외에도 빛의 굴절 현상을 연구하였으나 일관된

법칙을 이끌어 내지는 못했다. 광학의 역사는 제5장에서 상세히 다루기로
한다.

1.3.6 헤론

마지막으로 소개할 그리스 후기의 과학자는 헤론Heron or Hero of Alexandria, AD
10-70이다. 그는 삼각형의 세 변의 길이로부터 넓이를 구하는 헤론의 공식을
만든 수학자였는데, 공학자로서의 재능도 뛰어났다. 그림 1-8은 그가 발명한
고대 증기기관을 보여준다. 이것은 분명히 열을 일(동력)로 바꾸는 최초의 열
기관이며, 이 외에도 횃불로 열리는 자동문 등이 그의 발명품들이다.

　　최초의 실용적인 증기기관은 1712년 영국의 뉴커먼Newcomen이 발명했으
며, 와트James Watt의 혁신적인 개량으로 18세기 말 산업혁명을 일으킨 핵심
동력원이 된다. 그럼 헤론의 증기기관은 왜 산업혁명과 같은 실용화에 연결
되지 못했을까? 물론 당시의 모든 여건이 18세기 영국과는 매우 달랐겠지만
그 중에서도 특히 노동력의 차이가 크다는 것이 두드러진 차이점이다. 즉, 당
시에는 다수의 노예와 가축들의 노동이 소수 지배층의 편의를 제공해 주었으

그림 1-8
헤론의 증기기관(Hero's aeolipile). 밀봉된 접시 안의 물을
끓이면 수증기가 속이 빈 금속 공에 달린 좁은 두 구멍을 통
해 빠져나오면서 회전동력을 준다.
(출처: Wikimedia Commons)

므로 자동차, 자동문 등의 자동기계가 굳이 필요하지 않았던 것이다[3].

요약해 보면, 고대 그리스 자연철학자들은 현대인의 시각으로 보아 너무나 사변적이고, 심각한 오류를 가진 비현실적인 이론들을 많이 만들어 내었다. 그러나 그들은 자연현상을 설명함에 있어서 수학을 거침없이 사용하였고, 무엇보다도 과학적 원리 탐구의 초석을 놓았다. 알렉산드리아에서 찬란한 절정기를 맞은 고대 그리스의 자연철학은 로마시대에 와서는 발전이 주춤해졌으며, 야만족들의 침입으로 서로마제국이 멸망하자 그리스-로마 문명 전체와 함께 길고 긴 암흑시대를 맞게 된다.

제2장

동방의 빛

2.1 그리스 과학의 쇠퇴

2.1.1 서로마제국의 멸망

아리스토텔레스 전후로 절정기를 보였던 고대 그리스 과학은 2세기에 들어 활기를 잃고, 현상유지에 급급하거나 점차 활동이 약해지다가 결국 종말을 고하게 된다. 로마는 그리스와 지중해 주변 국가들을 정복하여 유럽 대부분은 물론 아프리카의 북부와 중동의 일부를 통합하는 대제국을 세우고 그 이후 서양문화의 발전에 큰 호수와 같은 역할을 하였다.

로마 사회는 기술(공학)에 기반을 둠으로써 건축, 군사, 의학, 법률 등의 실용적인 학문은 크게 발달했으나, 아르키메데스의 죽음에서 엿볼 수 있듯이 그리스 전통의 과학, 철학, 수학 등의 순수학문은 배척되었다. 알렉산드리아 도서관만은 예외적으로 로마황제의 지원을 받았으며, 서로마제국의 멸망 후에도 동로마(비잔틴)제국의 후원을 받아 잠시나마 그리스 과학을 보전할 수 있었지만, 그나마 기독교의 득세로 인하여 과학의 명맥을 잇지 못하게 된다 [3].

그리스 이후의 정치 상황을 보면, 로마는 전례가 없는 대제국을 이룩하여 1-2세기의 약 200년 동안 '팍스 로마나'라고 하는 태평성대와 풍요를 구가했으나, 이후 먼 동방에서 흉노족의 침입으로 촉발된 게르만족의 대이동을 엄청나게 팽창된 국경선에서 막아낼 수가 없었다. 로마 황제는 수도를 로마에서 콘스탄티노플(지금의 이스탄불)로 옮겼고 (330), 결국 로마제국은 로마를 수도로 한 서로마제국과, 콘스탄티노플을 수도로 한 동로마제국으로 양분되었다. 그러나 야만족들의 세력은 점차 강해져서 여러 차례 문명의 수도 로마를 약탈했고, 얼마 가지 않아 서로마제국은 이들에게 멸망당하는 비운을 겪게 된다. (476) 이 무렵부터 유럽은 '암흑시대Dark Age'에 접어들어 과학(자연철학)은 물론이고, 모든 문명이 바닥상태로 떨어져, 그 이후 그리스 문명을 회복하는 데 천 년이 걸리게 된다.

　과학의 역사에 큰 영향을 미친 또 하나의 큰 사건은 기독교의 전파이다. 로마의 한 변방인 유대 지방에서 창건된 기독교는 빠른 속도로 로마제국 내부로 전파되었는데, 처음에는 박해를 받았지만 점차 세력을 넓혀 마침내 콘스탄티누스 대제가 기독교도가 되고, 4세기 말에는 기독교가 로마제국의 국교로 선포된다.

　종교가 권력과 결탁함으로써 기독교 원리주의를 통치이념으로 삼았던 황제들은 종교의 이름으로 과학을 탄압하였다. 물론 기독교의 득세 이전에도 그리스 말기에는 과학자의 사회적 역할이 딱히 없었고, 과학의 낮은 응용성으로 인해 과학과 기술 사이에 괴리가 생기고, 뚜렷한 발전이 없이 정체되면서 과학은 자생력을 잃어갔다. 그리고 기독교가 득세하면서 이교도와 이단에 대한 탄압이 고대 과학의 마지막 명맥을 끊어 놓았다.

2.1.2 비잔틴제국

동로마(비잔틴)제국은 로마라기보다 그리스의 전통을 이어받은 기독교 국가가 되었는데, 제국의 초기 550년경 유스티니아누스 대제는 서로마 멸망 이후 야만인들이 점령한 땅을 상당히 수복하는 데 성공하였고, 옛 로마제국의 전성기를 되찾은 듯이 보였다. 하지만 정복 전쟁에 따른 재정 악화로 인하여 제국은 그의 사후 다시 쇠락의 길을 걷게 되고, 13세기 초 4차 십자군원정 때 십자군과 베네치아인들에게 분할점령 당하여 주권을 상실하게 된다.

　그러나 동로마는 서로마의 멸망 이후에도 약 천 년 동안 명맥을 더 지속하다가 결국 콘스탄티노플이 이슬람 제국인 오스만투르크에 포위당해 함락되면서 멸망하였다. (1453) 천 년 동안 콘스탄티노플을 굳건히 지키던 테오도시우스의 성벽을 무너뜨린 것은 당시 쓰이기 시작한 대포와 화약이었다. 화약은 중국으로부터 몽골 침략군을 거쳐 이슬람 세계에 전파된 인류 3대 발명품 중 하나인데, 화약과 대포에 바탕을 둔 새로운 무기체계는 중세 유럽의 봉건제도의 붕괴에도 큰 역할을 하였다.

제국 초기에 동로마제국의 중흥기를 이룬 유스티니아누스 대제는 기독교 교리를 엄격히 신봉하여, 교리에 반하는 이단적인 학문을 가르치는 학교들에 대해 폐쇄령을 내렸다. (529) 황제의 명령으로 대부분의 학교가 문을 닫았는데, 플라톤이 아테네에 세운 800년 전통의 아카데미아도 그 중 하나였다. 비잔틴 제국은 기독교의 교리와 사상에 반하는 어떠한 사상이나 철학도 용납되지 않는 사회가 되었다. 그 결과 지식의 가능성에 대한 믿음은 줄고 신앙에 의존하는 사회가 되었으며, 대중들 사이에는 마술과 미신이 성행하였다.

학문 단절의 가장 대표적인 예가 알렉산드리아의 파괴이다. 그리스 후반기 과학의 정점을 이룬 알렉산드리아 도서관이 수난을 겪기 시작한 것은 로마제국의 세력에 허점이 보이기 시작한 3세기 후반, 시리아와 아랍인들이 알렉산드리아를 점령하면서부터이다. 로마인들이 이 도시를 탈환하는 과정에서 도시의 대부분이 파괴되었다.

그 이후 4세기 중반에 기독교도들이 알렉산드리아 도서관에 진입하여 책들을 불태웠고, 415년에는 기독교 광신자들이 저명한 여성 수학자 히파티아 Hypatia를 잔혹하게 살해하였다. 이 사건은 알렉산드리아 도서관의 종말로 간주된다. 그나마 잔존한 책들은 7세기 이후 이슬람 세력이 알렉산드리아를 다시 점령하면서 거의 소실되었고, 살아남은 일부 자료만이 이슬람 학자들의 손에 들어가서 먼 후일을 기약하게 된다.

비잔틴제국은 그나마 그리스의 전통을 관용하였고, 4과(산술, 기하, 천문, 음악)와 의학 등 최소한의 학문을 가르치는 기관을 유지했지만, 국경 바깥쪽에서는 더 비참한 상황이 전개되었다. 동고트족, 서고트족, 훈족, 반달족 등의 야만족들은 그리스와 로마의 위대한 유물들을 약탈, 방화하였으며, 그들이 가치를 알아보지 못한 예술품, 책 등의 지적 유산들은 거의 소실되었다. 유럽인들은 일상적으로 전투와 약탈에 휘말렸으며 당장 내일의 생존을 기약하기 어려운, 말 그대로 암흑시대가 수백 년 동안 지속되었다. 이런 극단적인 상황에서 평민들에게는 기독교 신앙이 그나마 정신적인 지주가 되었다.

암흑시대 동안 유럽의 인구는 감소하였고 대부분이 문맹이어서 수학, 과학의 지식이나 문명의 보전은 애초에 기대할 수가 없었다. 그리스의 찬란했던 과학은 고사하고, 11세기까지 "삼각형 내각의 합은 180도"란 사실을 아무도 이해하지 못하는 세상이 되었다. 칼(劍)만 철기이고, 다른 모든 문명은 석기시대로 접어들고 만 것이다. 한마디로 중세 유럽에서 과학은 '붕괴와 단절'을 겪었다. 그나마 비잔틴제국이 그리스 자연철학의 유물을 일부만이라도 보전하였고, 뜻하지는 않았지만 이를 아랍권에 전달한 것이 천만 다행이라고 하겠다.

2.2 중세 이슬람 세계의 과학

"역사는 승자에 의해 기록된다"고 하는데 과학사도 마찬가지인 것 같다. 서양인들은 물론이고 우리도 아랍의 과학이 있었는지 조차도 잘 모르는 것이 사실이다. '아라비안나이트'의 이야기에서 짐작할 수 있듯이 중동Middle East 국가들은 한 때 풍요로운 세월을 풍미하였으나, 중세 말기부터 큰 전란들을 겪었고, 19세기에 들어서는 서방 국가들의 식민지가 되어 신음했으며, 지금은 석유 생산으로 돈을 벌긴 하지만 여전히 선진국들의 눈치를 보고 있다. 특히 '중동' 하면 이슬람이란 낯선 종교와 과격한 테러를 연상할 수도 있다. 어느 모로 보나 과학의 이미지는 잘 떠오르지 않는다.

그러나 중세에는 이슬람 문화권이 세계에서 가장 풍요로운 지역 중 하나였다. 지역별 인구를 보면 이것을 짐작할 수 있는데, 11세기경 이슬람 권역이 4천만 명 정도의 인구를 보유한 반면 중세의 유럽은 2천2백만 명에 불과했다. 그나마 6-9세기 농업기술의 발달로 인구가 늘어난 것이 이 정도였다.[1] 그리고 파리 등 유럽의 대도시들이 각각 2-3만 명의 인구를 보유한데 비해, 바그다드와 코르도바는 각각 백만 명 정도의 인구가 사는 문화의 중심지였다[3].

이슬람 세계는 그리스 문화를 받아들여 세계 최고의 과학문명을 보유하고 있었으며, 중국, 인도 등의 과학기술과 융합하여 11-13세기에는 이슬람 과학의 절정기를 이룬다. 이것이 유럽에 전파되어 르네상스가 꽃피었고, 연이어 천문학 혁명도 일어나게 된다. 그러나 그 이후 유럽의 과학은 폭발적으로 발달하지만 이슬람 과학은 더 이상 발전하지 못하고 여러 가지 이유로 쇠퇴하고 만다.

근대 초기 유럽의 과학자들은 그래도 이슬람 과학을 공부하고 인용하였지만 후기로 접어들면서부터 이슬람 과학은 외면되고 그 존재가 잊히기 시작하였다. 모든 과학은 그리스인들로부터 바로 유럽인들에게 전해지고, 이들만이 모든 과학을 창조한 것처럼 감쪽같이 편집된 것이다. 이러한 편견을 바로잡고자 이 절에서는 짧게나마 이슬람의 '잃어버린 과학'을 살펴보기로 한다[4].

2.2.1 이슬람교 창건과 그리스 자연철학의 승계

로마가 쇠퇴기에 접어들면서 로마제국의 속방이었던 중동지역에 페르시아인들의 사산왕조가 창건된다. (224-622) 사산왕조는 지역적인 특성으로 페르시아, 인도, 로마 등에서 들어온 이질적인 문화들을 융합하였다. 특히 비잔틴제국의 박해를 피해 망명한 기독교 이단파 학자들이 가져온 그리스 책들이 번역되어 아랍권이 그리스 과학을 물려받기 시작하였다.

---

1) 당시 중국은 6천만 명, 인도는 8천만 명의 인구를 가졌던 것으로 추정된다.

622년에는 신의 계시를 받은 아랍의 한 부족장 모하메드가 이슬람교를 창건하였다. 그와 그 후계자들은 종교의 기치 아래 전 아랍권을 통일하기 시작하여 사산왕조 페르시아를 합병하고 비잔틴제국을 압박하였다. 모하메드는 "학자의 잉크가 순교자의 피보다 성스럽다"고 하여 지식의 중요성을 강조하였고, 인종 차별을 금지하였다. 따라서 초기 이슬람교는 기독교와 유대교에 대해 관용적이었고, 그리스 문명을 수용하여 800-1,300년대에는 최고의 과학 지식을 보유하였다. 칼리프와 부호들이 대규모 도서관들을 지어 이슬람 사람들은 '책의 사람들'로 불리었다.

이슬람 문명은 8세기까지는 권역 내의 페르시아 문명과 바로 동쪽에 이웃하는 인도 문명의 영향을 많이 받았다. 그러나 9세기 이후부터는 주로 그리스 서적들을 아랍어로 번역하고 연구하였으며, 문화의 헬레니즘화를 말할 수 있을 정도로 그리스 문화에 동화된다. 아리스토텔레스와 프톨레마이오스가 크게 존경받고, 이들의 철학과 과학이 학자들 사이에서 열띤 토론의 주제가 된다. 그러나 과학에 있어서는 그리스의 전통을 이었지만, 기술과 산업 측면에서는 그리스나 로마와 큰 관련이 없었다[3].

이슬람교가 중세 말기에 경직화되기 전에는 대개의 칼리프들이 과학을 관용하였고 과학자들을 후원하였다. 특히 알 마문Al-Ma'mun, 786-833은 '지혜의 집', 즉 바그다드 대도서관을 설립하여 비잔틴제국에서 들여온 그리스 책들을 학자들에게 번역하게 하였는데, 아리스토텔레스의 저술과 프톨레마이오스의 알마게스트는 완역하였다고 한다. 지혜의 집은 이슬람 세계의 과학자들이 모이는 지식의 중심지 역할을 하였다.

칼리프는 한 국가의 군주이긴 했지만 유럽이나 중국의 왕과는 달리 종교지도자로서의 의무도 있었기 때문에 알 마문과 같이 과학을 중시한 칼리프들은 이성과 신앙 사이의 갈등을 잘 조절하여야 했다. 그가 비잔틴 황제를 전쟁으로 굴복시키고 요구한 것은 황금이나 노예가 아니라 알마게스트 사본이었다고 한다. (1.3.5 참조) 알 마문이 얼마나 지식을 중시했는지는 알 수 있는 일화이다[4].

중세 이슬람 세계에서 과학, 특히 천문학은 여러 가지 세속적인 효용성 때문에 가치를 인정받았는데, 고대 사회처럼 농경에 필요한 정확한 달력뿐만 아니라, 무역선의 항해와 정확한 시간의 표준에 천문학이 필요했던 것이다.

종교에서도 해와 별자리가 알려주는 시간은 매우 중요했다. 연중 종교기념일을 착오 없이 정해 줄 필요가 있었고, 특히 이베리아 반도에서 인도 변방까지 넓은 지역에 퍼져있는 이슬람교도들에게 매일 5회씩 경배할 시간과 메카의 위치를 정확히 알려 줄 필요가 있었다.

따라서 이슬람 세계 곳곳에 천문관측소가 설립되었으며, 학자들은 프톨레마이오스의 이론을 연구하고, 토론하고, 비판하기도 하였다.

그림 2-1
14세기의 아스트롤라베 (대영박물관 소장) (출처: Wikimedia Commons)

당시 천문관측용으로 '아스트롤라베 astrolabe'란 도구가 널리 사용되었는데, 복잡한 작동 기술과 표를 통해 위도를 계산해내었다. (그림 2-1) 아스트롤라베는 18세기 '육분의'가 쓰이기 전까지는 항해사들의 필수 도구였다.

2.2.2 이슬람 과학자들

동로마제국을 통해 아랍으로 전해진 프톨레마이오스의 주전원 이론은 이븐 루시드Ibn Rushd, 1126-1198 등에 의해 비판을 받는다. 그는 주전원 이론이 자연현상에 위배된다고 단언했고, 계산상으로만 맞을 뿐이지 실제 존재를 밝히지 못한다고 비판하였다. 그러나 아랍인들은 이러한 비판을 했음에도 불구하고 안타깝게도 지구중심설을 대체할 이론을 제시하지 못하였고, 250여 년 후 유럽의 천문학 혁명이 이 문제를 해결하였다.

당시 세계 최대의 천문대는 몽골 정복자 훌라구의 명령으로 건설된 마라가 혹은 마라게, 천문대Maragheh, 1262이다. 요새처럼 지어진 천문대 안에는 구리로 만든 거대한 벽면 사분의와, 알 투시Nasir al-Din al-Tusi, 1201-1274가 발명한 방위각 사분의가 설치되어 정확한 천문관측을 수행했다고 한다. 그의 천문관측 데이터는 몽골 정복자 일칸 훌라구의 이름을 딴 '일칸 표Ilkhanic Tables'로 남아 있는데, 프톨레마이오스의 주전원 이론을 사용하여 행성의 운동을 매우 정확히 계산하였다. 알 투시의 천문학은 근대 유럽의 천문학 혁명 이전까지 가장 정교한 것으로 인정된다. (몽골 정복자들은 지혜의 집 등 찬란했던 아랍 문화 유산을 철저히 파괴했지만, 항복한 학자들을 지원하여 대규모 천문대를 새로 세운 것이다.)

마라가 천문대는 정교한 천문관측 외에도 많은 책과 과학자들을 끌어 모았으며, 수세기에 걸쳐 쌓인 그리스와 이슬람의 학문이 여기를 통해 중국으로 전해진다. 그리고 중국의 신기한 발명품들이 이슬람 세계에 전해지면서, 당시까지 매우 느리게 진행되었던 두 세계 사이의 문화교류가 매우 활발해진다. (전쟁의 긍정적인 부산물이라고 볼 수 있을까?)

이슬람 문명은 천문학 외에도 수학과 화학 분야에서도 유럽에 큰 영향을 주었다. 수학자인 알 콰리즈미Muhammad ibn Musa al-Khwarizmi, 780-850는 인도의 수체계를 받아들여 영(0)을 활용한 현대적인 십진법과 대수학algebra의 기틀을 마련하였고, 이븐 하이얀Jabir ibn Hayyan, 721-815은 연금술과 화학 실험의 초석을 놓는다. 그는 처음으로 증류기를 만들었으며, 염산, 에탄올 등을 발견하였다. 따라서 특히 수학, 화학 용어에는 이슬람의 유산이 많이 남아 있다. 전산 용어인 알고리즘algorithm은 알 콰리즈미의 이름을 딴 것이며, 대수학을 뜻하는 algebra는 '복원'이란 뜻의 아랍어 'al-Jabr'에서 연유하였다. 화학 용어로는 alkali, alcohol, alchemy(연금술) 등이 중세 아랍에서 유래하였다.

중세 아랍 학자들 중 물리학자에 가장 가까운 사람은 알 하이삼Ibn al-Haitham, 965-1040일 것이다. 그는 유럽 사람들에게는 'Alhacen' 혹은 'Alhazen'이라고 불리었는데, 빛의 굴절을 연구하여 당시까지 신봉되어 왔던 그리스의 시선론을 반증하고 현대적인 시각론을 확립하였다. 그는 연구결과를 7권의 책 (Kitab al-Manazir, 《Book of Optics》, 간단히는 '광학')에 남겼는데, 이 책은 1270년 라틴어로 번역되었고, 르네상스를 맞은 유럽에 전파되어 천문학 혁명을 가능케 하였다[4,5].

알 하이삼은 과학에서 경험주의, 즉, 실험의 중요성을 강조하고 실천한 첫 번째 과학자로 볼 수 있다. 그는 아랍 세계에서는 화폐에 초상이 나올 정도로 존경받고 있다. (그림 2-2) 그러나 그는 눈을 연구하면서 굴절광학의 개념을 이해하였지만 굴절법칙으로 정량화하지는 못하였다. 굴절법칙은 후일 네덜란드의 스넬에 의해 수식화되어 우리에게는 '스넬의 법칙'으로 알려져 있다. (5.4.1 참조)

알 하이삼은 그가 수립한 굴절광학 이론으로 무지개를 설명하였지만 그렇

그림 2-2
이라크 10,000 디나르 지폐에 실린 알 하이삼의 초상. *컬러사진 게재, 2쪽 참고

게 만족스러운 법칙을 이끌어내지는 못했다. 그러나 그로부터 약 300년이 지난 후에 페르시아인 파리시Kamal al-Din Farisi, 1265-1318가 무지개 현상을 상당 부분 설명한다. 그는 무지개 현상을 재현하기 위해 공 모양의 유리 항아리 안에 물을 가득 채운 다음 밀폐된 방에 두고, 벽에 뚫은 가는 틈을 통해 빛살이 이 물공 안으로 들어가도록 하였다.[2] 물공 안에 들어갈 때 빛살은 표면에서 굴절되며, 다시 공의 벽면에서 내부 반사를 1회 혹은 2회 겪은 다음에 다시 표면에서 굴절되어 바깥으로 나온다. 이렇게 나온 빛은 무슨 이유에선지는 모르지만 흰색이 아니라 여러 색으로 분리되어 무지개가 보이는 것이다.

파리시의 무지개 연구는 다시 약 350년이 지난 후 유럽에서 데카르트와 뉴턴에 의해 비슷한 실험으로 재현되었는데, 특히 뉴턴은 물항아리 대신 프리즘을 사용하였다. 뉴턴이 결정적인 실험을 한 것은 사실이지만, 우리는 이 모든 무지개 연구의 역사를 덮어두고, 백색광은 무지개에서 보는 여러 색으로 이루어진다는 사실을 뉴턴이 처음 밝혔다고만 배운다.

2.2.3 전란과 이슬람 과학의 쇠퇴

중세 이슬람 세계가 동서 문물의 교류에 크게 기여했다는 것은 우리도 잘 알고 있다. 중국으로부터는 인류 3대 발명품인 화약, 종이, 그리고 나침반을 입수해 (뜻하지는 않았지만) 서방세계에 전하였다. 화약은 원시적인 로켓무기로 사용되면서 침략자인 몽골군을 따라 아랍세계로 들어왔으며, 유럽인들이 화약 제조술을 혁신적으로 발전시켜 결국 총과 대포의 발명에 연결된다. 대포는 공성술을 획기적으로 바꾸어 놓아, 중세 유럽의 봉건제도 붕괴에 큰 역할을 하였다. 나침반도 아랍에서보다 유럽에서 더욱 효용성을 발휘한다. 탐

---

2) 작은 구멍을 뚫은 암실을 라틴어로 'camera obscura', 즉 어두운 방이라고 불렀으며, 이것이 사진기를 지칭하는 '카메라'의 어원이다.

험가인 콜럼버스가 나침반에 의지하여 대서양을 횡단하면서 대항해시대를 연 것이다.

종이 제작술은 중국 한나라 시대에 처음 발명되었으며, 화약이나 나침반보다는 좀 더 일찍 사마르칸트(751), 바그다드(793), 카이로(900), 모로코(1100)를 거쳐 유럽의 에스파냐(1150)까지 전파되었다. 종이는 인쇄술의 발달과 함께 학문의 확산을 더욱 촉진시켰다. 근대 초기 유럽에서 인쇄술과 제지술이 크게 발달한 반면, 아랍권에서는 15세기에 들어 인쇄술을 금지하는 어리석은 실수를 범한다. 여러 이유가 있었겠지만 선지자의 계시인 코란을 정성스럽게 손으로 베끼지 않고 인쇄로 마구 찍어낸다는 게 불경스럽다는 이슬람 원리주의자들의 주장이 반영된 것으로 보인다.

이러한 종교적 원리주의자 혹은 보수주의자들이 권력을 장악하면서부터 과학 탐구를 관용해오던 전통이 일시에 무너지게 되었고, 획일화된 종교국가에서 과학은 더 이상 발전할 수 없었다. 앞 절에서 살펴 본 비잔틴제국의 기독교 원리주의 황제 치하에서 일어난 과학의 단절과 상당히 닮은 상황이라고 볼 수 있다. 종교적 원리주의자들의 정권장악은 이민족들의 아랍권 침입에 크게 연유한다. 단합해서 적과 싸울 때는 종교가 가장 좋은 구심점이 되기 때문이다.

중세 이슬람 세계가 찬란한 과학문명을 보유했음에도 불구하고 과학 혁명은 기나긴 암흑시대를 지난 유럽에서 일어났다. 이 토끼와 거북이의 경주의 결과는 거북이의 승리로 일단락되었고, 근대 이후 결코 뒤집힌 적이 없다. 토끼(이슬람)의 입장에서 보면 과학의 쇠퇴를 일부 위와 같이 외세의 침입과 종교의 영향으로 설명할 수 있다. 이슬람 권역 내에서도 수니파와 시아파 사이에, 그리고 민족들 간에 작은 싸움들이 끊이질 않았지만 그보다는 이민족들의 침공을 받아 큰 혼란에 빠져들면서 종교적 원리주의가 득세할 기회를 잡았고 과학은 발전 동력을 잃었던 것이다.

대규모 외세 침입의 시작은 십자군 전쟁이었다. 1096년 교황은 당시 이슬람의 치하에 있던 성지 예루살렘 회복을 명분으로 대규모 중동 원정을 감행한다. 그러나 십자군 원정의 실질적인 의도는 중세 기사제도의 사회적 모순을 해결하고, 지배층의 황금에 대한 탐욕을 채우기 위해서라는 것이 역사가들의 평가이다. 1차 원정에서는 예루살렘을 점령하여 상당한 성과를 올렸으나, 거의 200년에 걸쳐 감행된 여러 차례의 원정에서는 기독교와 이슬람 양 진영의 인력만 희생되는, 서로 밀고 밀리는 소모전에 불과했다. 무슬림들의 입장에서 보면 십자군 전쟁은 기독교 야만인들의 약탈 전쟁이었다. 마침내 이슬람 진영에서는 살라딘이라는 위대한 장군이 나와 유럽의 침략자들을 몰아내고 결국 승리하였다.

그러나 이 승리와 패배는 표면적인 것이고, 그 과실이 뒤바뀌게 된다. 즉, 전후 이슬람 세계는 살라딘의 정신을 이어나가지 못하고 다시 분열되었고, 준비 없이 바로 몽골의 침입을 받게 된다. 그러나 유럽에서는 전쟁의 결과로 사회 문제가 되었던 기사계급이 정리되었고, 베네치아 등 일부 도시국가들이 군수산업으로 부를 쌓았으며, 이슬람 세계의 우수한 문명이 유입되어 르네상스와 천문학 혁명의 원동력이 되었다.

엎친 데 덮친 격으로 십자군 전쟁의 막바지에 십자군보다 더 무서운 적이 아랍지역을 침공해왔다. 13세기 초 중국 북부변방의 넓은 평원에 흩어져 살던 몽골족들을 칭기즈칸이 하나로 통일하고, 주변 국가들을 하나하나 정복해나가기 시작하였다. 1219년 칭기즈칸이 호레즘을 점령한 후 잠시 소강상태를 보이다가, 그의 손자 훌라구가 본격적으로 아랍권역을 깊숙이 침공하기 시작하였다. (1251) 몽골인들은 기마전술에 매우 능했기 때문에 이들을 말과 인간의 혼혈 괴물로 생각할 정도로 아랍인들은 공포에 질렸다.

훌라구의 몽골군은 인구 백만의 바그다드를 함락시키고, 남녀노소 구분 없이 거의 대부분의 시민을 학살하였다. 칼리프가 항복의 경고를 무시한 대가였다. 이슬람 최고의 문화가 꽃핀 도시, 알 마문이 지혜의 집을 세워 오랜 학문의 중심지였던 도시 바그다드는 철저히 파괴되었다. (1258) 몽골군의 바그다드 점령은 대학살 외에도 엄청난 문화적인 손실을 동반하였다. 그들은 지혜의 집과 함께 도서관들에 소장되었던 수백만 권의 책을 불태우고, 강에 던져버렸다. 도시를 흐르는 티그리스강은 던져진 책의 먹물로 인하여 여러 날을 검은 색으로 흘렀다고 한다.

몽골 침략군은 이후에도 많은 아랍 도시들을 점령하였으나, 맘루크 왕조의 이집트를 침공하다 나자렛 근교의 아인 잘루트에서 크게 패하고 드디어 전진을 멈추었다. (1260) 노예 출신 맘루크 왕조가 이슬람 세계를 전멸에서 구한 것이다. 훌라구는 1256년 마라가를 수도로 페르시아(현재 이란) 지역에 일칸국을 수립하였는데, 더 이상 아라비아 반도 쪽으로 영토를 확장하지는 못하였다. 그의 자손들은 1338년까지 이 지역을 통치하다가 이슬람 문화권에 흡수되었다.

무슬림들에게는 유럽과 치른 전쟁에서 또 하나의 뼈아픈 상실이 있었다. 711년부터 1492년까지 끈질기게 전개된 '국토회복운동Reconquista'이 그것이다. 국토회복운동은 유럽인들의 입장에서 본 것인데, 무슬림들의 지배하에 있었던 이베리아 반도(현재의 스페인과 포르투갈)에서 기독교인들이 이슬람 정권을 몰아내고자 벌인 780여 년간의 집요한 전쟁을 말한다. 결국 에스파냐인들은 1492년 그라나다를 점령함으로써 이슬람 정권을 완전히 몰아내고 이베리아 반도에 기독교 국가를 수립하였다.

기독교 정권은 부분적으로 이베리아 반도 수복을 달성한 초기에는 이슬람과 유대교 등 다른 종교에 대해 관대했으나, 국토회복을 완결하고서는 종교재판소를 운영함으로써 중·서부 유럽에서 이교도가 발붙일 곳은 없게 되었다. 유럽인들은 승리의 부산물로 이 점령지(수복지)에 남겨진 방대한 양의 아랍 책들을 챙겼고, 이 책들은 라틴어로 번역되어 전 유럽에 퍼져나가면서 유럽에는 과학 혁명의 토양이 착실히 쌓이게 된다.

위와 같은 대규모 외침과 영토 상실로 인해 이슬람권은 사회·문화적으로 분열을 맞게 되며, 경제적 후퇴가 동반될 수밖에 없었는데, 이 또한 과학이 쇠퇴한 원인이 되었다. 특히, 1492년 콜럼버스의 신대륙 발견으로 유럽인들의 대항해시대가 열리고, 1497년에는 유럽 상선의 인도양 횡단이 실현되면서, 아랍 상인들은 인도·아시아 무역 독점권을 잃게 되어서 경제적인 타격은 더욱 심해졌다. (유럽 상선들은 대포로 아랍 상선들을 제압하였다.)

여러 모로 이슬람 과학은 운이 없었던 것으로 보이지만 과학 쇠퇴의 가장 직접적인 원인은 종교적 원리주의인 것으로 보인다. 절대 권력을 가진 군주나 종교지도자가 과학자에게 이성과 신앙 중 하나를 선택하라는 요구를 한다면 어떻게 해야 할까? 우리는 유럽의 과학 혁명기에도 이와 비슷한 예를 또 하나 보게 될 것이다. (3.4.2 참조)

2.2.4 이슬람 전성기 이후의 동방 세계

이와 같이 이슬람 과학은 발전 동력을 잃고 말았지만 이슬람교는 아랍과 페르시아 주변 민족들에게 전파되어, 티무르제국과 오스만투르크제국 (현재 터키) 등의 이슬람 강국들이 역사에 등장한다. 특히 오스만투르크는 술탄 메흐멧 2세가 콘스탄티노플을 함락시킴으로써 로마의 명맥을 잇고 있던 동로마제국을 멸망시켰고(1453), 후대에 더욱 세력을 확장하여 1529년 신성로마제국의 심장인 비엔나를 포위하기까지 하여 유럽에 심각한 위협이 되었다.[3] 그러나 오스만투르크의 콘스탄티노플 정복은 흑해 항로 봉쇄로 인한 유럽인들의 대서양 개척, 즉 대항해시대의 개막을 촉진하였다. (2.3.2 참조)

이슬람 천문학의 유물은 인도에도 남아 있다. 인도를 1526년부터 약 300여 년간 지배한 무굴제국Mughal Empire은 여러 곳에 '잔타르 만타르Jantar

---

3) 유럽의 커피는 비엔나 공성에서 오스만투르크가 퇴각할 때 두고 간 전리품 중 하나이다.

그림 2-3
무굴제국의 천문대. 자이푸르(Jaipur)에 남아있는 잔타르 만타르의 일부 전경 (1727–1734년
건설) (출처: Wikimedia Commons)

Mantar'라고 부르는 독특한 천문대를 건설하여 정교한 천문관측을 수행하였
다. (그림 2-3)

무굴제국의 지배층은 티무르제국에 뿌리를 두었는데, 정복자 티무르는 투
르크족 출신이며 모두 무슬림들이므로 결국 잔타르 만타르도 이슬람 천문학
에서 연유한 것이라고 볼 수 있다.

2.3 이슬람 과학의 동아시아 전파

2.3.1 중국과 우리나라의 과학

중국의 발명품들이 대부분 몽골의 침공 등 전쟁의 부산물로 이슬람 세계에 들
어왔지만, 정복자 훌라구의 명으로 알 투시가 세운 마라가 천문대는 중국과

의 보다 공식적인 학문 교류의 교두보 역할을 하였다. 마라가에는 중국인 천문학자들도 참여했으며, 방대한 영토의 몽골제국 안에서 문화의 교류는 더욱 활발해졌다. 특히 이슬람의 정교한 천문학은 중국을 정복한 몽골 왕조인 원나라로 전해져 중국 천문학에 큰 영향을 미쳤다. 마침내 1267년에는 무슬림 학자 자말 알 딘이 1만 년 동안 보정 없이 사용할 수 있는 달력과 천문학 측정 기기들을 가지고 원나라 쿠빌라이칸 황궁에 오게 된다.

칭기즈칸의 증손자 쿠빌라이칸은 무슬림과 중국인 천문학자와 기술자들을 고용하여 1276년 허난성에 가오쳉(登封) 천문대를 건설한 것을 필두로 중국 곳곳에 천문대를 건설하게 하였다. 가오쳉 천문대는 동시대 아랍 천문 측정과 맞먹는 천문 측정 정확도를 달성하였다고 한다.

참고로 유럽에서는 기원전 45년 제정된 율리우스력을 사용하고 있었는데, 당시 천문 측정값을 바탕으로 1년을 365.25일로 정하였다. 그러나 긴 시간이 흐르고 나서 이 달력은 매년 11분 정도의 오차를 안고 있었다는 것이 밝혀졌다. 즉, 1300년간 누적된 오차가 10일 정도 되었고, 1년은 365.2422일이란 더 정밀한 결과를 얻게 된다. 1582년 당시 교황 그레고리우스 13세는 이 오차를 수정한 새 역법을 선포하는데 이것이 현재 대부분의 나라에서 쓰고 있는 그레고리력이다. 그레고리력의 오차는 1년에 몇 초 정도로 중세 아랍의 천문 측정 수준이지만 이는 사회적 합의일 뿐, 현대의 과학적인 천문 측정은 이보다 훨씬 더 정밀하다.

이슬람 천문학은 우리나라에도 전해졌다. 세종대왕은 역법의 중요성을 인지하여 이순지?-1465와 김담1416-1464에게 우리나라의 실정에 맞는 역법을 만들 것을 명하였다. 즉, 중국 역법과 회회력回回曆을 동원하여 중국(베이징)에서 언제 일식, 월식이 일어나는지 예측을 할 수 있지만, 멀리 떨어진 우리나라(한양)에서는 이런 예측이 맞지 않는 문제를 알았던 것이다.

이순지는 여타 문신들과는 달리 역산에 능통하여, 한양의 위도가 38도라는 사실을 계산할 수 있었다. (정확히는 북위 37°33') 그는 김담과 함께 1444년 칠정산내편七政算內篇과 칠정산외편七政算外篇을 완성하였는데, 후자는 아랍 달력의 중국어본인 회회력回回曆의 오류를 수정한 독창적인 해석이었다. 이 우수한 역법은 지방 관청들을 통해 백성들이 실제로 사용하는 달력을 제공하였으나 임진왜란 때 선조는 명나라의 눈치를 보느라 이 독자적인 달력을 폐기하고 다시 중국 달력을 쓰게 하였고, 그 이후부터 조선왕조는 대대로 중국에서 받아온 달력을 사용하였다[6].

역시 세종 때 장영실1390-1450?은 중국 원나라의 천문관측기들을 개량한 혼천의를 제작하였다. (1433) 혼천의는 지구를 중심으로 해, 달, 그리고 육안관측이 가능한 5개의 행성 궤도를 입체적으로 보여주는 태양계 모형이다. 고려대학교 박물관에 전시되어 있는 혼천의(국보 제 230호)는 장영실이 만든 것이 아니고 1669년 (현종 10년) 송이영이 혼천의를 개량하여 만든 혼천시계이다.

장영실은 천민 출신이었으나 세종대왕이 뛰어난 재능을 인정하여 면천免賤해 주었으며, 후에 정 3品관 상호군上護軍이라는 관직까지 이르렀다. 그는 혼천의 외에도 해시계, 측우기 등을 제작하여 세종대왕의 총애를 받았지만, 말년에 어가御駕가 부러지는 사건의 책임을 지고 곤장을 맞고 물러났으며, 그 이후의 행적은 알려진 것이 없다.

2.3.2 동 아시아 과학의 한계

그러나 아주 먼 나라에서 중국에 전래된 아랍 역법은 전통 역법의 벽을 넘을 수 없었고, 회회력은 보완적으로 쓰였을 뿐이다. 원元, 몽골을 몰아내고 중국대륙을 지배하게 된 한족 국가인 명明나라는 중국 전통 역법인 수시력授時曆을 사용하였다. 명대에 중국에 건너온 아담 샬 등 서양 선교사들이 프톨레마이오스의 역법으로 일식, 월식 등의 천문현상을 제대로 예측하여 이것이 중국 전통 역법에 비해 우월함을 증명하였음에도 불구하고 중국의 달력은 바뀌지 않았다. 다만 17세기 청淸 왕조가 수시력을 개량한 시헌력時憲曆에 일부 녹아들어 갔을 뿐이다[6].

청대에는 태양중심설에 바탕을 둔 코페르니쿠스와 케플러의 천문학도 유입되었지만 중국의 지배자와 학자들은 문화적 우월감으로 인해 서양 역법을 진정으로 받아들이지 않았다. 일·월식을 맞추는 '오랑캐'의 재주는 옛 성현들이 정립해놓은 전통적 우주관을 보완하는 데 그쳤고, 서양인들이 중구난방으로 전하는 물리적인 우주관에 대해 심각하게 생각하지 않았다.

결국 중국을 중심으로 한 동양의 천문학은 이슬람 천문학과 마찬가지로 프톨레마이오스의 지구중심설을 벗어나 행성궤도의 대안을 제시하지 못하였다. 당시 중국의 문명이 이슬람이나 유럽에 뒤떨어졌던 것은 결코 아니었다. 중국에서 과학 혁명이 없었던 이유는 아랍권과는 매우 다르다. 중국은 역사적으로 단 한 개의 나라가 광대한 영토를 지배하는 경우가 많았다. 따라서 대외 교역에 의존하기보다 중국 안에서 모든 것이 순환하는 정치-경제-산업 구조를 유지해 왔으며, 이로 인해 문화적인 자긍심이 매우 강한 것이 특징이다. 반면에 유럽에는 좁은 영토에 많은 민족국가들이 서로 끊임없이 경쟁하고, 살아남기 위해 외부 문명을 활발히 받아들이고 있었다. 이러한 대조를 보여주는 사례가 '정화의 항해'이다.

원나라 때 이슬람 천문학을 받아들인 중국의 천문학 발전은 곧 정교한 지도 제작 기술과 항해술의 발달로 나타난다. 몽골이 통치하는 원나라를 무너뜨린 명나라 초기에 3대 황제인 영락제는 무슬림 출신 환관 정화鄭和, Zheng He에게 역사상 유래가 없는 대규모 항해를 명한다. 정화는 수십 척의 대형 정크선과 2만여 명의 선원을 이끌고 7차에 걸친 인도양 탐험을 수행한다. (1405-1433)

정화의 함대는 인도양 항로 언저리에 있는 인도네시아, 태국, 인도, 아랍 등은 물론이고 아프리카의 동해안과 마다가스카르섬까지 도달했다고 한다. 정화의 항해는 약 60년 후 있을 유럽인들의 신대륙 탐험과는 목적이 달랐다. 유럽인들의 목적은 황금과 향신료의 획득에 있었고, 결국 원주민들을 정복하고 약탈하는 길을 걸었다. 그러나 정화의 함대는 중국의 국력을 보여주고 교역의 길을 여는 데 주력한 것으로 보인다.[4]

그러나 정화의 항해는 영락제 후대 황제들에 의해 갑자기 중단된다. 가능한 설명은 북쪽으로 몰려난 몽골족들이 다시 침입하여 이들에게 국방력을 집중해야 했다는 것과, 명 건국 직후 불안했던 왕권이 점차 안정되면서 중국은 다시 외부의 도움 없이도 자체로 사회시스템 유지가 가능해졌다는 것이다. 오히려 외부 세계로부터 정권에 위협이 되는 요소가 들어 올 수 있다고 판단하였다. 황제의 명령으로 정화의 큰 배들은 모두 소각되고, 돛이 두 개 이상인 배를 만드는 자는 사형에 처하는 법까지 공포되었다. (물론 황제의 측근 중 환관의 득세를 싫어한 자들도 있었으리라 짐작된다.)

정화의 항해가 허무하게 끝나고 약 60년 후에 콜럼버스가 명나라의 정크선보다 훨씬 작은 배 3척으로 아메리카 대륙을 발견하여 유럽인들에 의한 대항해 시대가 열렸다. (1492) 그리고 얼마 지나지 않아 바스쿠 다 가마에 의해 인도 항로도 개척되어, 유럽인들은 중국인들과의 경쟁 없이 대양을 통한 무역권을 독점할 수 있게 되었다. 만약 이 때까지 중국이 정화의 함대를 유지하고 있었고, 유럽인의 함대와 인도양에서 마주쳤다면 어떻게 되었을까?

청대에 서양 선교사들이 거주한 베이징의 천주당天主堂에는 천문학 기구 등 신기한 서양문물에 호기심을 가진 중국인들이 자주 출입하였으며, 가끔 조선 사람들도 방문하였다고 한다. 중국의 지식인들이 유럽 천문학을 접하고 땅이 둥글다는 '지구설'에 당혹해하고 있을 때, 조선의 유학자 김석문1658-1735은

---

4) 지금도 동남아시아 일부 지역에는 정화를 신으로 모시는 사당이 있다고 한다.

《역학도해易學圖解》를 저술하여 청나라를 통해 입수한 서양 천문학 지식과 전통적인 성리학을 결합시킨 독특한 천체관을 주장하였다. 그의 천체관은 다음 장에 소개할 브라헤의 것을 약간 개량한 것으로, 지구설과 지구의 자전을 대전제로 한 진보적인 이론이었다[5,6]. 그러나 그의 이론은 역학易學에 기초한 순환적인 역사철학으로, 관측을 바탕으로 하는 과학의 범주에 들기는 어려웠고, 후대로 계승·발전되지 못하였다.

김석문의 영향을 받은 실학자 홍대용1731-1783은 베이징 천주당을 방문하여 유럽인들과 면담하였으며, 그 이후에도 청의 관상대觀象臺를 여러 차례 방문, 견학하여 서구의 천문학 지식을 습득하였다[5,6]. 그는 천주당에서 실제로 측정 도구들을 조작해 보는 등 과학적인 접근을 한 인물로 알려져 있다. 그는 40대 중반에 음서5)로 관직에 등용되었으나 행정에는 관심이 없었고, 실학 사상을 전파하고자 하였으나 당시의 조선왕조와 사회는 서양의 기독교와 함께 낯선 과학 지식을 받아들일 준비가 전혀 되어있지 않았다.

홍대용은 그의 저술《의산문답醫山問答》에서 우주가 무한히 크다는 무한우주론을 주장하여, 유럽식 지구 자전론을 지지하였다. 우주가 무한히 크고 지구를 중심으로 돈다면 무한히 멀리 떨어진 별들은 무한히 큰 속력으로 돌아야 하므로 지구가 자전하는 것이 타당할 것이다. 이 시기에는 서양에서도 무한 우주론에 대한 구체적인 논의가 없었다고 하니 그의 통찰력이 놀랍다. 그러나 아쉽게도 그의 자연관도 과학적이라기보다 계몽적인 사상론에 가깝다[5].

17세기 중엽부터 일어난 조선의 계몽운동인 실학은 하나의 정치적인 사건으로 인해 제대로 꽃피우지 못하고 시들게 된다. 즉, 1801년 조선 조정이 천주교(가톨릭)를 박해하여 남인 세력을 숙청한 신유사옥辛酉邪獄이 그것이다. 그 이후 팽배한 공포 분위기로 천주당을 출입하는 조선인은 없었다고 한다.

---

5) 음서(蔭敍)란 고려, 조선시대에 공훈이 있거나 관직을 한 집안의 자손을 과거를 통하지 않고 벼슬에 등용하는 제도이다. 홍대용은 요즘의 고시와 같은 과거시험 공부에 가치를 두지 않았다.

천주당은 조선의 지식인들에게 간접적으로나마 서양문물을 접할 수 있는 창이었는데, 이마저 닫혀버린 것이다. 당시 조선은 중국보다 더 유교적인 나라여서 조선에서 천주교 박해는 중국에서보다 그 정도가 더 심하였고, 더구나 당쟁으로 인한 정적의 숙청에 이것이 악용되었다. 종교 · 정치적인 싸움에 휘말려 과학 문명의 유입이 막히고 실학이 쇠퇴한 것은 안타까운 일이다.

서양 과학문물의 유입에도 불구하고 중국의 근대화가 어려웠던 것에는 여러 가지 요인이 있었다. 첫째, 중국에도 우수한 천문학자들이 있었으나 이들은 지구가 둥글다는 것을 받아들이지 못했다. 땅이 평탄하며, 위 · 아래가 뚜렷하다는 전통 철학에 근거하였기 때문이다. 서양에서는 동양과 달리 땅이 둥글다는 '지구설'이 아리스토텔레스의 4원소설 때부터 내려온 전통적인 사고방식이었다. (1.2.5 참조) 이러한 차이는 동양인들이 유럽에서 전파된 지구설과 태양중심설, 그리고 궁극적으로는 근대 역학 법칙의 핵심이 되는 관성과 중력을 이해하는 데 장애가 되었다.

둘째 요인은 중국인들의 문화에 대한 자긍심이다. 중국인의 입장에서는 서양의 과학지식, 특히 서양 천문학이 장점은 있지만 오랑캐의 재주일 뿐이고, 옛 성현들이 세운 전통적인 우주관이 우월하다는 믿음을 버릴 수 없었다. 그래서 중국 천문학자들은 서양의 천문학을 자신들의 필터를 통해 받아들였으며, '근본적으로' 우월한 전통 천문학을 약간 수정 · 보완하는 자료 정도로 생각했지 서양 과학을 바탕부터 연구할 의사는 없었다[5].

또한 선교사를 통한 서양문물의 전파는 제한적이었다. 코페르니쿠스의 태양중심설과 케플러의 타원 궤도에 관한 책들이 들어오긴 했지만, 근본적으로 선교사들은 아직 지구중심설을 믿고 있었고, 프톨레마이오스의 우주관, 코페르니쿠스의 태양중심설, 그리고 이 둘의 타협인 브라헤의 우주관(3.3.2 참조)까지 뒤섞여 들어와 혼란만 가중시켰다. 중국의 천문학자들은 이렇게 통합되지 않고 중구난방인 서양 천문학을 신뢰할 수 없었다.

비단, 도자기, 차茶 등의 거래가 주였던 유럽과 중국의 무역은 항상 중국에 엄청난 흑자를 가져다주었고, 19세기 중반까지 유럽 여러 나라는 막대한 양의 은을 지불하면서 이 명품들의 수입에 매달렸다. 그러나 이 결과 문화적, 경제적인 우월감에 취한 중국은 르네상스 이후 꾸준히 성장한 유럽의 기술력을 과소평가하였다. 청나라 말기에는 산업 혁명으로 유럽 최강국이 된 영국이 도전해 왔다. 중국은 항상 두려운 상대로 간주되었으나 아편전쟁1840-1842에서 허무하게 패한 이후 중국은 '종이호랑이'로 전락하고 만다. 그 이후 유럽 열강들은 중국을 마음대로 요리하였고, 청 왕조는 무력하게 종말을 기다리게 된다.

빈익빈 부익부랄까, 17세기 과학 혁명 이후 유럽에서는 계몽사상이 전파되고 과학은 상승작용으로 폭발적인 성장을 거듭한 반면, 중국을 포함한 동방에서는 이에 견줄만한 과학문화가 싹트지 못했다. 현대에 들어 뒤늦게 과학의 필요성을 인지한 세계 각국은 유럽의 과학체계를 배우고 새로운 과학문화에 적응하느라 허덕이고 있다. 다행히 최근 통신기술의 폭발적인 발달로 세계화의 추세가 확산되면서, 과학 정보에 있어서 동서양의 구분은 더 이상 큰 의미가 없어 보인다. 그러나 경제력이 있더라도 과학 역사가 짧은 국가들은 아직도 과학 교육, 연구의 창의성, 과학 문화의 대중화 등에 있어서 보이지 않는 핸디캡을 가지고 있는 듯하다.

앞으로 살펴 볼 물리학도 천문학 혁명 이후의 유럽 과학에 한정된다.

제3장

천문학 혁명과 물리학의 탄생

3.1 암흑시대에서 깨어난 유럽

3.1.1 서로마제국 멸망 이후

서로마제국의 멸망(476) 이후 유럽은 암흑시대에 접어들었고, 고대 그리스와 로마가 이룩한 찬란한 문명은 야만족들 사이의 전쟁과 약탈로 대부분 소실되었다. 난세로 인해 인구는 감소했고, 수학과 과학은 고사하고 글을 읽을 수 있는 사람들도 매우 드물어, 유럽의 문화 수준은 신석기 시대 정도로 전락하게 되었다. 하루하루를 생존하는 것이 어려운 상황에서 대중들에게는 (기독교)신앙이 그나마 위안이 되었다. 인재들은 조금이라도 안정된 삶을 유지할 수 있는 교회로 집중되었고, 신학 외에 다른 학문을 연구하는 것은 자료의 소실로 어려웠을 뿐만 아니라 교리에 위배될 수 있다는 우려 때문에 매우 조심스러운 일이었다.

그러나 서로마제국 멸망 이후의 난세는 8세기 후반에 들면서 정리되기 시작했다. 샤를마뉴 대제Charlemagne, 영어로는 Charles the Great, 742-814는 771년 프랑크 왕국을 건국하고 롬바르드 왕국, 작센족 등을 제압하여 중부유럽을 통일했는데, 이는 지금의 프랑스, 독일, 이탈리아 북부를 포함하는 유럽 중부의 넓은 지역이다. 교황 레오 3세는 800년 크리스마스 미사에서 그에게 로마제국 황제의 관을 씌워주었고, 멸망한 서로마제국이 부활한 듯이 보였다. 중부유럽을 통일하고 카롤링거 왕조를 건립한 샤를마뉴 대제는 프랑스와 독일뿐만 아니라 유럽의 아버지로 간주된다. 라틴어 공부에 한정된 것이지만 이 시기의 학문적 부활 노력을 카롤링거 르네상스라고 부르기도 한다.

그러나 샤를마뉴 대제가 죽은 후 영토는 자손들에 의해 분할되었고, 지금의 프랑스, 독일, 이탈리아의 대략적인 경계선이 정착된다. 그 이후 카롤링거 왕국은 관료제도의 부재로 인하여 대단위 국가를 유지하지 못하고 작은 성으로 분리되어, 지역의 영주가 거의 중앙정부(왕이나 황제)의 통제를 받지 않

고 독립적으로 기사들을 통해 농노(서민)들을 다스리는 '봉건제도'가 정착
되었다.

3.1.2 중세 유럽의 부흥과 민족국가의 형성

중세 유럽의 봉건 영주들 사이에 차츰 영토가 정해지고, 분쟁이 잦아들면서
다시 농업 생산력이 늘어나기 시작하였는데, 이는 사회가 안정되면서 농업에
서 상당한 기술 혁신이 일어났기 때문이다. 고대 문명에서는 농사를 빗물에
의존하는 얕은 표면 경작이었기 때문에 수확을 하여 땅의 수분과 양분이 소진
되면 비를 기다리는 등 자연 회복에 의존해야 했으므로 농업 생산이 제한적이
었다. 그러나 10~11세기에는 말의 힘을 이용하여 쟁기로 땅을 갈아 경작하는
방법을 개발하여 빗물 의존도를 줄였고 윤작이 가능해졌다. 또한 수력과 풍
력을 이용한 대량 곡물 가공이 이루어졌고, 곡물의 안정적인 생산은 바로 인
구의 증가로 이어졌다.

농업기술 외에도 군사기술의 혁신이 암흑기 유
럽 사회를 바꾸어 나갔다. 당시에도 기마병은 보병
에 비해 뛰어난 기동성을 가지므로 군사력에서 매
우 중요한 요소였다. 말이 빠른 이송 수단이긴 했
지만 기마병이 말 위에서 전투를 수행하기는 매우
어려웠다. 중무장한 기마병이 말 위에서 싸우기 시
작한 것은 등자鐙子, 즉 말안장 발걸이가 도입되면
서부터였다[3]. (그림 3-1)

눈에 잘 띄지 않는 군사기술인 등자1)는 중국으

그림 3-1
말안장에 매달려 있는 등자
(출처: Wikimedia Commons)

---

1) 우리나라에는 고구려 무사들이 등자를 사용한 기록이 있으며, 부산광역시 동래구 복천동 고분에서
금속제 등자가 출토되었는데, 이는 5세기경의 가야 유물로 추정된다.

로부터 아랍 세계를 거쳐 8세기경 유럽으로 들어왔는데, 이것이 기사계급의 성립과 무관하지 않으며, 기사는 봉건체제의 중요한 구성요소가 되었다.

눈에 띄는 군사기술의 혁신은 13세기 이후 소총과 대포의 개발이다. 이 또한 중국에서 발명된 화약에서 연유하였는데, 화약은 몽골의 침입을 계기로 이슬람 세계를 거쳐 유럽에 수입되었다. 중국에서도 화약을 이용한 로켓포가 있었으나 명중률과 파괴력이 떨어져 칼과 활을 대체하지는 못하였다.

그러나 유럽에서는 이를 개량하여 효율이 크게 향상된 대포로 만들었고, 이렇게 만들어진 대포는 공성전攻城戰의 양상을 크게 바꾸어 놓았다. 1453년 오스만투르크가 콘스탄티노플을 공략할 때 대포로 난공불락의 테오도시우스 성벽을 무너뜨려, 대포는 이 천년 도시를 정복하는 데 핵심적인 역할을 하였다. 이 당시의 대포는 화약의 폭발력을 이용하여 (폭약을 장착한 탄두 대신) 바위나 철공을 날리는 것이었지만 그 위력은 기존의 물리적 공성기를 훨씬 뛰어넘었다. 따라서 15세기 이후 성벽은 대포의 공격을 어느 정도 막아낼 수 있도록 더욱 견고하게 건설되었다.

작은 규모의 성을 지배하는 영주들은 대포와 소총을 조달할 능력이 없었다. 시대에 부합하는 방위력을 유지하기 위해서는 보다 큰 규모의 경제력이 필요하였으므로, 대포와 소총의 보급은 봉건제도의 붕괴를 가져왔고,[2] 그 대신 중앙집권화된 대규모의 민족국가들이 들어서게 되었다. 샤를마뉴 대제의 중부 유럽 통일 이후 유럽 대륙에는 로마제국이나 중국에 버금가는 큰 통일국가가 형성된 적은 없었고, 이들 민족국가들은 치열한 경쟁(종종 전쟁)을 통해 성장하게 된다.

그러나 중북부 유럽에는 19세기 중반까지 민족국가를 이루지 못한 크고 작은 수많은 영주들이 각자 독립적인 봉건체제를 유지하고 있었는데, 이들의

---

2) 물론 십자군전쟁의 결과 기사계급이 몰락한 것이 봉건체제의 붕괴를 가져온 다른 원인이기도 하다.

정치적 연합이 신성로마제국Holy Roman Empire, 962-1806이며,3) 독일제국으로 불리기도 하였다.

신성로마제국의 황제는 최고 귀족인 선제후들이 선출하는 자리였는데, 초기에는 영향력이 상당했으나 제국의 말기에는 유명무실하게 되었다. 신성로마제국 말기에 프랑스의 철학자 볼테르는 이름과는 달리 '신성하지 않고, 로마와는 아무 관련이 없으며, 제국도 아니다'라고 꼬집었다. 유명무실화된 신성로마제국은 나폴레옹에게 패하여 종말을 고하였고, 독일은 1871년에 이르러서야 프로이센의 주도로 실질적인 통일을 성취하고 민족국가를 수립하였다.4)

3.2 천문학 혁명의 배경

3.2.1 대학의 설립과 중세 철학자들

암흑시대를 벗어나려는 학문적인 활동은 인재들이 집중된 교회나 수도원을 중심으로 진행되었다. 특히 이베리아 반도에서 수행된 국토회복운동Reconquista으로 탈환한 도시에 남겨진 아랍 책들이 학문 부활의 씨앗이 되었다. 10세기경에는 피레네 산맥의 산타마리아 수도원에서 아랍어 책들이 라틴어로 번역되었으며, 기독교 에스파냐인들이 1085년 톨레도를 함락시키면서 수복 지역에서 남겨진 아랍어 책의 번역이 진행되었다. 물론 지리적으로 아프리카에 가까운 시칠리아(시라쿠사) 섬에서는 꾸준히 아랍 문명과의 교류가 있었으며, 11세기 말부터 200년간이나 지속된 십자군전쟁으로 세계 최고

---

3) 800년 샤를마뉴 대제의 대관을 신성로마제국의 시작으로 보는 이들도 있다.
4) 오스트리아, 스위스, 체코 등은 독일연방에 들지 않고 각각 독립 국가로 남게 되었다.

의 아랍 문명이 유입되었다. 고대 그리스의 학문을 제대로 보존하고 발전시킨 아랍 문명의 빛이 암흑시대를 지난 유럽에 비치기 시작한 것이다.

이슬람 문화권에도 마드라사 등의 교육기관(대학)이 있었지만 현재 대학들의 원형은 십자군원정이 한참이던 유럽에서 처음으로 나타나기 시작한다. 예를 들면, 볼로냐(1158), 파리(1180), 옥스퍼드(1170) 대학들이 초기의 대학들이고 아직도 그 전통을 이어오고 있다. 이들의 교육과정은 지금의 대학들과 같이 교양과정을 거친 후 법학, 의학, 신학 등의 전공을 밟게 되어 있었다. 교양학부의 논리와 철학 교재로는 아리스토텔레스 철학의 라틴어 번역서가 주로 사용되었으며, 명제 하나하나에 대한 검토가 이루어졌다. 수업 방식은 주해에서 벗어나 질문을 중심으로 한 변증법적 수업이었으며, 사변적, 세부적, 지엽적이고, 엄격성을 유지하였다. 당시 수도원이 대학으로 진화한 역사를 고려하면 자유로운 사고방식을 기대하거나 용납하기는 쉽지 않았을 것이다.[5]

그러나 11세기 이후 사회가 안정되면서 학문이 회복되기 시작하여 자연철학, 수학, 천문학 등을 교회학교나 대학의 교양과정에서 가르쳤고, 13세기에는 고대 그리스 수학의 수준을 회복하였다. 자연철학에 대해서는 아리스토텔레스를 둘러싼 논쟁과 분석이 활발하였는데, 경험주의(실험)의 중요성에 대한 논쟁이 있었고, 동역학이 철학에서 분리되기 시작하여, 관성, 속도, 가속도 등에 대한 초기 연구가 등장하였다.

'경이적 학자Doctor Mirabilis'로 불린 영국의 로저 베이컨Roger Bacon, 1214- 1294은 이 시기의 대표적인 학자이다.[6] 그는 프란체스코 수도사이자 옥스퍼드 대학의 교수였는데, 광학, 수학 등 다양한 분야에서 추론보다 실험적 방법론의 중요성을 역설하였다. 로저 베이컨은 이슬람의 위대한 과학자 알 하이삼 (2.2.2 참조)의《광학》을 탐독한 것으로 알려져 있다. "권위는 지식을 줄 수 없

---

5) 요즘 학위 수여식에서 입는 학위복도 중세 수도사들의 복장에서 연유한 것이다.
6) 후대의 철학자 프란시스 베이컨(Francis Bacon, 1561–1626)과는 다른 사람이다.

다"는 등 기존 권위에 도전하는 과학적인 태도로 인해 박해받았으며, 근대적인 과학자에 상당히 가까운 학자로 볼 수 있다.

스콜라 철학scholasticism은 9~15세기에 걸쳐서 유럽의 정신세계를 지배하였다. 스콜라 철학은 기독교의 신학에 바탕을 두기 때문에 일반 철학이 추구하는 진리 탐구와 인식의 문제를 신앙과 결부시켜 생각하였으며, 인간이 지닌 이성 역시 신의 전능 혹은 계시로부터 나온 것으로 이해하였다. 대표적인 스콜라 학파 철학자로는 아퀴나스Thomas Aquinas, 1225-1274를 들 수 있는데, 그는 아리스토텔레스의 철학과 기독교 신앙을 융합하는 데 크게 기여하였다. 아리스토텔레스는 지구를 중심으로 천구가 회전한다는 지구중심설을 주장하였으므로 (1.2.5 참조) 후일 갈릴레이의 태양중심설 주장에 대해 교황청이 용납하지 못한 철학적 배경이 여기서 연유한다.

그러나 아퀴나스의 철학마저도 종교의 간섭에서 자유롭지 못했다. 1210년부터 1277년 사이에는 파리 대학에서 '파리 단죄Paris Condemnation'란 사건이 벌어진다. 이 중 1277년에는 219개의 명제에 대한 단죄가 있었는데, 많은 학위논문들이 검열되었으며, 아리스토텔레스 철학 중에도 교리에 위반되거나 창조주의 신성을 훼손할 수 있는 내용은 가르치거나 주장하는 것이 금지되었다. 예를 들면, "세계는 영원히 존재한다" "영혼은 죽음과 더불어 사라진다" 등의 명제들이 단죄되었다. 파리 단죄 이후 아퀴나스는 다른 신학자들과의 논쟁에 시달렸고, 죽은 후까지 그의 철학은 논란의 대상이 되었다. 그러나 그는 복권되어, '천사적 학자Doctor Angelicus'로 인정받았으며, 16세기에는 교황청에 의해 성인으로 추대되었다.

3.2.2 르네상스
유럽은 긴 잠에서 서서히 깨어나고 있었으나 문화의 본격적인 중흥은 15~16

세기의 르네상스Renaissance를 통해 이루어졌다. 르네상스는 're-birth', 즉 다시 태어난다는 뜻인데, 유럽에서 예술과 기술이 폭발적으로 발달하는 시기였다. 십자군전쟁의 결과로 이슬람 세계로부터 흘러들어온 문물, 십자군전쟁과 지중해-흑해 무역으로 부를 축적한 베네치아와 같은 이탈리아 도시국가들의 경제적 지원 등에 힘입어 이탈리아에서 르네상스가 시작되었고, 곧 프랑스 등 유럽의 다른 지역으로 퍼져 나갔다. 유럽인들에게 르네상스는 암흑시대 때 상실했고, 그 이후 결코 복구할 수 없었던 고대 그리스, 로마인들의 업적을 이제야 넘을 수 있다는 자신감을 회복하는 전환점이 되었다.

르네상스를 대표하는 인물들 중 과학자에 가장 가까운 사람은 레오나르도 다빈치Leonardo da Vinci, 1452-1519이다. 그는 수학, 과학, 공학, 예술, 해부학 등에서 뛰어난 업적을 남긴 만능 천재였다. 우리에게는 그의 과학적인 업적보다 〈모나리자〉, 〈최후의 만찬〉 등의 미술 작품이 더 친숙하다. 과학 분야에서는 원초적인 형태의 가속도, 관성, 작용·반작용 등의 물리 개념을 선보이기도 했고, 빛과 소리의 파동성, 소리의 속도, 공기의 열팽창 등의 현상을 연구하기는 했으나, 그는 구체적이고 공학적인 문제들에 더 관심이 많았다. 다빈치는 수많은 발명품의 설계도를 남겼는데 이 중에는 헬리콥터와 같이 매우 현대적인 것들도 있다.[7] 그러나 그는 발명과 발견을 추상화, 수학화된 과학으로 발전시키지는 못하였다.

다빈치는 연구결과나 설계도를 암호로 기록하는 등 정확한 기록을 남기지 않았고, 19세기에 와서야 연구 노트가 출간되어 그의 업적에 비해 후대에 미친 영향은 제한적이다. 그러나 현대에 와서 그의 불가능해 보이는 아이디어들을 공학적으로 재현해 보는 등 재평가가 이루어지고 있다. 최근 '다빈치 코드'란 소설이 나와 허구이긴 하지만 이 천재의 행적에 신비로움을 더해주고 있다.

---

7) 실제로 헬리콥터를 제작할 만큼 설계도가 정확하지는 않다. 혹은 고의로 핵심적인 내용을 설계도에서 생략했다고 추정하는 사람도 있다.

3.3 천문학 혁명

3.3.1 코페르니쿠스

르네상스로 인해 유럽인들은 잃어버렸던 그리스·로마 문명을 회복하였고, 문명의 훈풍은 이탈리아에서 유럽 전체로 퍼져 나갔다. 그러나 아리스토텔레스와 프톨레마이오스의 과학은 천년 이상 굳건히 권위를 지키고 있었다. 이들의 이론에 이상한 점들이 있다는 것은 이슬람 학자들도 이미 지적하였지만 (2.2.2 참조) 대안을 제시하지는 못했다. 이제 누군가 이 일을 할 때가 되었고, 천문학 혁명은 폴란드의 성당 참사관인 코페르니쿠스에 의해 조용히, 그리고 매우 천천히 시작되었다.

니콜라우스 코페르니쿠스Nicolaus Copernicus, 1473-1543는 폴란드 토룬 출신으로, 크라쿠프 대학교와 이탈리아 볼로냐, 페라라, 파두아 대학교 등에서 수학하였고, 고국에 돌아와서 대성당 참사관이 되었으며, 천문학 연구는 취미로 한 것으로 알려져 있다. 그는 성당 참사관으로서 매우 많은 일을 하였는데, 종교행사뿐만 아니라 정치와 의료에 관련된 일도 하였다. 특히 외적의 침입이 있을 때면 군대를 지휘하여 싸우기도 하는 사회 지도층 인사였다. 그는 수학적인 지식을 바탕으로 《천구의 회전에 관하여De Revolutionibus Orbium Coelestium8)》란 책을 써서 지동설, 즉 태양중심 우주론을 주장하였다.

코페르니쿠스가 지구중심설을 뒤집고 태양중심설을 처음 주장하였다는 것은 사실이 아니다. 그는 1,700년 전 고대 그리스의 철학자 아리스타르코스가 주장한 태양중심설을 부활시킨 것이다. (1.3.2 참조) 또한, 그의 태양중심설이 과학적인 사실로 당대 혹은 가까운 후대에 입증되었거나, 근대 물리학의 탄생에 곧 바로 영향을 준 것도 아니다. 그러나 그의 태양중심설은 시대적

---

8) 당시 학계의 표준어는 라틴어였다. Nicolaus Copernicus도 라틴어 표기이다.

으로 중요한 의미가 있었다. 즉, 신이 부여한 인간의 특권을 내려놓고, 우주의 중심을 태양으로 옮겨버린 것이다. 그의 책에는 태양중심설이 비록 수학적 모형에 불과하다고 썼지만 당시 종교가 지배하던 세상에서는 권위주의에 도전하는 용감한 생각이었으며, 그 이후 '우주에서 특별히 신성한 점은 없다'는 지극히 과학적인 '상대론'으로 발전한다. 지금도 영어의 'Copernican' 이란 단어는 획기적 혹은 혁신적임을 뜻하는 형용사로 쓰인다. 이 태양중심설의 씨앗은 수십 년의 잠복기를 거친 후 케플러, 갈릴레이와 같은 학자들에게 큰 영향을 주어 천문학 혁명의 시대를 열었다.

코페르니쿠스는 행성의 역진운동을 단순하게 설명하고자 태양중심설을 고안하였다. 그림 3-2는 1994년 가을부터 다음 해 봄까지 약 10개월 동안 육안으로 관측한 화성의 움직임이다. 10월부터 12월까지 화성은 붙박이별(항성)들을 기준으로 한쪽 방향으로 운동하다가, 다음 해 1월부터 3월 사이에는 방향을 바꿔 뒤로 가는데 이것을 '역진운동'이라고 한다. 그리고 3월 말경부터 화성은 다시 황도ecliptic를 따라 순행한다.

이 현상은 플라톤과 아리스토텔레스의 지구중심 우주론에 모순되는 현상이지만 프톨레마이오스는 그림 3-3과 같이 주전원을 가정함으로써 역진 문

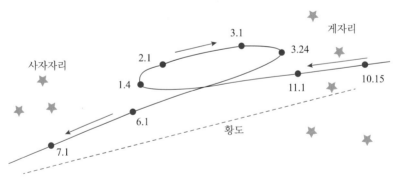

그림 3-2
화성의 겉보기 이동 경로 (그림 1-4와 동일)

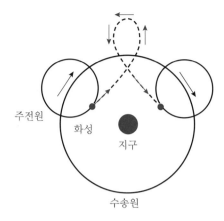

그림 3-3
화성의 역진운동을 설명하는 프톨레마이오스
의 주전원 모형 (그림 1-7과 동일)

주전원

화성

지구

수송원

제를 해결하였고, 그의 우주 모형은 1,300년 동안이나 신봉되어 왔다. (1.3.5 참조)

그러나 코페르니쿠스의 설명은 완전히 달랐다. 그는 그림 3-4와 같이 지구의 특별한 지위를 박탈하고, 태양이 중심에 있고 지구는 화성과 같이 태양을 공전한다고 생각하였다. 그러면 그림에서 보인 것과 같이 지구와 화성의 공

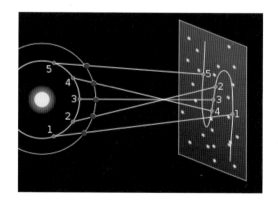

그림 3-4
화성의 역진운동을 설명하는 코페르니쿠스의 태양중심 우주 모형. 태양(왼쪽 공)의 안쪽 궤도를 공전하는 지구가 1 → 5의 위치로 이동함에 따라 바깥쪽 궤도를 도는 화성의 겉보기 운동 경로는 오른쪽 1 → 5를 따라간다. 따라서 2와 4 사이에 역진하는 것으로 보인다.
(출처: Wikimedia Commons, Brian Brondel, 2007)

전 속도의 차이로 인하여 화성의 역진운동이 간단히 설명된다.

그러나 코페르니쿠스가 태양중심설의 진위를 심각하게 생각했는지는 확실하지 않다. 왜냐하면 그는 수학적 아름다움을 위하여 태양중심설을 주장하였다. 즉, 지구중심설을 버리고 지구를 태양을 도는 행성의 하나로 넣으면 수성~토성이 모두 원 궤도로 깨끗이 나열되면서, 행성의 역진운동을 설명하는 데 있어서 (적어도 정성적으로는) 주전원 등 복잡한 가정이 필요 없게 된다.

그러나 그 당시에는 태양중심설을 검증할 실험적 방법이 없었다. 과학적인 배경 지식이 거의 없는 상황에서는 어떤 이론(모형)이 맞는지 검증할 방법도 없고, 중요하지도 않았다. 다만, 천문 관측이나 항해력 등 이제까지 모인 데이터를 설명할 수 있느냐가 관건이었다.

코페르니쿠스의 저서 《천구의 회전에 관하여》는 그가 임종할 때 출간되었다. (1543) 그 이유는 여러 가지로 추측되지만 그가 맡은 여러 직책으로 인하여 책을 완성할 시간이 없었거나, 태양중심설이 기독교 교리와 스콜라 철학에 위배되는 이론이어서 생전에 이 책이 출간되는 것을 두려워했을지도 모른다. 이 책은 출간되고 거의 50년 후 종교계와 과학계에 엄청난 파장을 불러 오지만, 출간 직후에는 소수의 지지를 받는 데 그쳤다. 내용이 수학적으로 매우 복잡하여 그 책을 읽을 수 있는 사람이 많지 않았다고 한다[7].

《천구의 회전에 관하여》의 발간에 대해 우려하였던 교황청의 반응은 없었으나, 당시 종교개혁으로 가톨릭에 대항하고 있었던 신교의 창시자 루터Martin Luther, 1483-1546는 성경 일부분의 자구 해석을 근거로 태양중심설을 강하게 비판했다고 한다. 그리고 시간이 흐르면서 태양중심설이 퍼져나가자 로마 교황청도 이 책을 금서禁書로 지정하기에 이른다.

여기에는 브루노Giordano Bruno, 1548-1600의 종교재판이 연관되었는데, 그는 태양중심설을 신봉하였고, 태양도 하나의 별에 불과하다는 주장을 굽히지 않았다. 현재에는 많은 사람들이 알고 있는 과학적 사실이지만 당시에 그런 주장을 하는 것은 교리에 반하며 불경과 이단죄에 해당되었다. 그는 여러 가지 이단과 마법을 행한 죄목으로 종교재판에서 유죄를 선고받고 로마 저자거리에서 화형을 당하였다. 이로부터 교황청은 태양중심설의 전파에 대해 매우 민감하게 대응하기 시작하였고, 많은 과학자들은 이성과 신앙 사이에서 큰 갈등을 겪게 되었으며, 갈릴레이는 실제로 교황청의 박해를 받게 된다.

그러면, 코페르니쿠스가 주장한 원 궤도를 도는 행성 모형이 얼마나 잘 맞을까? 우리는 행성들의 궤도가 타원이라는 케플러의 업적을 곧 알게 될 것이다. (3.3.3 참조) 따라서 원 궤도로는 실제 천문관측 데이터를 정확히 맞출 수는 없을 것이라고 쉽게 짐작할 수 있다. 계산에 의하면 코페르니쿠스의 원 궤도나 프톨레마이오스의 주전원 모형이나 행성 관측 데이터를 설명하는 데 있어서는 비슷한 오차를 준다고 한다[7].

그럼에도 불구하고 코페르니쿠스의 태양중심설은 1,300년 이상 천문학을 지배해 온 프톨레마이오스의 지구중심설과 종교적 권위주의에 도전했다는 사고 개혁의 측면에서 큰 의의를 가지며, 후에 케플러가 원 궤도를 타원 궤도로 수정하여 행성의 운동을 제대로 설명하고, 이를 근거로 뉴턴이 역학법칙을 수립하는 데 씨앗 역할을 하였다.

3.3.2 브라헤

코페르니쿠스의 저서가 아직 빛을 보지 못하고 있을 때, 덴마크에서는 튀코 브라헤Tycho Brahe, 1546-1601가 대규모 천문대를 운영하여 당대 최고의 천문관측 데이터를 확보하였다. 그는 덴마크 귀족 출신으로 코펜하겐과 라이프치히에서 수학하였으며, 국왕으로부터 섬 하나를 하사받아 'Uraniborg[9]'란 이름으로 천문대를 건립하였고, 약 1,000개의 별들을 육안으로 관측하여 방대한

---

9) 그리스 신화에 나오는 천문의 여신 우라니아의 성이란 뜻이니, Uraniborg는 '천상의 성'인 셈이다.

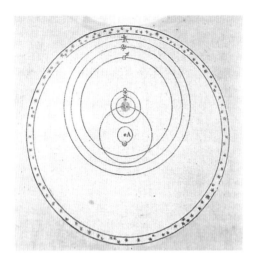

그림 3-5
브라헤의 우주 모형. 지구가 중심에 있고
('A'로 표시), 태양(지구 위에 표시한 짙은
회색 원)과 달이 지구를 공전하며, 다른 행
성들은 태양을 공전한다.
(출처: Wikimedia Commons)

천문관측 기록을 남겼다.

브라헤는 국왕의 절대적인 신임을 받았으나 후대 왕과는 사이가 좋지 않아 지원을 받기 어려워졌다. 그는 신성로마제국 황제 루돌프 2세의 초청으로 프라하 근교에 새로운 천문대를 건설하고 거처를 옮겨서 천문학 연구를 계속하는데, 여기서 케플러를 만나게 된다. 이 두 거인의 만남으로 태양계 행성들의 운동은 드디어 수학으로 거의 완벽하게 묘사할 수 있게 되었다.

그러나 두 사람의 이상적인 공동연구에도 불구하고 브라헤와 케플러의 우주관은 일치하지 않는다. 케플러가 코페르니쿠스의 태양중심설을 전적으로 신봉한데 반해, 브라헤는 약간 어정쩡한 지구중심설을 주장하였다.[10] 즉, 브라헤는 지구 주위를 달과 태양이 공전하고, 그 태양 주위를 다른 행성들이 돈다고 생각했는데, 그림 3-5와 같이 지구를 우주의 중심에 유지하면서도 태양중심설과 지구중심설을 절충한 우주 모형이다.

브라헤의 우주 모형은 어정쩡하고 이상해 보인다. 그러나 지구중심설과 태

10) 브라헤가 처음에 케플러를 신뢰하지 않았던 요인 중 하나이다.

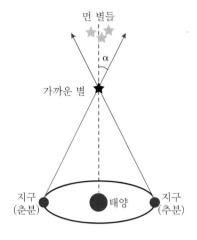

먼 별들

가까운 별

지구
(춘분)

태양

지구
(추분)

그림 3-6
연주시차를 설명하는 도해. 북쪽 하늘에 가장 가까운
별을 지구에서 쳐다본다. 이 별은 춘분과 추분에 더 먼
별들을 기준으로 조금 다른 위치에 보이게 된다.

양중심설의 진위를 검증하기는 매우 어려운 상황에서 그의 모형이 비과학적이라고 말할 수는 없다. 예로부터 태양중심설을 받아들이기 어려웠던 과학적인 이유는 '연주시차stellar parallax'를 측정하지 못했기 때문이다.

연주시차는 그림 3-6에 설명되어 있다. 지구가 태양을 공전한다면 그림과 같이 계절이 변할 때 별의 위치(바라보는 각)도 변해야 한다. 이 변하는 최대각(그림에서 α)을 연주시차라고 하는데, 문제는 어떤 별에 대해서도 연주시차를 아무도 관측하지 못했다는 것이다. 가장 가까운 별은 알파 켄타우로스Alpha Centauri인데, 지구(혹은 태양)에서 약 4.4광년, 즉 4×10^{13} km나 떨어져 있다. 지구 공전궤도의 반지름은 약 1억 5천만 km(1.5×10^8 km)에 불과하므로 연주시차는 1초(1/3,600도)에도 미치지 못한다. 따라서 육안이나 성능이 낮은 망원경으로는 가장 가까운 별에 대해서도 연주시차를 관측할 수 없었던 것은 당연하다. 그리고 브라헤 당시에는 우주가 얼마나 큰지, 즉 별들이 얼마나 멀리 있는지에 대한 지식이 전혀 없었다. (아리스토텔레스의 천구 개념을 막 뛰어넘는 시기였다.) 결론적으로 연주시차의 측정은 19세기에 접어들어 망원경의 성능이 상당히 개량되고서야 가능해졌다.

브라헤의 시대에 망원경이 나오기 시작하였는데, 초기에는 많은 사람들이 망원경의 확대 능력을 마술로 생각하였다. 브라헤의 천문관측은 전적으로 육안에 의존했는데, 그도 망원경의 '마술'을 신뢰하지 않았다. 브라헤가 사용한 관측 기기는 전통적인 사분의였다. (그림 3-7) 벽에 뚫은 작은 틈을 통해 들어오는 별빛을 육안으로 보면서 커다란 사분원 각도기로 별의 고도(각도)를 재는 기구이다.

사분의의 반지름이 크면 클수록 각을 더욱 정밀하게 측정할 수 있으나, 크기에는 한계가 있었다. 브라헤는 사분의의 반지름을 6 m까지 늘여 종래 10분이던 각 측정 오차를 4분 이하로 줄일 수 있었다. 참고로 시력이 1.0인 사람은 1분(1/60도)의 간격으로 떨어져 있는 두 점을 구분할 수 있다. 하지만 실제로 천체 관측에서는 여러 가지 환경 요인으로 인하여 망원경을 사용하지 않으면 1분의 오차로 각을 측정하기는 어렵다. 브라헤의 데이터에서 보장된 4분의

그림 3-7
브라헤가 천문 관측에 사용한 대형 벽면 사분의 (Mural Quadrant, 1598). 중요 인물(브라헤)을 앞쪽의 두 조수들보다 더 크게 그렸다. (원근법이 무시됨) 뒤쪽에는 연금술 실험실이 보인다.
(출처: Wikimedia Commons)

오차는 나중에 케플러의 행성 타원 궤도 발견에 매우 중요한 역할을 하게 된다.

브라헤는 천문관측 외에도 점성술을 신봉하였는데, 별점을 보고 유럽에 큰 위협이었던 투르크제국 술탄의 사망을 예언했다가 망신을 당한 사례도 있었다고 한다.[11] 따라서 브라헤는 비슷한 시기의 코페르니쿠스보다는 고대 그리스의 천문학자 프톨레마이오스에 더 가까운 인물로 후대에 평가된다[7].

브라헤의 사고와는 별도로 과학적인 업적을 살펴보면, 그는 혜성의 관측과 함께 드물게 일어나는 초신성 폭발supernova을 관측하였고, 혜성이 달 아래 현상이 아님을 증명하였다. 초신성 관측은 아리스토텔레스가 주장한 완벽하고 영원한 천체, 항성 천구개념을 허물었다. 또한 혜성 운동 관측은 별들이 받침대 없이 존재하고, 스스로 운동한다는 것을 의미하였다. 1,500여 년 동안이나 이슬람 세계와 기독교의 유럽에서 모두 존경을 받아왔던, 시간과 공간을 초월한 대학자의 자연철학은 서서히 무너지기 시작하였고, 새로운 과학이 등장할 준비를 하고 있었다.

브라헤 수하에는 많은 조수들이 일하고 있었고, 브라헤가 쌓아놓은 천문관측 자료에 눈독을 들이고 있었다. 수학 실력을 인정받아 새로 지은 천문대에 갓 고용된 케플러는 그 중에도 신참에 불과했고, 브라헤도 처음에는 이 신참에게 별로 신뢰를 보이지 않았다. 그러나 브라헤가 요독증으로 갑자기 죽음을 맞게 되면서 케플러에게 모든 자료를 넘겨주라고 유언하였다. 아마 루돌프 2세로부터 받은 임무를 완수해야 한다는 책임감과 그 일을 완수할 사람은 케플러뿐이라는 판단에서였을 것이다. 개인적인 친분보다는 평생 쌓은 데이터를 헛되게 하지 않기 위해서 갓 고용한 젊은 수학자를 후계자로 선택한 것이다.

---

11) 당시에는 더욱이 천문학(astronomy)과 점성술(astrology)의 경계가 뚜렷하지 않았다.

3.3.3 케플러

요하네스 케플러Johannes Kepler, 1571-1630는 신성로마제국의 수학자이자 천문
학자이다. 그는 튀빙겐 대학에서 수학하였고 뛰어난 스승 매스틀린Michael
Maestlin에게서 프톨레마이오스와 코페르니쿠스의 천문학을 배웠다. 브라헤
는 귀족 중의 귀족이었고, 국가의 대폭적인 지원을 받아서 연구를 한 반면, 케
플러의 주변 환경은 정반대였다. 케플러는 가정, 건강, 신앙, 경제 등의 문제
로 평생 시달림을 당했는데, 수학 실력만은 누구보다도 뛰어나서 도시의 수
학 교사로 생활할 수 있었다.

케플러의 아버지는 용병으로 일하다가 케플러가 어릴 때 행방불명이 되었
고, 어머니는 그의 전성기 때 마녀재판에 연루되어 곤욕을 치렀다. 그의 자녀
들 중 절반은 어릴 때 죽었고, 그 자신도 병약하고 약시여서 천문관측을 할 수
없었다. 그리고 종교적으로도 그는 예배에 대한 특이한 신념을 가지고 있어
서 이단으로 몰릴 위험을 항상 안고 살았다. 특히 말년에는 루터의 종교개혁
후 일어난 신 구교 간에 일어난 피비린내 나는 30년 전쟁1618-1648의 난세 속
에서 양쪽의 눈치를 보면서 살아야 했다.[12]

그는 어려운 가계를 이끌어나가기 위해 점성술을 이용하기도 했는데, 당시
의 권력자들이 천문학자들에게서 원했던 가장 중요한 역할 중 하나가 언제 전
쟁을 시작하고, 누구와 동맹을 맺으면 좋은가 등을 예언해 주는 점성술이었
다. 브라헤의 경우와 같이 점성술은 신비주의 우주론에 근거하기도 하는데,
케플러는 별점을 쳐주면서도 권력자 의뢰인들을 내심 비웃었다고 한다.

케플러는 말년에 페르디난드 2세 황제 수하의 유능한 장군인 발렌슈타인
의 고문으로 일하면서 급료를 약속받는 등 생활에 여유를 찾은 듯 했으나 밀

---

12) 30년 전쟁의 결과 신성로마제국(독일)에서 $\frac{1}{3}$ 정도 인구가 감소했고, 많은 도시가 쇠퇴하였으며,
그 이후 유럽의 타 지역에 비해 민족국가의 수립이 크게 지연되었다.

린 급료를 받으러 가는 여행 도중 폐렴에 걸려 불행한 삶을 마감했다. 그러나 그의 행성 궤도 연구 결과는 곧 일어날 과학 혁명에 주춧돌 역할을 하게 된다.

그는 청년시절 튀빙겐 대학에서 수학한 후 그라츠Graz의 개신교파 학교에 수학 및 천문학 교사로 부임한다. 여기서 그는 《우주의 신비Mysterium Cosmographicum, 1595》란 책을 써서 코페르니쿠스의 태양중심설에 근거한 기하학적인 우주모형을 주장하였다. 즉, 그림 3-8과 같이 태양을 중심으로 여러 가지 정다면체

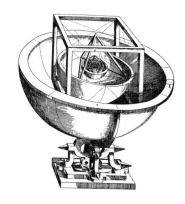

그림 3-8
케플러가 초기에 주장한 완벽한 정다면체와 구로 이루어진 우주 모형. 공껍질들은 각각 다른 행성의 공전 궤도를 나타낸다. (출처: Wikimedia Commons)

에 내접하거나 외접하는 구를 계속 그려 나갈 수 있는데, 이것이 행성들의 공전 궤도일 것이라는 일종의 수학적 신비주의에 근거한 우주 모형이다. 물론 이러한 모형은 순전히 수학적이고, 실제 근거가 전혀 없으므로 과학과는 거리가 멀다. (후일 이를 뒤집는 이론을 스스로 발표하게 된다.)

하지만 이 책을 눈여겨보고 그의 수학 실력을 인정한 사람이 있었으니 바로 브라헤이다. 그는 덴마크를 떠난 후 프라하 근교 베나트키Benatky에 천문대를 건설하면서 젊은 케플러를 조수로 영입한다. (1600) 브라헤의 갑작스러운 죽음으로 같이 일을 한 기간은 1년여이지만, 케플러는 브라헤에게 루돌프 표완성을 약속하고 그가 평생 모은 천문관측 데이터를 물려받는다.

케플러는 브라헤로부터 물려받은 천문관측 데이터를 수학적으로 분석하여, 태양을 중심으로 하는 행성의 공전에 대해 3개의 법칙을 발표하였다. 그 내용을 요약하면 다음과 같다.

- 제1법칙: 행성과 혜성은 태양을 하나의 초점으로 하는 타원 궤도를 돈다.[13)]

- 제2법칙: 행성이 태양을 돌면서 같은 시간 동안에 이동하며 생기는 넓이는 일정하다.

- 제3법칙: 행성의 공전주기(T)의 제곱은 궤도의 장축(R)의 세제곱에 비례한다. 즉, 모든 행성에 대해 T^2/R^3 의 값이 일정하다.

케플러는 행성들이 타원 궤도를 도는 이유를 설명하지는 못했지만 그의 결론은 놀랍게도 현대 과학 이론과 측정 결과를 거의 맞추고 있다. 행성 운동의 원인은 후일 뉴턴이 중력법칙과 운동법칙을 수립한 후에야 깨끗이 설명되었다. 케플러는 단지 영국인 길버트의 자석 이론의 영향을 받아서, 멀리 갈수록 약해지는 태양의 '활력'이 행성 운동의 원인이라고 추측하였다.

제2법칙은 '면적속도 일정 법칙'이라고 하는데, 그림 3-9와 같은 타원 궤도에서 행성이 태양에서 가장 먼 곳(원일점)을 지나갈 때는 천천히 돌고, 반대로 근일점 부근에서는 빠르게 공전해서, 행성이 단위시간당 쓸고 지나간 넓이를 항상 일정하게 유지함을 말한다.

이는 뉴턴의 운동법칙의 결과 중 하나인 '각운동량'이 보존됨을 보여주는

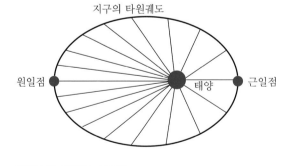

지구의 타원궤도

원일점　　태양　　근일점

그림 3-9
면적속도 일정 법칙. 작은 '케이크조각'의 넓이는 모두 같으며, 점으로 표시된 원일점에서 지구는 가장 느리게 공전한다.

---

13) 타원은 두 개의 초점을 가진다.

대표적인 현상이다. 이것은 4.4.2절에서 설명하겠지만 피겨 스케이터가 천천히 회전하다가 손을 오므려 몸의 반지름을 줄이면 회전속도가 빨라지는 현상 등을 설명하는 일반적인 보존법칙의 하나이다.

제3법칙을 정성적으로 말하면 '공전궤도가 큰 행성은 공전궤도가 작은 행성보다 더 느리게 돈다'는 것이다. 이 또한 뉴턴의 중력법칙과 운동법칙으로 설명되지만, 케플러는 이 법칙들을 모르는 상황에서 태양계 행성 모두에 공통적으로 적용되는 현상론적인 법칙을 찾아내는 대단한 통찰력을 발휘하였다.

케플러가 브라헤의 데이터를 분석하는 동안 가장 먼저 발견한 법칙은 제1법칙이 아니라 제2법칙이었다. (1602) 그러나 처음에는 행성이 타원 궤도가 아니라 '이심 원궤도'를 돈다고 가정하였다. 이심 원궤도란 행성이 원 궤도를 돌기는 하지만 태양을 그 원의 중심에서 약간 벗어난 곳에 갖다놓은 모형이다. 케플러는 물론 코페르니쿠스의 태양중심설을 신봉했지만, 관측된 천문 데이터를 원 궤도와 비교했을 때 오차가 상당히 크다는 것을 알고, 이심 원궤도를 가정해 보니 오차가 상당히 줄었다. 그러나 이심 원궤도로도 관측된 천문 데이터를 만족스럽게 맞추지 못했다. 즉, 화성 공전궤도의 경우 이심 원궤도를 가정하고 궤도를 계산하면 관측 데이터와 최대 8분의 오차가 나왔다. 앞절(3.3.2)에서 브라헤의 사분의가 4분의 측정오차를 보장한다고 했는데, 이것을 믿는다면 무엇인가 잘못된 것이다. 이것이 케플러가 타원 궤도의 가능성을 연구하게 된 동기이다. 웬만하면 오차의 원인을 관측자에게 떠넘길 만도 한데, 관측자에 대한 절대적인 신뢰가 놀라울 뿐이다. 물론 맹목적으로 브라헤를 믿은 것은 아니고, 케플러는 브라헤의 측정값의 불확도(불확실한 정도)에 대해 냉철하게 파악하고 있었던 것이다.

그로부터 약 3년간의 힘든 계산 끝에 화성의 경우 타원 궤도가 측정 데이터를 측정오차 4분 이내로 맞춘다는 결론을 얻을 수 있었다. 그는 계산을 마치고 "마치 내가 잠에서 깨어나고 새로운 빛이 내게 비치는 것 같았다."고 회고

했다[3]. 그는 1605년 그의 두 법칙을 《신 천문학Astronomia Nova》이란 책으로 완성했으나, 브라헤가 남긴 천문관측 데이터를 사용하는 데 있어서 그의 유족들과 법적인 분쟁으로 인하여 이 책은 1609년에야 출간되었다.

제3법칙은 1619년 《세계의 조화Harmonices Mundi》란 책에 발표되었는데, 마녀재판에 연루된 모친을 구하는 데 전념하여 이 책의 발간이 늦어졌다고 한다. 컴퓨터는 물론 기초적인 계산기마저 없는 상황에서 매우 복잡한 타원 궤도를 계산하여 데이터와 맞추어 본다는 것은 초인적인 계산력을 가지지 않고서는 불가능해 보인다. 그는 6년 동안 900쪽 분량의 계산 원고를 남겼고, 수십 번의 계산 실수와 정정을 반복했다고 한다. 그는 행성 운동법칙을 종합하여 《코페르니쿠스 천문학 개요Epitome Astronomia Copernicanae, 1615-1621》란 3권의 책으로 출간하였다.

케플러는 결국 1627년 '루돌프 표Rudolphine Tables'를 완성하여 브라헤와의 약속을 지켰다.[14] 그림 3-10은 루돌프 표의 표지 그림인데, 히파르코스, 프톨레마이오스, 코페르니쿠스, 브라헤 등 역사적인 천문학자들의 초상을 신전에 그려 넣어 이들의 업적을 기리고 있다.

천문표는 별들의 목록과 행성들의 운행을 기록한 책으로, 정교한 달력과 항해력뿐만 아니라 점성술의 기초가 된다. 루돌프 표는 종래에 사용되던 프톨레마이오스의 우주론을 채택한 '알폰신 표Alphonsine Tables'와 코페르니쿠스의 원 궤도를 바탕으로 한 '프로이센 표Prussian Tables'의 오차를 크게 줄이는 천문표가 되었다. 특히, 그의 세 번째 법칙을 계산할 때는 당시에 스코틀랜드인 네이피어John Napier에 의해 갓 개발된 로그를 계산에 도입하여 곱셈과 나눗셈 계산 시간을 크게 줄였다. 로그는 큰 수의 곱셈, 나눗셈이나 승수에 유용하다. [예를 들면, 매우 큰 수 A×B의 곱셈을 계산하는 경우, A와 B 각각의

---

14) 그러나 태양중심설 사용을 불허한 브라헤의 유지는 받들지 않았다.

그림 3-10
루돌프 표의 표지 그림.
(출처: Wikimedia Commons)

로그 값을 로그 표에서 찾아 이들의 합(log A + log B)을 계산한 다음, 이것이 log (A×B)와 같으므로 로그 표에서 거꾸로 A×B의 값을 읽는 것이다. 즉, 곱셈을 상대적으로 훨씬 쉬운 덧셈으로 바꾸는 것이다. 마찬가지로 나눗셈은 뺄셈으로 대치된다.]

케플러의 업적은 천문학 외에 광학에 대한 연구도 있다. 알 하이삼의 저서《광학》의 라틴어 번역판은 유럽 학자들에게 광범위하게 퍼졌으며, 케플러도 이 책을 탐독했다고 한다. 케플러의 대표적인 광학 연구 업적은 5.4절에서 소개한다.

케플러는 현상론적으로 행성의 공전 궤도를 거의 완벽하게 묘사하는 수학식을 얻었지만 행성이 타원 궤도를 도는 원인에 대해서는 추측으로 일관할 수밖에 없었다. 즉, 태양에서 바퀴살같이 힘이 방사하고 태양이 돌면서 그 살이 회전한다고 생각하였는데, 이 힘은 거리에 따라 감소하므로, 먼 궤도를 도는 행성의 속력이 느려진다고 추측하였다. 이 가정은 당시 영국에서 나오기 시작했던 길버트의 자석 이론(5.5.1 참조)과 비슷하다.

후일 뉴턴은 행성 운동의 원인이 태양과 행성 사이의 중력이며,[15] 이 중력

---

15) 정성적으로 보면 중력도 자기력과 마찬가지로 거리에 따라 감소한다.

을 그의 운동법칙에 적용하여 행성들의 타원 궤도를 깨끗이 설명하였다. (4.3 참조) 케플러는 놀라운 통찰력과 수학적인 엄밀함을 겸비했음에도 불구하고 운동의 원인(힘)에 대해 심각하게 고찰하지 않았고, 천문학astronomy에서 점성술astrology을 완전히 분리하지 않았기 때문에 그는 과학자라기보다 '마지막 신비주의자'로 불리기도 한다[7]. 그러나 케플러는 행성의 운동 궤도를 밝힘으로써 종래의 아리스토텔레스적인 자연철학에서 벗어나, 천상과 지상에서 동일한 물리법칙이 적용되리라고 기대했다. 즉, 고대 그리스 자연철학의 '이상향' 전제에서 탈피하였다. 이후 뉴턴의 '만물의 운동법칙'은 이러한 자연관이 과학의 근간임을 확신시켜 주었다.

앞에서 케플러는 타원으로 실제 행성의 궤도를 '거의' 맞게 계산했다고 했는데, 과연 행성들의 궤도는 정확히 타원일까? 그가 주장하였듯이 행성 타원 궤도들의 중심에 있는 태양은 우주의 절대적인 중심일까? 두 번째 질문에 대해 현대 과학에 의해 알려진 답은 태양도 우주의 중심이 아니라는 것이다. 태양계는 우리 은하의 변방에 있는 아주 작은 부분이고, 태양계 전체가 은하 중심을 축으로 빙빙 돈다는 것이 현대에 밝혀졌다. 은하의 중심에는 거대한 블랙홀이 있다고 하지만 이마저도 우주의 중심은 아니다. 우주 전체에서 절대적인 중심은 없다. 천상의 법칙과 지상의 법칙이 다르지 않듯이, 하나의 장소가 다른 장소보다 특별히 '신성한' 곳일 수는 없다.

케플러 당시까지 육안으로는 태양에서 가장 가까운 수성부터, 금성, 화성, 목성, 그리고 태양에서 가장 먼 토성까지 5개의 행성만 관측되었다.[16] 그러나 18세기 말에 허셜Friedrich Wilhelm Herschel이 성능이 개량된 망원경으로 토성보다 먼 천왕성을 찾아내었다. 그러나 이후에 천왕성의 궤도가 미세하지만 타원에서 벗어나는 현상이 관측되었는데, 그 이유는 천왕성보다 더 외곽을

---

16) 현재 우리가 쓰고 있는 요일은 여기에 해(日)과 달(月)을 추가한 것이다.

그림 3-11
체코 프라하에 세워진 튀코 브라헤와 요하네스
케플러의 기념비

돌고 있는 해왕성의 중력의 영향으로 밝혀졌다.[17] 만일 케플러 당시에 천왕성이 관측되었고, 브라헤의 측정치가 매우 정확하여 천왕성의 궤도가 엄밀하게 타원이 아니라는 것을 케플러가 알았더라면 어떻게 되었을까? 케플러는 행성 타원궤도 법칙을 발견하지 못했고, 과학 혁명은 연기되었을까?

그림 3-11은 브라헤와 케플러의 공동연구 업적을 기리기 위해 프라하에 건립된 두 사람의 동상이다. 브라헤는 육분의를, 케플러는 계산이 기록된 종이를 들고, 그들의 영원한 연구 대상이었던 먼 하늘을 바라보고 있다.

3.4 최초의 과학자

3.4.1 갈릴레이

케플러가 완성한 천문학 혁명이 순차적으로 과학 혁명으로 이어진 것은 아니다. 이 절의 제목이 보여주듯이 최초의 과학자란 이탈리아의 갈릴레오 갈릴

---

17) 사실 이 '섭동현상'이 19세기 중반 해왕성을 찾아내는 열쇠가 되었다[7].

레이Galileo Galilei, 1564-1642를 지칭하는데, 그는 케플러와 비슷한 시기의 인물이다. 갈릴레이는 1564년 이탈리아의 피사Pisa에서 음악가 집안에서 태어났고, 수도원에서 기초 교육을 받았으며, 부모의 의도대로 의대에 입학했으나 의학보다는 수학에 관심이 많아 의대를 중퇴하고 수학을 전공하였다.

그림 3-12
갈릴레오 갈릴레이(Galileo Galilei)

그는 피사 대학 수학강사를 거쳐(1589), 당시 강력한 도시국가인 베네치아의 파도바 대학에 교수로 재직하다가, 1610년 피렌체를 다스리는 메디치가의 전속교수로 취임하여 연구에 전념한다. 말하자면 강의와 연구를 동시에 하는 교수에서 강의 부담이 없고, 안정적인 재정 지원을 받아 연구에만 몰두할 수 있는 연구직을 택한 것이다. 그러나 갈릴레이는 뛰어난 수학 실력, 핵심을 꿰뚫는 실험과 함께 대중 강연도 매우 잘 했다고 한다.

갈릴레이의 업적을 요약해 보면, 물리학(역학) 분야에서는 자유낙하, 포물선 운동 설명, 흔들이(진자) 운동 법칙 발견, 광학과 천문학 분야에서는 망원경의 개량과 행성 관측 등이 있다. 그의 역학 분야의 업적은 속도와 가속도로 물체의 운동을 묘사하는 운동학kinematics의 수립이다. 운동학은 후일 뉴턴이 운동의 원인인 '힘'을 포함하여 물체의 운동을 설명하는 동역학dynamics의 주춧돌이 된다.

그는 당시 개발된 3배 배율의 망원경을 지속적으로 개량하여 20배 정도로 확대할 수 있는 천체 망원경을 제작하였는데, 이것은 천문관측의 수준을 근본적으로 바꾸어 놓았다. 이제 망원경은 조금 더 먼 곳을 보는 정도를 넘어서, 불가능을 가능으로 바꾸는 도구가 되었다.[18] 갈릴레이는 자신이 개량한 망원경

18) 그러나 앞에서도 언급했듯이 당시 많은 사람들은 아직 망원경에 의해 확대되어 보이는 상을 믿지 못했고, 착시나 마술이라고 의심했다.

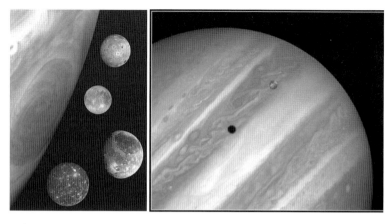

그림 3-13
갈릴레이가 발견한 목성의 4개의 달의 상상도(좌)와 실제 허블 망원경이 찍은 위성 이오와 목성에 드리운 그림자(우) (출처: nasaimages.org)

으로 달, 목성, 금성, 태양 등을 관측했고, 밤하늘에 뿌연 우유와 같은 길Milky Way이 수많은 별들의 모임인 은하라는 것을 처음으로 알게 되었다. 태양계 행성들의 세세한 모습과 더 깊은 우주까지 들여다 본 최초의 인간이 된 것이다.

망원경을 통해 달 표면을 보니 전설로 내려오던 옥토끼(?)는 찾을 수 없었고, 대신 거대한 분화구들이 많이 보였다. 갈릴레이는 관측 결과를 《별들의 소식》이란 이름의 책으로 출간하였다. 이 책은 5년 이내 중국어로 번역될 정도로 베스트셀러가 되었다. 또 갈릴레이는 목성 주위를 돌고 있는 4개의 위성을 발견하고서는 이름을 이오Io, 유로파Europa, 가니메데Ganymede, 칼리스토Callisto라고 붙였다. (그림 3-13) 목성의 위성은 실제로 수십 개이지만 당시의 망원경으로는 큰 것들만 볼 수 있었다.

목성의 위성들은 지구의 달과 비교할 수 있다. 따라서 특별하다고 생각해 왔던 지구의 위치를 행성 중 하나인 목성과 같은 반열로 끌어내리는 간접적인 증거를 잡은 것이다. 지구중심설을 반증하는 다른 하나의 증거는 금성의 상변이였다. 맨눈으로 보면 금성은 언제나 밝게 빛나는 샛별로 보이지만 망원경을 통해 확대해 보면 금성도 달과 같이 일부분이 잘려 보이는 뚜렷한 상변이를 겪는다. 금성은 항상 태양 가까이 있으므로 프톨레마이오스의 우주론처럼 태양이 금성과 같이 지구를 공전한다면 금성의 상변이는 나타나기 어려울 것이다. 반면에 코페르니쿠스의 태양중심설은 금성의 상변이를 훨씬 잘 설명한다.

이러한 천체관측에 근거하여 갈릴레이는 코페르니쿠스의 태양중심 우주론을 확신하고, 이를 대중에게 알리고자 하였다. 물론 10여 년 전 브루노의 종교재판 이후 교황청의 서슬이 시퍼런 시기였으므로 갈릴레이도 매우 조심스럽게 행동하였다. 그러나 갈릴레이의 태양중심설 지지는 교황청과의 갈등을 예고하고 있었다.

3.4.2 불공평한 대결

갈릴레이는 대중은 물론이고 조심스럽게 교황청도 설득하려고 했다. 먼저 로마 교황청을 방문하여 망원경 관측 시범을 보이고 결과를 인정받는 듯 했다. 그러나 1615년 교황청을 2차 방문했을 때는 종교위원회의 조사를 받았으며, 그 결과 코페르니쿠스의 이론을 가정으로 연구하는 것은 허용하나 이것을 강의하거나 전파하는 것은 불허한다는 지침을 전달받는다.

그러나 갈릴레이는 주장을 굽히지 않고 사람들에게 태양중심설을 전파하였다. 1616년에는 크리스티나 대공부인에게 보내는 편지에서 태양중심론을 확신하면서 성경을 자구 해석하면 안된다고 주장하였다. 그는 새로운 과학과 종교 간의 타협을 시도했던 것이다. 신을 부정하지는 않았으나 이는 기독교 교리에 대한 도전 혹은 이단으로 받아들여질 수 있는 심각한 발언이었다. 결국 그는 아리스토텔레스 주의자들의 고발로 교황청의 견책을 받았다. 그럼에도 여전히 태양중심설을 가설로 연구하는 것은 허용되었다.

갈릴레이는 자신의 신념을 《두 주요 우주체계에 관한 대화》란 책에 담았다. 《대화》는 교황청의 2년간의 검열 끝에 1632년 피렌체에서 출간되었다. '심플리치오'와 '살비아티'의 대화를 '사그레도'가 듣는 형식으로 코페르니쿠스의 태양중심설과 종래의 지구중심설에 대해 토론하는 내용이다. 책을 읽다보면 살비아티는 갈릴레이 자신이며, 심플리치오는 아리스토텔레스 학파를 대표하는 인물이라는 것을 금방 알 수 있다. 심플리치오는 항상 권위적이고 어리석은 주장을 펴는 반면, 살비아티는 언제나 이성적이고 과학적인 논증으로 심플리치오가 '바보'임을 증명한다. 당시 대부분의 책이 라틴어로 씌어졌으나 이 책의 언어는 이탈리아어라서 대중에 파급효과가 대단히 컸다.

갈릴레이가 이렇게까지 나갈 수 있었던 것은 믿는 바가 있어서였을지도 모른다. 메디치가가 지배하는 도시국가 피렌체에는 로마 교황청의 영향력이 크게 미치지 못할 것이라는 기대가 있었을 것이고, 자신의 오랜 친구이자 지지자인 바르베리니가 교황 우르바누스 8세로 선출되었다는 것도 방심의 요인이 되었다.

그러나 그의 저서는 교황의 진노를 샀고, 불복종에 대해 소환 명령을 받게 된다. 갈릴레이는 병을 핑계로 출두를 미루었지만, 메디치가도 권력 승계가 일어나면서 더 이상 갈릴레이를 교황청의 압력으로부터 지켜주기 어렵게 되었다. 교황청의 자객이 피렌체 시내에 잠입하여 사람들을 해하는 사건이 일어나는 등 분위기가 매우 흉흉해졌다.

결국 갈릴레이는 오래 버티지 못하고 69세의 늙은 몸을 끌고 교황청의 소환에 응한다. 그는 심각한 교리 심문을 받았고, 고문과 극형을 피하기 위해 교황 앞에서 자신의 과학적인 신념을 부정하는 굴욕을 겪었다. 이 재판에서 그는 평생 가택연금형을 선고받고 자신의 집에서 물리학 연구를 계속하다가 1642년 병사한다. 그는 종교재판에서 자신의 신념을 부정한 후 땅을 가리키면서 "Eppur si muove. (그래도 이것은 움직인다.)"라고 중얼거렸다고 전해

지지만 이 역시 피사의 사탑 실험과 같이 전설에 속한다.

지구중심설은 그 후 얼마 지나지 않아 유럽의 지식인이라면 아무도 믿지 않게 되었다. 교황청은 갈릴레이가 죽은 지 약 100년 후 '대화'의 판금을 해제하였고, 1822년에는 태양중심설 교육을 허용하였다. 하지만 갈릴레이의 공식적인 복권은 최근(1992년)에야 이루어졌다는 것이 교황청이 2012년에 비밀문서를 공개하면서 알려졌다.

《과학사 속의 대논쟁 10》에서는 이 사건을 '불공평한 대결'이라고 하였다 [8]. 갈릴레이는 처음부터 교황청의 상대가 될 수 없었다. 갈릴레이와 교황청의 갈등은 과학사에서 종교와 과학이 충돌한 큰 사건이었지만 이것이 순전히 종교와 과학의 충돌로만 해석될 수 없다는 견해도 있다[7]. 즉, 본질적이지는 않지만 사건에 연루된 많은 사람들의 성격과 사회적인 변수들이 어느 정도는 작용했다고 보는 견해이다. 갈릴레이는 아리스토텔레스의 철학을 맹목적으로 신봉하는 이들의 미움을 샀다. 이들은 소요학파逍遙學派라 불렸는데, 이는 천천히 걸으며 머리 속으로 사색만 했지 실증을 중시하지 않았던 고대 그리스 철학자들의 추종자들을 뜻한다. 갈릴레이는 이 고리타분한 자들의 우매한 이론을 깨뜨리는 명쾌한 실험들을 고안하고, 대중 앞에서 해보여서 공개적으로 이들의 코를 납작하게 만드는 일을 즐겼다.

갈릴레이는 이성의 힘을 철저히 믿었고, 사고는 물과 같이 투명했으며, 권위주의적이고 사변적인 주장을 보고는 참지 못하는 성격을 가지고 있었다. 그에게 여러 번 망신을 당한 소요학파들은 결국 그의 태양중심설 주장을 과장하여 교황청에 고발하게 되고, 그 이후의 지동설-천동설 갈등을 더욱 악화시킨다. 갈릴레이의 처신이 좀 더 신중했더라면 종교재판까지 가는 일은 막을 수 있지 않았을까? 아니면 갈릴레이가 브루노처럼 '순교'의 길을 택하는 것이 과학의 발전에 더욱 도움이 되었을까?

교회는 이 위대한 과학자에게 이성과 신앙 중 하나를 선택하라고 요구했다. 이것은 약 300년 전 이슬람 문화의 쇠퇴기에 종교적 원리주의를 표방한 정권 하에서 일어났던 과학의 퇴조 현상과 매우 비슷하다. (2.2.3 참조) 십자군전쟁 후 교황의 권위가 약화되긴 했지만 교황청은 신앙을 빌미로 여전히 큰 권력을 휘두르고 있었고, 갈릴레이는 여기에 너무 가까이 있었다.[19]

비슷한 시기에 신성로마제국의 케플러는 태양중심설을 직접적으로 주장했지만 이로 인해 박해를 받지는 않았고, 후대에 태양중심설을 확증한 뉴턴은 오히려 영국교회로부터 칭송을 받았다. 다른 나라라고 태양중심설이 교리에 더 부합하지는 않았지만 교황청에서 먼 곳일수록 교회의 간섭이 덜 미쳤기 때문에 천동설-지동설 논쟁이 심각한 이념 투쟁으로 몰리지 않았던 것이다.

갈릴레이 이후 르네상스의 중심이었던 이탈리아의 과학은 큰 발전이 없었고, 영국과 프랑스로 과학의 중심이 이동하게 되었다. 반면에 일찍이 국토수복운동으로 힘을 쌓은 스페인은 군사 강국으로 치달았으며, 초기 아랍 서적 번역에서 얻은 선취권을 과학적 성과로 꽃피우지 못했다. 독일의 과학은 19세기 후반 통일 독일제국 수립 이후에 활발해진다.

기독교와 과학의 대립 중 큰 사건으로 태양중심설과 진화론, 두 건이 있었다. 지동설-천동설의 대립은 위와 같이 교회가 태양중심설을 받아들이는 것으로 마무리 되었지만 진화론-창조론에 대한 논란은 아직도 해결될 기미가 보이지 않는다. 우리나라 학교에서는 진화론을 과학교과에서 가르치지만 미국의 몇 개 주에서는 이것이 불법이다[8].

과학의 발전은 정치 혹은 종교 이념과 관련이 있을까? 어떤 정치·종교 체제 속에서 과학이 더 잘 발전할 수 있을까? 독재정치일까, 민주주의일까? 기독교일까, 불교일까, 아니면 이슬람일까? 지금까지 정치나 종교 이념의 개입은 항상 과학 발전에 장애가 되어왔다는 역사적인 경험으로 이 질문에 답을

---

19) 피렌체는 로마(교황청)에서 300 km 이내의 거리다.

대신할 수 있을 것이다.

3.4.3 갈릴레이의 역학

갈릴레이는 자유낙하 운동을 처음으로 '제대로' 이해하였다. 이 자유낙하의 정량적인 해석을 근대 물리학의 시작으로 볼 수 있으며, 물리학에서는 그의 태양중심설 주장보다 역학(운동학)의 기초를 수립한 것을 더 큰 업적으로 본다. '무거운 물체가 가벼운 물체보다 먼저 떨어진다'는 아리스토텔레스의 자유낙하 이론은 거의 2,000년 동안 수정되지 않고 신봉되어 왔다. 물론 돌과 깃털을 동시에 떨어뜨린다면 당연히 돌이 훨씬 먼저 땅에 닿을 것이다. 그러나 이것은 공기저항, 즉 마찰력의 영향이지 '자유낙하'의 본질은 아니다.

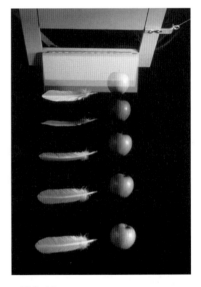

그럼 공기가 없는 곳에서 자유낙하 실험을 해 보면 아리스토텔레스의 이론을 반증할 수 있지 않을까? 현대에는 진공 속의 실험이 가능하고, 많이 하는 실험이지만 (그림 3-14) 갈릴레이 당시에는 진공을 만들지 못해 불가능한 일이었다. 아니, 진공의 존재를 믿지 않는 사람들이 더 많았다. 진공은 그가 죽은 직후 그 제자의 제자인 토리첼리가 처음으로 관찰하였고, 곧 오토 폰 게리케가 진공펌프를 개발하여 실험과학을 크게 진전시켰다. (5.2 참조) 갈릴레이는 그 대신 무게(밀도)가 다른 두 물질(예를 들면 쇠와 나무)을 같은 공의 모양으로

그림 3-14
현대적인 자유낙하 실험. 진공 속에서 깃털과 사과가 동시에 떨어진다.
(출처: Corbis Images)

만들어 낙하시키는 실험을 고안하였다. 모양이 같다면 두 물체는 동일한 공기저항을 받을 것이다.

갈릴레이가 피사의 사탑에서 쇠공과 나무공을 떨어뜨리는 실험을 하여 아리스토텔레스 학파의 주장을 종식시켰다는 기록이 있는데, 믿을만한 기록은 아니라고 한다. 다만 후대에 제자들이나 그 추종자들이 쓴 전기에서 전해지는 이야기이다. 자유낙하는 너무 빨라 당시의 기술로는 낙하 시간을 측정하기가 거의 불가능했다. 낙하 시간을 길게 하려고 매우 높은 데서 물체를 떨어뜨리면 공기저항이나 바람의 영향으로 인해 전혀 해석할 수 없는 결과가 나오곤 했다.

그가 생각해낸 방법은 빗면에서 공을 굴리는 실험이었다. (그림 3-15) 그러면 가속도가 자유낙하에 비해 상당히 줄어들어 낙하 물체의 위치를 시간의 함수로 추적할 수 있게 된다. (고등학교 물리에 자주 나오는 문제이다.)

2천 년 동안 쇠공과 나무공을 떨어뜨리는 실험을 해 본 사람은 있었겠지만 정량적으로 실험을 고안하여 실행하고, 수학적으로 해석한 사람은 갈릴레이가 처음이다. 빗면낙하 실험의 결론 중 하나는 "같은 높이에서 물체는 무게에

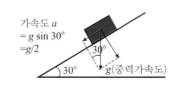

가속도 a
$= g \sin 30°$
$= g/2$

30°

30°

g(중력가속도)

그림 3-15
갈릴레이의 빗면낙하 실험 장치와 유사하게 만든 실험 장치(좌)와 이 실험 결과를 분석하기 위한 도해(우). 예를 들어 빗면의 경사각이 30도이면 sin30°=1/2이므로 중력가속도는 절반으로 줄어든다.

관계없이 같이 떨어진다"는 것이다. 이것만으로도 그는 '최초의 과학자'란 호칭을 받을 만하다[7].

갈릴레이는 가택연금된 후에도 물리학 연구를 계속하였는데, 1638년에는 그 연구 결과를 '새로운 두 과학에 대한 논의와 수학적 논증'이란 저술로 발표하였다. 그러나 태양중심설뿐만 아니라 자유낙하 이론도 교황청에는 교리에 반하는 위험한 사상으로 보일 수 있었다. 아리스토텔레스의 철학과 기독교 신앙이 융합된 스콜라 철학이 유럽인들의 정신세계를 지배하고 있었기 때문이었다. 아리스토텔레스 학파의 권위에 도전하는 것은 바로 기독교 교리에 도전하는 것이나 다름이 없었다. 운동학을 집대성한 이 중요한 책은 교황청의 영향력이 미치지 않는 네덜란드로 빼돌려 출간되었다.

갈릴레이의 운동학은 속도와 가속도 개념을 도입하는 것으로 시작된다. 운동하는 물체를 하나의 점으로 보았을 때, 이 점의 운동을 시간의 흐름에 따라 묘사하는 것이 운동학이다.[20] 먼저 물체가 자유낙하나 빗면을 굴러 내려갈 때와 같이 직선운동을 한다고 가정하면 질점의 위치는 원점(출발점)으로부터의 거리 x로 표시된다. 그림 3-16은 공이 빗면을 굴러내려 간 거리, 즉 변위

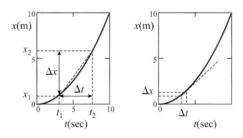

그림 3-16
운동하는 물체의 시간에 따른 변위 그래프. 수직축은 변위, 수평축은 시간을 나타낸다. 왼쪽 그림: 평균속도는 시간 t_1과 t_2 사이의 사선(점선)의 기울기로 나타난다. 오른쪽 그림: 왼쪽과 같은 그래프이지만 시간 t_2를 t_1에 바짝 접근시켰다. 그러면 접선의 기울기가 순간속도가 된다.

---

20) 운동의 원인인 힘은 다음에 뉴턴 역학에서 도입된다. (4.3.2)

x (미터)를 시간의 함수 t (초)로 나타낸 그래프이다. (변위와 시간의 단위 표준은 4.3.1에서 다룬다.)

물체가 얼마나 빨리, 어느 쪽으로 움직이는지를 측정하는 물리량은 '속도'이다. 속도의 방향을 고려하지 않고 크기만 따질 때는 '속력'이라고 한다.[21] 시각 t_1과 t_2 사이의 '평균속도' $v_{평균}$은 그 시간 동안 이동한 변위 Δx를 시간 간격 Δt로 나눈 값으로 정의된다. 즉,

$$v_{평균} = \Delta x / \Delta t \qquad\qquad (3\text{-}1)$$

로 표시되고, 단위는 m/s (미터/초)이다. 그 뜻은 1초에 몇 미터를 가느냐 하는 척도이다. 평균속도는 그림 3-16의 왼쪽 그래프에서 두 점을 잇는 직선(삼각형 빗변)의 기울기로 표시된다.

평균속도의 한 예로 도로를 달리는 자동차의 과속을 단속하기 위해 설치된 카메라를 들 수 있다. 고정식 카메라는 자동차의 번호판을 촬영할 뿐이고, 속도의 측정은 도로 밑에 일정한 간격(Δx)을 두고 깔려있는 두 개의 가로선이 담당한다. 지나가는 자동차의 바퀴가 한 선을 지나고 나서 다음 선을 밟을 때까지의 시간 간격(Δt)을 측정하여 지나간 자동차의 평균속도를 계산하고 이것이 한계를 초과하는 경우 카메라로 찍는 방식이다.

평균속도는 말 그대로 평균값이다. 만약 매우 빨리 달리던 차가 카메라를 발견하고 갑자기 속력을 줄인다면 과속 단속에 걸리지 않을 수 있다. 그렇다면 '순간속도'를 측정하는 것이 더 타당할 것이다. 순간속도 v는 그림 3-16 오른쪽 그래프와 같이 시간 t_1과 t_2 사이 간격을 매우 작게 줄였을 때의 속도이다. 즉, $v = \Delta x / \Delta t$으로 평균속도의 정의와 같으나, Δt와 Δx가 매우 작을 경우의 극한이다. 이때 Δ를 d로 바꾸면

$$v = dx/dt \qquad\qquad (3\text{-}2)$$

로 쓸 수 있는데, 이것이 바로 미분이며, 그림 3-16(우) 그래프의 시작점에서 접선의 기울기이다. 즉, 순간속도는 시간에 대한 거리의 미분(변화율)이며, *x-t* 그래프 위에서는 접선의 기울기로 나타난다.[22] 속도라 함은 대개 순간속도를 의미하므로 평균속도 $v_{평균}$처럼 첨자를 달지 않고 그냥 v라 쓴다.

과속 단속 시스템에서 두 가로선 사이의 간격을 매우 좁게 만들면 이론적으로는 순간속도에 가까운 값을 측정할 수 있겠지만 실제로는 측정장치의 한계로 매우 작은 시간 간격을 정확하게 측정하지 못하는 문제가 발생한다. 따라서 순간속도를 측정하려면 앞으로 배울 전자기파의 도플러 효과를 이용한 스피드건을 사용한다. (4.8.3 참조)

속도가 일정한 운동을 '등속(도)운동'이라고 한다. 마찰이 없는 얼음 위에서 썰매를 한 번 밀어주면 계속 같은 속도로 나아가는 것을 예로 들 수 있다. 등속운동을 하는 물체가 시간 *t* 동안 이동한 거리는 식 3-1이나 3-2를 써서 간단히 구할 수 있다. 즉,

$$x = vt \qquad\qquad (3\text{-}3)$$

와 같이 이동거리는 시간에 단순히 비례한다.

그러나 자유낙하 운동은 점점 속도가 커지는 운동이다. 따라서 속도의 변화율인 '가속도'란 물리량을 도입하여야 자유낙하 운동을 설명할 수 있다. 속도가 (시간에 대한) 거리의 변화율인 것처럼, 가속도는 속도의 변화율이다. 즉, 가속도는

$$a = dv/dt \qquad\qquad (3\text{-}4)$$

---

22) 물론 미분은 후대에 뉴턴과 라이프니츠가 개발했지만 갈릴레이의 물리에도 미분을 쓰면 표현이 간결해진다.

이고, 다시 식 3-2를 써서 속도를 변위의 변화율로 표시하면

$$a = d^2x/dt^2 \qquad (3\text{-}5)$$

로, 가속도는 변위를 시간에 대해 두 번 미분한 것이 된다. 따라서 가속도의 단위는 m/s^{2}이다. '등가속운동'이란 속도가 일정한 율로 늘어나거나 줄어드는 운동, 즉 가속도가 일정한 운동을 뜻한다. 갈릴레이는 빗면낙하 운동이 등가속운동이란 것을 정량적인 실험으로 밝혔다.

어떤 물체가 정지해있다가 가속도 a로 등가속운동을 하기 시작하여 시간 t가 지난 후 속도는 얼마나 될까? 이때는 가속도 a가 일정하므로 식 3-4를 굳이 적분할 필요가 없다. 미분 기호 'd'를 분모와 분자에서 동시에 떼어버리고 가속도는 속도가 증가하는 일정한 비율 $a = v/t$로 나타낼 수 있으므로 시간 t에서 속도는

$$v = at \qquad (3\text{-}6)$$

가 된다. 이 결과에서 시간이 지날수록 속도가 일정하게 증가함을 확인할 수 있다. 말 그대로 등가속운동이다.

그럼 위에서 시간 t 동안 이 물체가 이동한 거리는 얼마일까? 이 문제도 식 3-5를 적분하지 않고 풀 수 있다. 시간 0에서 t까지 속도는 0에서 v까지 일정한 율로 증가했으므로, 이 시간 동안의 평균속도 $v/2$에 시간 t를 곱하여 간단히 이동 거리를 구할 수 있다. 즉,

$$x = (v/2)t = at^2/2. \qquad (3\text{-}7)$$

위 식의 두 번째 단계에서는 $v = at$ (식 3-6)을 사용하였다. 이동거리가 시간의 제곱에 비례하는 이 결과가 갈릴레이가 빗면 운동을 관측하여 이끌어낸 등가속운동의 법칙이다.

이제까지는 직선운동, 즉 1차원 운동만 고려했으나, 평면 위의 2차원 운동이나 공간에서의 3차원 운동은 어떻게 묘사할 수 있을까? 예를 들어 운동장 위를 구르는 공은 평면 위를 움직이는 점으로 생각할 수 있다. 이 점이 x와 y 축 위에 수직으로 드리운 두 개의 그림자(사영)의 변위, 즉 x 방향과 y 방향의 두 운동을 독립적으로 고려해 주면 앞에서 설명한 1차원 운동의 단순한 합성으로 2차원 운동을 기술할 수 있다. 공간을 움직이는 3차원 운동은 2차원과 마찬가지로 x, y, z 세 개의 성분으로 나누어 생각하면 된다.

이를 이용하여 갈릴레이는 '포물체 운동'을 명쾌하게 설명하였다. 즉, 일정한 각을 가지고 던진 물체(포물체)는 수평방향으로는 등속운동을 하고 ($x = vt$, 식 3-3), 수직방향으로는 자유낙하 운동($y = at^2/2$, 식 3-7)을 한다고 분석하였다.[23] 이 두 그림자의 운동을 합성하면 (시간 t를 소거하면) $y = f(x)$로 함수 관계를 구할 수 있는데, 이것이 물체의 궤적이며 그림 3-17과 같이 2차 함수, 즉 '포물선'이 된다.

이 그림에서 보인 것처럼 같은 초기 속력으로 던진다면 45도로 던진 물체가 가장 멀리 간다. 각이 45도보다 더 커지면 체공시간은 길어지지만 수평방향 속력이 줄어들어 더 멀리 가지 못한다. 반대로 각이 45도보다 작아지면 수

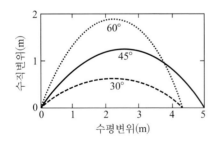

그림 3-17
수평방향에 대해 30, 45, 60도로 던진 포물체 운동의 궤적(포물선). 초기 속력은 모두 같다.

---

23) 아래로 떨어지는 것만이 자유낙하는 아니다. 수직 위쪽 방향의 운동도 수직 아래로 떨어지는 자유낙하 운동의 역으로 해석할 수 있다. 즉, 가속도가 음인 경우이다.

평방향 속력은 커지지만 체공시간이 줄어들어 역시 45도로 던질 때보다 더 멀리 가지 못한다. 그러나 이것은 공기저항을 배제한 이상적인 상황이다. 실제로는 야구에서 타자가 홈런을 가장 쉽게 치는 각도는 45도가 아니라 30도 근처라는 통계가 나온다고 한다. 물론 공의 회전과 바람도 비거리에 영향을 미친다.

진공을 만들 수 없었던 그 당시에는 공기 중에서 포물체 운동을 실험으로 검증하려면 공기저항 등 실제 변수들을 고려해야 하므로 쉽지 않았을 것이다. 그러나 갈릴레이는 이러한 물리의 핵심을 실험으로 보이는 능력이 뛰어났는데, '실험이란 이상화된 세계의 불완전한 재현'이란 말이 이러한 그의 재능을 대변하고 있다[7].

그럼 갈릴레이의 포물선 궤적의 발견이 당시의 첨단 군사기술인 포술에 영향을 주었을까? 물론 현대의 탄도 미사일 궤적을 계산할 때는 물리학을 사용하지만 당시의 포술은 갈릴레이 이후에도 상당 기간 동안 물리학 이론 대신 경험법칙에 의존했다. 그것은 이론의 완성도가 낮아서 바람, 지형 등 실제 변수들을 모두 다룰 수 없었기 때문이다. 이와 같이 과학과 기술은 근대까지도 서로 다른 길을 걸어갔으며, 현대처럼 과학이 기술개발에 쓰이는 경우는 매우 드물었다. 망원경의 예에서 보았듯이 오히려 기술이 과학에 더 큰 영향을 미쳤다.

3.4.4 갈릴레이의 상대성

갈릴레이는 등속운동에 대해 '운동의 상대성'이란 매우 중요한 관측을 하였다. 즉, 정지한 상태와 등속운동은 구분할 수 없다는 것이다. 한 물체는 다른 물체의 '상대속도'를 관측할 따름이다. 이것을 '갈릴레이의 상대성'이라 부르는데, 나중에 나올 아인슈타인의 상대성과 구별하기 위함이다.

잘 관찰해 보면 일상생활에서도 이 상대성을 가끔 느낄 수 있다. 어른들은 일상생활에 지치고 이미 편견이 쌓여서 그런 날카로운 관측을 하기가 쉽지 않지만, 아직 체계적인 교육을 받지 않아 편견이 없고 생각이 맑은 어린이들은 매우 날카로운 질문들을 어른들에게 종종 던지는데, 그 중 하나가 기차를 타고 가면서 "왜 창밖의 사람들이 뒤로 걸어가요?"라는 질문이다. 어른들에게는 너무나 쉽고, 중요하지도 않은 질문처럼 보이지만 사실은 물리학의 바탕을 이루는 중요한 질문인 것이다.

버스를 타고 가는 사람이 건물들을 보면 자신은 움직이고 건물은 정지해 있다고 생각한다. 지극히 상식적인 관측이지만 이것은 건물들이 절대 움직이지는 않을 것이란 기대에 근거한 '편견'이다. 물론 버스의 진동으로도 내가 움직인다는 것을 알 수 있다.

그러면 버스 대신 진동이 전혀 없이 일정한 속도로 달리고 있는 기차를 생각해 보자. 이 기차(A) 속에서 오랜 잠을 자다가 깨어나서 창밖을 보니 평행하게 달리는 다른 기차(B)의 차창이 보였다. (밤이라서 다른 풍경은 보이지 않았다.) 다른 기차(B)의 차창이 점점 뒤로 가는 것으로 보아 내가 탄 기차(A)가 더 빠르구나 하고 생각한다.

그러나 기차 B가 정지해 있는지는 알 수 없다. 심지어 내가 탄 기차 A가 정지해 있고, 기차 B가 뒤로 가고 있는지도 모른다. 즉, 기차 A를 탄 사람이 느끼는 것은 다른 기차 B의 상대속도인 것이다. (속도란 이 '느끼는' 빠르기 정도를 정량화한 것이다.) 즉, 내 기차가 정지해 있는지 등속운동을 하고 있는지는 알 수 없다. 우주 어디에도 특별한 '기준점'이 있을 수 없으므로 '절대 정지' 또한 있을 수 없다.

이와 같이 등속운동하는 관측자는 '관성기준계'에 있다고 한다. 서로 다른 속도로 운동하는 관성기준계들은 어느 것이 다른 것에 비해 더 또는 덜 '신성' 하지 않으므로 물리법칙은 모든 관성기준계에서 공평하고 동일한 방식으로 적용된다. 즉, 천상과 지상의 법칙이 따로 없다.

그러나 기차가 가속되는 상황은 이와 다르다. 즉, 기차가 출발할 때는 기차 안의 좌석에 앉아 있는 사람은 좌석 등판이 미는 '힘'을 느낀다. 기차가 곡선 구간을 지날 때도 원심력을 느낀다. 즉, 가속 운동을 하는 경우는 확연히 등속 운동이나 정지 상태와 구분이 되며, 갈릴레이는 그 운동의 변화, 즉 가속을 일으키는 원인이 필요하다고 생각했다. 이 '원인'은 바로 힘인데, 후일 뉴턴이 힘을 정량화하였고 물리량으로 끌어들여 만물의 운동법칙을 완성하였다. 갈릴레이는 천상과 지상에서 똑같이 적용되는 보편적인 운동 이론을 수학을 사용하여 명쾌하게 기술하였으며, 후일 관성의 법칙 등 운동법칙의 수립에 주춧돌을 놓았다.

운동의 상대성과 관성은 지구의 회전을 정당화하는 데도 도움이 되었다. 유럽 학자들은 아리스토텔레스의 4원소론에 따라 지구가 둥글다는 것을 믿었지만 태양이 중심이고 지구가 회전한다는 것은 쉽게 믿을 수 없었다. 이들은 지구가 빠른 속력으로 자전하면 강풍이 불어야 하고, 똑바로 위로 던진 물체는 더 서쪽에 떨어져야 한다고 주장하였다. 갈릴레이는 이런 논란을 원운동 관성 개념을 도입하여 해결하고자 하였다. 즉, 지구가 자전할 때 공기를 포함한 지상의 모든 물체가 지표의 원운동과 같은 관성을 가지고 운동한다면 지구의 자전이 강풍을 일으키지 않을 것이라는 논리이다.

3.4.5 갈릴레이의 다른 업적들

갈릴레이는 운동학 이론 외에도 온도계, 유압저울, 시계 등의 발명에 기여하였는데, 특히 시계의 원리가 되는 흔들이(진자)의 법칙을 처음 발견하였다. 그는 성당에서 미사에 참가하던 중 천장에 매달려 천천히 흔들리는 샹들리에의 주기를 자신의 맥박으로 측정했다고 한다. 흔들이의 주기는 흔들리는 진폭이나 무게에 관계없이 흔들이 길이의 제곱근에 비례한다는 법칙을 발견한 것이다.

이 흔들이 법칙은 길이의 비가 4배인 두 흔들이의 주기를 비교하는 실험으로 검증할 수 있다. 실험을 해 보면 길이가 4배인 흔들이의 주기는 짧은 흔들이 주기의 2배가 된다는 사실, 즉 긴 흔들이가 한 번 왕복하는 동안 짧은 흔들이는 두 번 왕복하는 것을 관찰할 수 있다. 흔들이 운동 역시 중력을 힘으로 하여 뉴턴의 운동방정식으로 더 정확한 결과를 얻을 수 있다. (4.5.1 참조)

갈릴레이는 흔들이의 일정한 주기성을 이용한 시계를 설계하였고 그의 아들이 제작에 성공하였으나, 시계의 실용화와 보급은 네덜란드 과학자 하위헌스Huygens의 몫이 되었다. (4.8.1 참조)

흔들이의 주기 운동은 기본적으로 진동운동의 한 부류이고, 진동운동은 다음 장에서 뉴턴의 운동방정식을 적용하여 푸는 중요한 예로 다룰 것이다. (4.5 참조) 이러한 물체의 진동운동은 좁은 영역에서 떨고 있는 입자와는 매우 다르게 공간에서 퍼져나가는 '파동'을 생성하기도 한다. (4.8 참조)

3.4.6 갈릴레이의 한계

갈릴레이는 근대 물리학의 문을 연 대학자이지만 인간적으로나 과학적 업적으로 보나 약점은 있었다. 그는 결혼을 하지 않고서 두 딸과 한 아들을 두었다. 아들은 나중에 법적인 출생등록을 하여 결혼까지 하였으나, 두 딸은 불법적인 출생으로 인하여 결혼을 하지 못하고 수녀원에서 평생을 보내게 된다. 가택연금 중에도 시력이 약해지던 갈릴레이의 말년을 돌봐주던 맏딸은 갈릴레이보다 먼저 죽었는데 나중에 아버지의 무덤에 합장되었다고 한다.

갈릴레이의 과학적인 한계로는 비슷한 시기의 케플러의 연구를 무시했다는 것과, 앞 절에서 설명한 '원운동 관성'을 주장한 것을 들 수 있다. 관성이란 힘을 받지 않은 운동체가 일정한 속도를 유지하는 현상이므로 원운동은 관성에 해당하지 않는다. 원운동은 구심가속도를 가진다. (4.3.2 참조) 곧 프랑스의 가상디, 데카르트 등은 원운동이 아닌 직선운동에 대한 관성법칙으로 바로잡았다.

갈릴레이가 원운동 관성을 주장한 것은 행성의 공전운동을 일으키는 원인인 중력을 발견하지 못했기 때문이다. 그는 행성들이 아무런 힘을 받지 않고 관성으로 원운동을 계속 한다고 생각했던 것이다. 그러나 원운동이 관성에 해당하지 않는다는 사실은 실에 물체를 매달아 빙빙 돌려보면 간단히 알 수 있다. 실을 통해 원심력을 느낄 수 있기 때문이다. 문제는 실에 매달려 도는 물체와 태양을 도는 행성 사이의 공통점을 찾지 못했다는 것이다.

또한 갈릴레이는 코페르니쿠스의 태양중심설을 신봉하였지만 케플러의 행성 타원 궤도 연구에는 큰 관심을 두지 않았다. 이 두 사람은 서로 만나지는 못했지만 서신 교환은 있었다. 그러나 당시의 여건상 연구 결과를 서로 비교해 보기도 어려웠을 수도 있고, 갈릴레이가 케플러의 업적을 고의로 무시했을 수도 있다. 어쨌든 이들은 서로 다른 길을 걸어갔다. 공통점이라고는 코페르니쿠스의 태양중심설을 받아들인 정도이다. 결국 두 사람의 연구 결과를 일관된 법칙으로 비교하고 설명하는 것은 뉴턴의 몫이 되었다.

갈릴레이는 자유낙하 운동을 제대로 파악했고, 수학적으로 기술할 수 있었으나, 운동의 원인인 힘과 가속도를 관련 짓지는 못하였다. 그 결과 그는 자유낙하를 제자리(지구의 중심)를 찾아가려는 물체의 성질로 파악했고, 포물선운동은 자연스러운 운동(자유낙하)과 관성 운동(수평운동)의 복합으로 해석하였다. '자연스러운 운동'이란 용어에는 갈릴레이가 그토록 타파하려고 했던 아리스토텔레스 자연철학(4원소론, 1.2.5 참조)의 한 조각이 보인다. 아무리 천재라도 한 인간이 시대의 한계를 극복하는 것이 얼마나 어려운지 짐작할 수 있는 대목이다.

갈릴레이의 빗면 실험에 대한 비판이 제기된 적도 있다. 현대에 갈릴레이가 사용했던 것과 유사한 빗면 기구를 다시 만들어 실험을 해 보았더니 실험 결과는 운동학으로 계산해서 나온 수학식과 상당한 오차를 보였다고 주장하는 사람들이 있다. 물론 당시에는 측정 오차를 체계적으로 기록하고 분석하는 것을 기대하기는 어려웠을 것이다. 하지만 그가 빗면낙하 실험에서 구체적인 데이터를 남기지 않았거나 과장된 서술을 한 것은 고의든 실수이든 실험의 유효성에 의문을 남기고 있다[10]. 갈릴레이는 자신이 고안한 수학적 이론에 대단한 확신을 가졌고, 이를 검증하는 실험을 심각하게 실행하지 않았을 가능성이 있다. 그 당시의 기술적인 한계도 한 요인이 되었을 것이다. 그러나 모든 현실을 고려하더라도 정당한 실험적 검증을 거치지 않은 이론을 (결과가 명백할 것이란 믿음으로) 확증된 것처럼 발표했다면 이것은 과학윤리에 어긋난 일이다.

갈릴레이의 모든 물체는 같이 떨어진다는 자유낙하 이론에 대해서도 이의를 제기할 수 있다. 즉, "정말 무거운 물체와 가벼운 물체는 똑같이 떨어지는가? 무게(밀도)가 다른 두 물질, 예를 들면 쇠와 나무를 같은 공 모양으로 만들어 낙하시키면 두 물체는 같은 시간에 땅에 닿을까?" 하는 질문이다. 뉴턴의 운동방정식을 공기저항까지 고려하여 풀면 답은 "아니다" 이다.24) 다만 물체의 속도가 크지 않을 때는 공기저항(마찰력)이 중력에 비해 매우 작으므로 갈릴레이의 실험에서는 두 물체의 착지 시간이 거의 같게 보일 뿐이다. 갈릴레이가 이 사실을 알고 있었을 수도 있었지만 이 작은 차이에 연연하지 않고 운동학 이론을 수립하였다. 큰 그림을 따라 과학 이론을 수립해 나가는 것이 처음에는 타당하지만, 이런 작은 차이들을 쉽게 무시함으로써 케플러의 타원 궤도에 숨겨진 물리법칙을 찾지 못했을 수도 있다.

---

24) 물론 진공 속에서는 그림 3–14와 같이 모양에 관계없이 같이 떨어진다.

마지막으로 갈릴레이가 태양중심설 주장에 대한 엄밀한 증거를 제시했는가 하는 질문을 던질 수 있다. 코페르니쿠스는 수학적인 아름다움 때문에 태양중심설을 주장하였지만 검증에는 관심이 없었다. 케플러는 행성의 타원 궤도를 발견함으로써 태양중심설에 더욱 신빙성을 부여했으나 이것이 태양중심설의 직접적 증거는 아니었다. 갈릴레이도 목성, 금성 등의 천문관측으로 태양중심설에 대한 간접적인 증거를 제시했지만 직접적인 증거인 연주시차를 측정하지는 못했다. 그러면, 지구가 돈다는 확실한 증거가 있는가? 지구상에서의 실험으로 지구의 공전을 증명하기는 쉽지 않으나, 자전은 비교적 쉽게 보일 수는 있다. '푸코 흔들이Foucault pendulum'가 그것인데 수십 m 길이의 줄에 매달린 무거운 추의 관성을 이용하여 지구의 자전을 관찰할 수 있는 장치이다. 푸코 흔들이는 1851년 최초로 파리의 판테온Panthéon에 설치되었고, 지금은 전 세계 곳곳의 과학박물관에 전시되어 있다[25][9].

지구 공전의 직접적인 검증은 훨씬 더 어렵다. 17세기 초반까지 많은 학자들이 태양중심설을 믿지 않았던 이유는 지구 공전의 직접적인 증거인 연주시차가 측정되지 않았기 때문이다. (3.3.2 참조) 지구의 공전은 1838년에야 베셀Friedrich Bessel이 비교적 가까운 항성에 대해 0.314초(약 십만 분의 1도)의 연주시차를 측정함으로써 비로소 증명되었다.

지구의 공전 속력은 매우 크다. 지구-태양 사이의 1억5천만 km의 엄청난 반지름 거리를 고려하면 지구는 1년에 2π × 1억5천만 km를 달린다. 즉, 약 30 km/s의 속력으로 태양을 돌고 있는 것이다.[26]

지구의 공전은 과학적인 사실로 학교에서 가르치고 있지만, 21세기에 들어서도 미국, 영국 등의 선진국에서조차 인구의 20% 정도는 아직 지구중심설을 믿고 있다고 한다. 심지어 미국에서는 지구가 평평하다고 주장하는 사

---

25) 우리나라에서도 몇몇 과학관에 가면 만나볼 수 있다.
26) 총알 속력의 30배, 음속의 100배 정도로 빠른 속력이다.

람들이 '평면 지구 협회Flat Earth Society'를 만들어 과학적 사실들을 권력기관의 '음모'로 몰고 있다. 교육을 받을 기회가 상대적으로 적은 개발도상국에서는 우리가 살고 있는 땅은 정지해 있으며, 우주의 중심이라는 편견을 가지고 있는 사람들이 더 많을 것이다.

제4장

만물의 운동법칙

4.1 뉴턴

갈릴레이가 가택연금 상태에서 사망한 지 약 1년
후인 1643년 1월 4일 영국에서는 뉴턴이 태어났
다. 그의 탄생은 순탄치 않았다. 미숙아로 태어났
으며, 출생 전 이미 아버지가 죽었기 때문에 어머
니는 출산 후 가계를 유지하기 위해 늙은 귀족과
재혼하였고, 그 덕에 뉴턴은 자라고 공부할 때 경
제적인 어려움을 당하지는 않았으나 어릴 때부
터 어머니와 떨어져 살아야 했다. 뉴턴의 인격적
결함은 이러한 그의 어린 시절 환경이 하나의 원
인이 되었을 것이라고 추정하는 사람들도 있다
[7].

그림 4-1
아이작 뉴턴 (Isaac Newton,
1643-1727)
(출처: Wikimedia Commons)

그는 평생 독신으로 살았으며, 이성과 교제한 기록도 없다고 한다. 그는 '프
린키피아'에서 여러 차례 신의 섭리를 언급했지만, 실제로는 가톨릭이나 영
국 국교회 등의 정통 기독교 신앙이 아니라, 예수의 신격화를 부정하는 이단
파 유일신론을 죽을 때까지 은밀하게 고수했다고 한다. 그는 신학 연구에도
심취했고, 기독교의 신에 대해 주류 신학자들과는 다른 뚜렷한 견해를 가지
고 있었던 것이다. 신의 섭리를 알아내고 전파하는 것이 뉴턴의 인생 목표이
자 소명이었는데, 과학자의 입장에서 보면 그의 저서에서 '신'을 '자연'으로
바꾸어 읽어도 사실 큰 지장은 없어 보인다.

그의 특이한 성향이나 인간적인 결함에 비해 그가 이룬 업적은 너무나 크
다. 뉴턴은 천문학 혁명으로부터 시작된 근대 과학 혁명의 정점을 찍었으며,
그 후 거의 200년 동안 누구도 이의를 제기하지 못한 '만물의 운동법칙'을 수
립하였다. 그의 이론은 천상의 세계와 지상의 세계에 똑같이 적용되어, 달이

지구 주위를 도는 것과 사과가 땅에 떨어지는 것 같이 전혀 다르게 보이는 현상들을 하나의 법칙으로 설명하였다.

뉴턴은 1661년 케임브리지 대학에 입학하였으며, 1665년 도시를 덮친 흑사병을 피해 고향에 돌아와서 연구한 것이 위대한 업적의 초석이 되었다. 그가 고향 집에서 연구에 집중한 1666년은 운동법칙과 중력법칙, 그리고 광학에 대한 연구까지 거의 모든 중요한 업적을 이루었다는 '기적의 해Miracle Year'로 볼 수 있는데, 여기에는 약간의 과장이 있을 가능성도 있다. 물론 그가 중년 이후에 정치·행정 활동을 시작하고서는 크게 새로운 업적을 남기지 못한 것이 사실이지만, 단 1~2년이란 짧은 기간에 이 대단한 일들을 다 해치웠다는 것을 그대로 받아들이기는 어렵다.

그는 20대 중반에 연구업적을 인정받아 1669년 케임브리지 대학의 루카스 수학교수라는 영예로운 자리에 취임한다. 1687년에는 운동법칙과 중력법칙을 집대성한 '프린키피아Principia'를 출간하여 만물의 운동법칙을 발표하였다. 그리고 1703년에는 훅Robert Hooke, 1635-1703의 후임으로 종신직인 왕립학술회 회장에 취임하였으며, 1705년에는 앤 여왕으로부터 작위를 하사받아 귀족의 반열에 오른다. (지금도 영국과 미국에는 여왕으로부터 작위를 받는 것을 최고의 영예로 생각하는 사람들이 많은 것 같다. 그러나 작위가 세속적인 영예인 만큼 이를 사양한 과학자도 있다.)

그는 1689년 대학 대표로 의회의원으로 선출되었는데, 의회에서 어떤 일을 하였는지는 기록이 없으므로 뉴턴이 뛰어난 정치가는 아니었던 것으로 보인다. 그러나 1699년 조폐국장으로는 취임하여서는 화폐위조범들을 색출하여 처벌하는 등 상당한 행정력을 발휘한 것으로 인정된다.[1][11]

뉴턴이 노년기에 들어 이룬 과학적인 업적으로는 1704년 《광학Opticks》 출

---

1) 종이 화폐를 쓰기 시작할 때였으므로 화폐위조는 반역죄에 버금가는 중죄로 다스렸다.

간을 들 수 있으나, 이것도 20대에 이미 연구했던 결과를 정리하여 발표한 것이다. 그 외 천체관측용 반사망원경을 고안하고, 미적분학Calculus을 체계화하는 등 몇몇 중요한 업적도 있지만 이 또한 그가 젊을 때 연구한 것들을 정리한 것에 불과하다. 그는 말년에 정치와 행정 이외에 연금술에 심취했는데, 별다른 성과를 얻지 못하고 시간과 건강만 소모한 것으로 보인다.[2] 현대에 와서 그의 유해를 검사한 결과 맹독성을 가진 수은이 다량 검출되었다고 하는데, 다음에 소개할 동료 과학자들과의 갈등 상황에서 표출되었던 그의 과격한 행동은 수은중독이 일부 원인이 아니었을까하는 추정을 가능하게 한다.

그럼에도 그는 장수를 누린 후 1727년에 죽었고 그의 유해는 국가 저명인사들만이 묻히는 웨스트민스터 사원Westminster Abbey에 안장되었는데, 그의 관은 공작과 왕족들이 직접 운구했다고 한다. 그는 살아서는 물론, 죽어서도 최고의 영예를 누렸고, 백년전쟁의 적국인 프랑스의 과학자들조차 뉴턴을 신의 사도로 생각할 정도로 존경했다. 특히 계몽주의를 대표하는 프랑스 철학자 볼테르Voltaire는 영국에 거주할 때 뉴턴에게서 큰 영향을 받아 '뉴턴 철학의 개요'를 저술하였고, 볼테르의 동료이자 연인이었던 샤텔레 후작부인 Marquise du Châtelet은 라틴어로 저술된 '프린키피아'를 불어로 번역하여 더욱 많은 사람들에게 이 위대한 과학이론을 전파하였다.[3]

뉴턴이 과학자로서는 최고의 영예를 획득했으나 그의 삶에서 동료 과학자들과의 갈등이 끊이지 않았다. 이는 당시 과학계의 규범이 미비해서 이기도 하지만, (천재답게) 자기주장이 매우 강한 뉴턴의 성격과 과한 명예욕도 크게 작용하였다. 예를 들면 빛과 색깔, 뉴턴고리 등 광학 현상에 관한 논문을 두고 선배 과학자인 훅Robert Hooke과 격한 논쟁을 벌였고, 그 스트레스로 상당 기간 동안 은둔생활을 하게 된다. 그의 저서《광학》이 1704년에야 출간된 이유는

---

2) 당시의 유명한 과학자라면 누구나 연금술과 무관하지 않다.
3) 지금도 이것이 프린키피아 불어 번역본의 표준이라고 한다.

훅과의 논쟁을 피하기 위해 그가 죽은 직후 출간한 것이다[7]. 지금도 '뉴턴고리'라고 부르는 빛의 간섭현상은 뉴턴이 처음 발견한 것은 아니며, 더구나 그가 빛의 입자론을 적용하여 잘못된 해석을 한 것으로 유명하다. (5.4.3 참조)

또한 1687년《프린키피아》3권을 출간할 때도 훅과의 불화가 있었다. 당시 훅은 왕립학회 회장이었으므로 초판을 검열할 수 있는 권한을 가지고 있었다. 훅은 뉴턴이 케플러의 타원 궤도를 설명하는 부분에서 자신의 업적을 명시하지 않았다고 비난하였다. 사실 뉴턴이 중력법칙을 발표하기 전에도 수학적으로 완성되지는 않았지만 훅, 핼리Edmund Halley 등에 의해 중력이 거리의 제곱에 반비례한다는 토론과 연구가 있었던 것이다[14]. 타인의 연구업적을 무시하고 자신이 처음 한 연구처럼 책이나 논문에 발표하는 것은 요즘의 과학 윤리로 본다면 표절 시비에서 자유롭지 못한 것이다. 그러나 이 천재의 반응은 '그럼 검열에서 시비가 걸린 프린키피아 3권은 출간하지 않겠다'라는 감정적인 대응이었다. 다행히 핼리가 뉴턴을 설득하여 결국 3권을 내게 되었으나 이렇게 출간된 책들에는 훅의 이름이 모두 지워졌다고 한다. 이런 소모적인 논쟁 끝에 뉴턴은 상당 기간 동안 실어증을 보이거나 은둔 생활을 하기도 했다.

또 다른 사건은 미적분학 개발을 두고 신성로마제국 수학자 라이프니츠 Gottfried Wilhelm Leibniz, 1646-1716와 벌인 우선권 논쟁이다. 현대의 과학사가들은 이들이 서신교환 등을 통해 서로의 아이디어를 어느 정도 알고 있었을 것이라고 짐작하였으나, 이 두 사람이 독립적으로 미적분학을 개발했다는 결론에 도달하였다. 굳이 비교하자면 우리가 수학시간에 배우는 dy/dx 등의 기호는 라이프니츠의 것이고, 중요한 물리현상을 기술하는 데 미분을 적용한 것은 뉴턴이다.

서로 상대가 표절했다고 비난하는 논쟁이 심각해지자 라이프니츠는 영국 왕립학회에 이 표절 건의 심판을 의뢰하게 되었는데, 마침 훅의 사망으로 왕립학회의 회장이 뉴턴으로 바뀌면서 이 재판의 결과는 정해졌다. 뉴턴은 라이프니츠가 자신의 출간되지 않은 미적분학 아이디어를 훔쳐서 표절했다는 판결문 문구 하나하나를 꼼꼼히 손봤다고 한다. 뉴턴은 자신이 이겼다고 의기양양했고, 30여 년 전 훅과의 논쟁 때처럼 실어증에 빠지지는 않았다.

후세의 과학사가들은 이 사건을 이성을 잃은 진흙탕 속 싸움으로 본다. 《과학사 속의 대논쟁 10》에서는 이 논쟁을 '거인들의 충돌'이란 제목으로 상세히 소개하고 있다[8]. 오늘날 학계에서는 이러한 논란을 사전에 방지하기 위해 학술저널, 특허 등의 제도로 연구의 우선권을 확실히 정리하고 있다.4)

4.2 프린키피아

뉴턴의 추종자였던 핼리는 1684년 뉴턴을 찾아가 케플러가 주장한 행성들의 타원운동과, 자신이 관측한 혜성(핼리혜성)의 궤도를 수학적으로 설명할 수 있는지 문의했고, 뉴턴이 이 문제를 풀었다는 것을 듣고서는 뉴턴에게 책을 써서 그 이론을 발표할 것을 권유한다. 핼리가 출판 비용을 지원하여 1687년 위대한 저서 《프린키피아》가 출간되었는데, 책의 원제는 《Philosophiae Naturalis Principia Mathematica》이다. (그림 4-2) 번역하면 '자연철학의 수학적 원리'이지만, 대부분 '프린키피아'로 부르고 있다.

이 책은 총 세 권으로 구성되며, 당시로는 새로운 수학기법인 미적분학을 도입하는 것으로 시작한다. 그 다음 질량과 힘을 정량화하고, 구심력과 원운동을 설명한다. 그리고 중력법칙을 도입하여 케플러의 행성 타원 궤도를 설명한다.5)

---

4) 사실 학술저널의 역할도 특허와 같이 지식의 전파보다는 우선권 확립에 더 큰 비중을 두는 것인지도 모르겠다.
5) 중력법칙은 예전에 '만유인력의 법칙'이라고 칭했다.

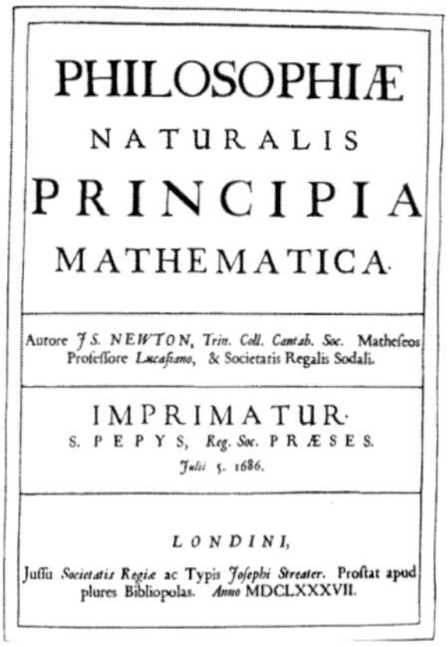

뉴턴은 힘의 정량화를 부정적으로 생각했던 데카르트의 자연철학 체계를 비판하였고, 힘과 질량의 정량화를 바탕으로 보편적인 운동법칙들을 이끌어 내었다[3]. 즉, 현재 우리가 과학시간에 배우는 관성의 법칙, 가속도가 힘에 비례하고 질량에 반비례하는 법칙, 그리고 작용과 반작용의 법칙이 바로 그것이다.

뉴턴이 떨어지는 사과를 보고 중력법칙을 발견했는지는 확실치 않지만 그는 지구를 공전하는 달과, 지표면 근처에서 자유낙하하는

PHILOSOPHIÆ
NATURALIS
PRINCIPIA
MATHEMATICA.

Autore JS. NEWTON, Trin. Coll. Cantab. Soc. Matheseos Professore Lucasiano, & Societatis Regalis Sodali.

IMPRIMATUR·
S. PEPYS, Reg. Soc. PRÆSES.
Julii 5. 1686.

LONDINI,

Jussu Societatis Regiæ ac Typis Josephi Streater. Prostat apud plures Bibliopolas. Anno MDCLXXXVII.

그림 4-2
프린키피아 표지
(출처: Wikimedia Commons)

사과의 운동을 동일한 운동법칙으로 해석했다. 매우 다르게 보이는 이 두 현상은 운동법칙과 중력법칙이란 보편적인 자연법칙이 적용된 예들이다. 동일한 법칙으로 이렇게 다르게 보이는 현상들을 설명한다는 것이 물리학의 특징이며, 자연에 대한 통찰을 한층 넓혀준다.

뉴턴은《프린키피아》에서 밀물-썰물 현상도 설명하였다. 인류는 이 현상을 고대로부터 경험을 통해 알고 있었고, 그 원인이 대개 달에 있다는 것과 태양의 영향이 겹쳐지면 수면의 높이가 더 크게 변한다는 정도로 알고 있었다. 물론 우리나라의 동해와 서해처럼 조수간만의 차가 지형에 따라 다른 것이 사실이지만, 밀물-썰물 현상의 핵심 요인은 가장 가까운 천체, 즉 달과 태양의 중력인 것이다.

그럼, 달이 태양보다 지구에 더 가까이 있어서 바닷물에 더 큰 중력을 미칠까? 중력은 거리의 제곱에 반비례하기 때문에 달의 질량이 태양보다 엄청나게 작지만 거리가 가까워서 그렇다고 짐작할 수 있다. 하지만 이것은 사실이 아니다. 실제로 계산해 보면 태양의 질량이 워낙 커서 태양이 매우 멀기는 하지만 지구상의 물체에 미치는 중력이 달의 중력보다 더 큰 것을 알 수 있다. 사

실 밀물-썰물에 의한 수면 높이 변화는 단순히 달이나 태양이 바닷물에 미치는 중력이 아니라, 이 중력과 지구의 공전에 따른 원심력의 합력에 의해 결정된다. 단, 이 두 힘은 서로 반대 방향이라서 사실 물에 미치는 합력은 이 두 힘의 차이가 된다.[6] 계산 결과 바닷물이 받는 두 힘의 합력은 거리의 세제곱에 반비례하며, 따라서 가까운 달의 영향이 태양의 2배 정도가 됨을 알 수 있다. 그러나 달의 영향에 대한 실제 계산은 이보다 더 복잡하다.

4.3 만물의 운동법칙

4.3.1 물리량과 단위

뉴턴 이후의 역학은 수학을 사용하는 정량적인 현대 과학의 모습을 갖추었다. 따라서 뉴턴의 운동법칙을 소개하기 전에 우리가 다룰 물리량이 어떠한 것인지, 그것을 어떻게 정의하는지, 그리고 그 한계는 얼마나 되는지 먼저 알 필요가 있다. 물리법칙은 실험과 관측에 기초를 두고 있으며, 물리량을 적절히 측정하는 행위는 모든 과학과 산업의 바탕이 된다. 어떤 물리량을 측정한다는 것은 '단위unit'라고 하는 기준과 비교하여 그 양을 가늠하는 것이다.

이 단위계는 과학이 발전하면서 체계적으로 정비되고 전 세계에서 하나의 표준으로 통합되었는데, 현재는 프랑스를 중심으로 개발된 미터계, 즉 'SI-단위계'가 전 세계에서 통용되고 있다. SI-단위계란 프랑스어로 'Système International d'Unités', 즉 국제단위체계를 줄여 쓴 것이다. SI-단위계에서 표준을 정한 물리량들 중 가장 기본적인 물리량은 길이, 시간, 그리고 질량이

---

6) 만약 중력만이 영향을 미친다면 태양이나 달 쪽의 수면뿐만 아니라 반대쪽의 수면도 똑같이 상승하는 현상을 설명할 수 없다.

다. 그 외 전류, 온도, 광도, 물질의 양(몰) 등이 있다.

먼저 길이의 단위는 미터meter이며, 'm'으로 표기한다. 원래 지구의 둘레를 재어서 40,000 m로 정의하였고, 더욱 정확성을 기하기 위하여 '정확하게' 1 m 길이를 가진 표준원기를 제작하여 보관하였다. 그러나 최근에는 불변하는 길이 표준을 정하기 위해, 빛의 속력, 즉 '광속'을 써서 1 m를 정의한다. 광속(299,792,458 m/s)은 자연계의 기본 상수 중 하나이다. (5.4, 7.2 참조) 즉, "1 m는 빛이 진공 속에서 1/299,792,458 초 동안 진행한 거리"로 정한것이다. 현재 물리학에서 다룰 수 있는 길이는 대략 아래 표와 같다. 인간의 크기에 가까운 1 m를 중심으로 물리학에서 다룰 수 있는 길이의 범위를 아래표에 요약하였다. 이 범위는 엄청나게 넓으므로 길이를 지수 표기법으로 나타내었다. 우리가 주변에서 흔히 접하는 물체들의 크기는 고작 1/1,000 m에서 1,000 m 정도이므로 굳이 이 표에서처럼 지수로 표기하지 않고, 흔히 mm나 km로 각각 나타낸다.

물체	크기 (길이, m)
우주의 크기	2×10^{26}
가장 가까운 별	4×10^{16}
지구	1×10^{7}
사람	1
바이러스	1×10^{-8}
양성자	1×10^{-15}

길이의 표준을 정하는 데 시간이 들어갔다. 그럼 시간은 어떻게 정의하나? "1초는 세슘-133 (Cs^{133}) 원자가 방출하는 특정한 전자기파가 9,192,631,770번 진동하는 데 걸리는 시간"으로 정의한다. 당장은 이 엄청나게 큰 숫자들 때

문에 불편해 보이지만 이것이 현재까지 알려진 정확하고 변하지 않는 단위를 수립하는 방법이다. 현재 물리학에서 다룰 수 있는 시간 스케일은 대략 아래 표와 같다. '초'는 'second'를 줄여 's'로 표기한다. 가장 간단한 1 s는 사람의 심장박동 주기와 비슷한데, 사람의 심장은 30억 번 정도 뛰고 나면 정지한다. 그러나 현대 과학은 한 인간의 수명은 물론, 인류문명이 지속될 기간보다 훨씬 이전과 이후를 주로 연구하고 있다.

측정대상	시간 (s)
우주의 나이	5×10^{17}
인류의 역사	1×10^{11}
사람의 수명	3×10^9
눈 깜박할 사이	0.1
가장 짧은 레이저 펄스	1×10^{-16}
가장 불안정한 입자의 수명	1×10^{-23}

질량은 물체의 양이다. 무게는 중력이 당기는 '힘'이므로 질량과 혼동하지 말아야 한다. (4.3.2 참조) 질량 단위 1 킬로그램kg는 '국제도량형국BIPM; Bureau International des Poids et Mesures에 보관된 백금-이리듐 합금 표준원기에 해당하는 물체의 양'으로 정의되었지만, 2019년 5월 20일부터 플랑크 상수와 전자의 전하를 도입한 보다 복잡한 방법으로 재정의 되었다[12]. 단위 질량의 표준을 정의하는 데 양자역학 이론(6.2 참조)이 포함되었는데, 이 또한 정확하고 불변하는 단위를 구현하려는 노력의 일환이다. 다음 표에 대표적인 물체들의 질량이 어느 정도인지 나열하였다. 그러나 일상에서 쌀 한 포대가 20 kg인지 아니면 20.01 kg인지를 구별하는 데 위의 새로운 kg 정의는 전혀 영향을 미치지 않는다.

물체	질량 (kg)
알려진 우주	1×10^{53}
태양	2×10^{30}
사람	100
먼지	1×10^{-9}
분자 (유기물)	1×10^{-16}
전자	9×10^{-31}

현재 우리나라와 세계 대부분의 국가에서는 위에서 설명한 SI-단위계를 사용하고 있지만 미국에서는 아직도 인치와 파운드로 정의된 영미 단위계를 고수하고 있다. 이 단위계의 원조인 영국조차도 공식적으로는 SI-단위계를 채용하고 있다.

위의 표들에서 볼 수 있듯이 과학의 발전으로 인류는 측정할 수 있는 범위를 계속 넓혀왔다. 과연 우리는 어디까지 셀 수 있을까?

4.3.2 운동법칙

뉴턴이 발견한 운동법칙은 다음 3가지로 요약된다.

> **제1법칙 (관성법칙)**
> 움직이는 물체는 계속 같은 속도로 움직이려고 한다.

따라서 외부에서 힘이 작용하지 않는 한 물체는 원래의 속도를 유지한다. '정지해 있는 물체는 계속 정지해 있으려고 한다'라고 따로 말할 필요는 없다. 왜냐하면 갈릴레이 상대성에 의해 등속운동은 정지상태와 구분할 수 없기 때문이다. (3.4.4 참조) 이후에 설명하겠지만 관성법칙은 '운동량 보존 원리'의 한 단면이다.

관성법칙의 예로는 얼음판 위에 놓인 썰매를 한 번 툭 밀어주면 계속 나아가는 현상, 줄에 매달려 돌던 추가 줄이 끊어지면 접선방향으로 날아가는 현상 등이 있다. 여기서 원운동은 가속도를 포함한 운동이라는 점에 유의하자. 앞에서 갈릴레이는 행성의 운동을 원운동 관성으로 잘못 이해하였음을 언급하였다. (3.4.6 참조)

즉, 일정한 속력으로 회전하는 등속 원운동일지라도 속도는 매순간 변한다. '속도'의 크기인 '속력'은 일정하지만 속도의 방향은 항상 원의 접선방향이므로 이 방향이 변하는 것이다. 그림 4-3과 같이 따져보면 가속도는 항상 중심방향으로 작용하는데, 이것을 '구심가속도'라고 한다. 이 그림은 한 점이 반지름 r인 원둘레를 일정한 속력 v로 운동할 때 구심가속도를 구하는 설명도이다.[7] 구심가속도의 크기는 v^2/r이고, 방향은 원의 중심을 향한다는 것을 보일 수 있다[13].

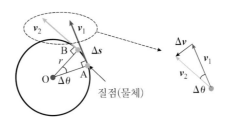

그림 4-3
등속 원운동에서 짧은 시간 Δt 동안 질점(물체)이 작은 각 $\Delta\theta$를 돌아 점 A에서 B까지 거리 Δs를 갈 때, 처음 속도벡터(v_1)와 나중 속도벡터(v_2)로 이루어진 오른쪽 삼각형은 $\triangle OAB$와 서로 닮았다. 따라서 비례식 $\Delta v / v = \Delta s / r$로부터 구심가속도 $a = \Delta v / \Delta t = v^2/r$을 구할 수 있다.

---

7) 이 그림의 설명은 '벡터' 개념에 익숙한 독자들을 위한 것이다. 벡터에 대한 간단한 설명은 4.4.1을 참조할 것.

가속도(a)는 힘(F)에 비례하고 질량(m)에 반비례한다. 즉, 제2법칙은

$$a = \frac{F}{m} \tag{4-1}$$

란 간단한 식으로 정리된다. 그럼 '힘'이란 무엇일까? 데카르트는 힘의 철학적인 의미를 너무 깊이 생각한 나머지 힘의 정량화에 실패했다. 따라서 뉴턴의 제2법칙은 힘의 정의($F = ma$)라고 볼 수도 있다. 질량의 단위는 kg, 가속도의 단위는 m/s^{2}이므로 이 새로운 물리량인 힘의 단위는 이 둘을 곱하여 kg · m/s^{2}이 된다. 우리는 뉴턴의 업적을 기려 이 복합 단위를 '뉴턴(N)'이라고 줄여 쓴다. 즉, 1 N = 1 kg · m/s^2. 말로 표현하면 1 N의 힘은 질량 1 kg의 물체를 1 m/s^{2}로 가속시키는 데 필요한 힘이다.

가장 쉬운 예로는 가속하거나 브레이크를 밟아 감속하는 자동차를 들 수 있다. 대형차는 소형차에 비해 더 큰 힘으로 밀어주어야만 같은 가속도를 얻을 수 있다. 브레이크를 잡을 때도 마찬가지이다. 이러한 성질을 관성법칙과 연관하여 '질량이 큰 물체는 관성이 크다'고 말한다. 여기서 말하는 질량은 '관성질량', 즉 운동 속도를 변화시키기 어려운 정도를 의미한다. 사실 제1법칙은 제2법칙에서 힘 $F = 0$ 인 특수한 경우이다. 식 4-1에 의해 힘(F)이 0이면 가속도(a)도 0이 되는데, 이것은 등속도 운동, 즉 관성법칙이 성립함을 뜻한다.

그러면 기어를 '중립(N)'에 두고 평지에 세워둔 자동차는 왜 밀어도 잘 움직이지 않는 것일까? 이것은 사람이 미는 힘이 자동차와 바닥 사이의 마찰력을 겨우 이기는 경우인 것이다. 그래서 $a = F/m$ (식 4-1)에서 질량 m이 매우

크므로 가속도 a가 매우 작을 수밖에 없다. 더구나 미는 힘이 마찰력을 이기지 못하면 자동차는 전혀 움직이지 않는다.

지구상에 사는 인간들에게는 마찰력과 중력이 있는 경우가 오히려 익숙하고, 우주공간과 같이 마찰력과 중력이 없는 상황은 경험이 없으므로 생소한 것이다. 그러나 마찰력은 운동법칙의 핵심을 이해하는 데 큰 장애가 되므로 경험에 의한 편견에서 벗어난 사고를 하는 것이 중요하다. 당시에 뛰어난 과학자들은 무중력 우주공간에 갈 수는 없었지만 깊은 사고와 체계적인 실험을 함으로써 마찰력을 뛰어넘어 자연을 바라보는 통찰력을 가질 수 있었다. 현대인들도 대부분 무중력 우주공간은 영화에서나 볼 수 있으므로, 마찰력의 벽을 허물고 관성의 법칙을 제대로 느껴보려면 스케이트를 타는 것이 좋다. 얼음판 위에서는 적어도 수평방향의 마찰력으로부터 자유롭기 때문이다.

무중력 상태를 느낄 수 있는 가장 간단한 예는 수영장이다. 사람의 몸은 물과 밀도가 거의 같으므로 물속에서는 중력을 거의 느낄 수 없다. 그러나 물의 마찰력은 공기보다 훨씬 크기 때문에 이런 환경에서 운동법칙을 제대로 체험하기는 어렵다. 그나마 짧은 시간 동안 지구 대기권 안에서 우주공간과 가장 흡사한 무중력 상태를 만들 수는 있다. 자유낙하하는 비행기 안에서는 비교적 긴 시간동안 수영장보다 나은 무중력 상태를 만들 수 있지만 좀 더 나은 무중력 상태는 지구궤도를 도는 인공위성이나 다른 물체에서 구현될 수 있다.

그러나 지상에서도 무중력, 무마찰 환경을 만들 수 있다. 독일 브레멘 대학에는 'Fallturm Bremen'[8]이라고 부르는 높이 147 m의 탑이 있는데, 이 안에 길이 122 m 정도의 관을 설치하고 공기를 뽑아 진공에 가깝게 만든다. 이 관 안에서 자유낙하를 하면 약 4.7초 정도 우주공간과 비슷한 무중력 상태를 느낄 수 있다. 과학 연구를 위해서는 기류에 흔들리는 비행기보다는 진공탑이

---

8) 브레멘의 낙하탑이란 뜻.

짧은 시간이지만 훨씬 더 안정적인 무중력 환경을 제공할 수 있다.

제3법칙 (작용–반작용 법칙)
두 물체 사이의 힘은 항상 크기가 같고 방향이 반대인 짝 힘으로 존재한다.

관성법칙이 하나의 물체에 대한 법칙이라면, 제3법칙은 외부 힘을 받지 않는 두 개의 물체에 관한 법칙이다. 그러나 서로 힘을 가할 수는 있다. 예를 들어 얼음판 위에서 A와 B 두 사람이 서로 밀면 어떻게 될까? 미는 동안 A는 B에, B는 A에 힘을 미친다. 작용–반작용 법칙은 이 두 힘의 크기가 같고 방향이 반대라고 말한다. 거인과 어린이가 서로 밀어도 서로 미는 힘의 크기는 같다. 얼핏 생각하면 거인이 더 세게 밀 것 같은데 그렇지 않다. 제2법칙을 이 경우에 적용하면 $a = F/m$ (식 4-1)인데, 제3법칙에 의해 힘의 크기가 같으므로 어린이는 질량이 작아 가속도가 크고, 반대로 거인의 가속도는 작을 것이다. 거인이 어린이를 미는 힘이 세어서 어린이가 빨리 미끄러지는 것이 아니다.

작용–반작용 법칙의 다른 예로는 제트 엔진과 로켓이 있다. 이들은 연료를 태워 발생하는 기체를 뒤쪽으로만 분사시켜 작용–반작용 법칙에 의해 앞쪽으로 미는 힘, 즉 추진력을 얻는다. 흔히 바람이 빠지면서 날아가는 고무풍선으로 로켓의 작동을 흉내낼 수 있다. 우주선 추진용 로켓이 고무풍선과 다른 점은 통제된 화학반응(즉, 폭발)을 통해 엄청난 양의 물질(연소물)을 분사하여, 지구의 인력을 벗어날 수 있을 정도로 매우 큰 속력을 얻는다는 것이다. 제3법칙은 다음에 소개할 운동량 보존원리로 더 일반적으로 설명할 수 있다. (4.4.1 참조)

4.3.3 중력법칙

행성의 타원 궤도 운동은 분명히 관성운동이 아니다. 눈에는 보이지 않지만 태양에서부터 나오는 힘이 있을 것이고, 뉴턴 이전에 이 '힘'을 정량화 하지는 못했지만 태양으로부터 거리의 제곱에 반비례한다는 것은 훅이나 핼리 등의 과학자들도 짐작하고 있었다[14]. 뉴턴은 이 힘, 즉 중력의 법칙을 구체적으로 묘사하는 데 성공하였다.

두 물체가 서로 당기는 중력은 두 물체 사이의 거리(r)의 제곱에 반비례하며, 두 질량(M과 m)의 곱에 비례한다. 방향은 두 점을 연결하는 직선 방향이다. 식으로 쓰면

$$F = G\frac{Mm}{r^2} \tag{4-2}$$

이 된다. 여기서 $G = 6.67 \times 10^{-11}$ N · m²/kg²는 '중력상수'로 단위를 맞추기 위해 도입된 상수이다.

행성이 태양을 돌거나, 달이 지구를 도는 운동은 바로 이 중력을 구심력으로 하여 궤도를 유지한다. 반면에 사과가 땅으로 떨어지게 하는 힘도 역시 지구가 사과를 당기는 중력이다. 달과 사과의 운동을 같은 법칙을 적용하여 해석할 수 있게 된 것이다. 물론 행성은 점이 아니고 공에 가깝지만, 뉴턴은 자신이 개발한 적분을 사용하여 부피가 있는 공을 질량이 공의 중심에 모여 있는 '질점'으로 취급하면 이 질점의 운동이 중력법칙을 엄격하게 따른다는 것을 증명하였다.[9] 공은 물론이고 어떤 모양의 물체도 무게중심을 질점으로 하면 뉴턴의 모든 법칙은 이 질점의 운동을 묘사할 수 있다.

먼저 지구 표면 위에서 떨어지는 사과의 자유낙하 운동을 좀 더 살펴보자. 지구의 질량을 M_E, 사과의 질량을 m이라 하자. 이 경우 지구 중심과 사과 사

---

9) 식 4-2의 r도 두 질점 사이의 거리이다.

이의 거리(r)는 거의 지구의 반지름(R_E)과 같다. 즉, 식 4-2에서 $M = M_E$, $r = R_E$를 넣으면 힘 F는 질량 m인 사과가 지구로부터 받는 중력이 된다.

한편, 사과의 자유낙하 가속도를 g라고 하면 사과가 받는 힘은 운동 제2법칙(식 4-1)에 의해

$$F = mg \tag{4-3}$$

가 되는데, 이것은 바로 식 4-2의 중력이므로 두 식을 비교하여 $g = GM_E/R_E^2$을 얻는다. 이 자유낙하 가속도 g는 '중력가속도'라고 하는 상수이다. 엄격히 말하면 중력가속도는 상수가 아니고 지역이나 고도에 따라 조금씩 다르다. 예를 들어 밀도가 큰 광물이 묻혀있는 땅 위에서는 중력가속도가 다른 곳보다 미세하게나마 크다. 그러나 중력가속도는 지표면에서 대략 $g = 9.8$ m/s^{2}으로 균일하고 물체의 질량에는 무관하다. 물체에 작용하는 중력은 물체의 질량에 비례하는 힘이고, g는 그 비례상수이다. 물론 지표면에서는 사과뿐만 아니라 깃털 등 사과와 다른 질량을 가진 물체의 자유낙하 가속도 역시 g이다.

갈릴레이는 비스듬히 던진 물체가 땅에 떨어질 때까지 만드는 포물체 궤적을 수학적으로 설명하였다. 즉, 수평방향으로는 등속운동을 하고 수직방향으로는 등가속운동 (자유낙하 운동)을 하는 것으로 분석하였다. 그러나 이 가속도의 원인이 무엇인지를 밝히지는 못했다. (3.4.3 참조) 뉴턴은 이것이 지구가 물체를 당기는 중력이란 힘이 만드는 가속도 g임을 완벽하게 이해한 것이다.

만일 사과를 떨어뜨리는 대신 저울에 달면 우리는 사과의 '무게'를 알 수 있다. 무게는 힘(중력)이지 질량이 아니다. 그러나 지구 표면에서는 중력가속도가 대략 일정하기 때문에 사과의 중력을 측정한다는 것은 사과의 질량을 측정하는 것과 같다. 저울에서 사과의 질량을 300 그램(0.3 kg)이라고 읽었다면 사실 우리는 이 사과의 중력이 0.3 (kg) × g (즉 0.3g N $\simeq$ 2.9 N)임을 측정한

것이다.

다른 행성이나 위성에 가면 중력가속도는 이들의 반지름과 질량에 따라 달라진다. 달 위의 중력가속도는 식 4-3 바로 아랫줄 식에 달의 질량과 반지름을 넣어 $g_{moon} = GM_{moon}/R_{moon}^2$이 지구 중력가속도의 약 1/6로 계산되며, 이것은 아폴로 우주선이 달에 착륙했을 때 확인되었다. 0.3 kg의 사과를 달 위에서 저울에 달면 0.3/6 kg, 즉 0.05 kg으로 측정될 것이고, 사과를 떨어뜨리면 자유낙하 가속도는 $g/6$로 측정될 것이다.

여기까지 우리는 약간 혼동한 개념이 하나 있다. 즉, 제2법칙(식 4-1)에서 사용한 질량과, 중력법칙(식 4-2)에서 말하는 질량이 본질적으로 같은가 하는 것이다. 둘 다 물체의 양을 말하지만 전자는 '관성질량'이고 후자는 '중력질량'이다. 물론 중력상수를 적당한 값으로 주어 이 둘을 서로 같게 만들 수는 있으나 이 둘이 근본적으로 같은가 하는 질문에 대한 답은 쉽지 않다. 이 둘 사이의 대등함을 구체적으로 밝힌 것은 아인슈타인의 일반 상대성 이론이었다. 중력과 가속도는 구분할 수 없다는 '동등원리'에 근거하여 두 질량은 본질적으로 같은 물리량임이 밝혀졌다. (7.3.1 참조)

4.3.4 지구의 질량을 재다

중력법칙(식 4-2)에서 나타나는 중력상수 G는 물리에서 가장 기본적인 상수 중의 하나이다. 그러나 중력상수를 실험으로 측정한 것은 뉴턴이 중력법칙을 발견하고도 상당 기간이 지난 후 캐번디시Henry Cavendish, 1731-1810가 처음이었다. 그는 어려운 실험 끝에 2%의 오차를 가지는 정확한 값을 얻었다. 이것은 당시로는 놀라운 정밀도인데 캐번디시의 완벽을 추구하는 성격을 잘 보여준다. 그는 화학자로도 유명한데(5.2.2 참조), 화학에서도 매우 엄밀한 실험으로 믿을만한 측정값들을 남김으로써 실험 과학자의 귀감이 되었다.

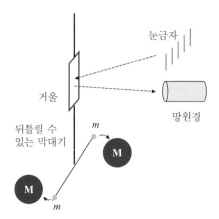

그림 4-4
캐번디시의 비틀림저울

지구의 질량을 알지 못하므로 중력상수를 측정한다는 것은 지구의 질량을 측정하는 것과 같다. 캐번디시는 지구의 질량을 재기 위해 비틀림저울이란 도구를 사용하였다. 그림 4-4는 그가 사용한 비틀림저울의 작동을 설명하는 도해이다. 그림과 같이 무거운 쇠공(질량 M)을 고정시킨 다음 작은 시험 공(질량 m)을 단단한 막대기 끝에 매달아 쇠공에 가까이 두면 중력법칙에 의해 당기는 힘이 발생한다. 이 힘의 크기를 이미 알고 있는 다른 힘과 비교하면 G 값을 알 수 있다.

이 실험에서는 이미 알고 있는 다른 힘으로 수직 막대의 탄성력을 이용하였다. 중력에 의해 쇠공이 시험 공을 당기기 때문에 미세하지만 거울을 매단 막대에 뒤틀림이 발생하고, 그 뒤틀린 정도를 그림과 같이 거울에 비친 자의 눈금을 읽으면 뒤틀림 탄성력을 알 수 있다.[10] 오랜 시간을 기다리면 시험 공의 움직임이 없어지고 탄성력은 중력과 평형을 이루므로, 탄성력을 측정함으로써 두 공 사이에 작용하는 중력의 크기를 알 수 있다.

쇠공의 질량이 아무리 커도 지구 질량에 비해서는 매우 작으므로 측정해야

---

10) 현대 측정에서는 레이저 빔을 사용하여 정밀도를 높인다.

할 중력은 지구가 시험 공을 당기는 중력에 비해 터무니없이 작다. 따라서 지구 중력의 영향을 배제하기 위해 모든 질량 중심은 엄격히 수평면 위에 유지되어야 한다. 대류나 정전기의 영향도 받지 않아야 하므로 모든 실험 장치는 방 안에 밀폐되며, 측정용 망원경을 설치하기 위해 벽에 작은 구멍 하나만 허용한다.

이렇게 엄밀한 실험과 측정치에 대한 유효성 검증을 무수히 반복한 다음 캐번디시는 중력상수를 불과 2%의 오차로 측정할 수 있었다[7]. 이것은 당시의 도구나 측정 기술 수준으로 보아 놀라운 정밀도이다. 이제 질량(m)을 알고 있는 물체의 무게를 달고 (즉 F를 측정하고), 위와 같이 측정한 중력상수 G 값을 식 4-2에 넣으면 지구의 질량(M_E)을 알아낼 수 있다. 현대에 들어 측정한 지구의 질량은 5.9736×10^{24} kg이다.

4.4 보존되는 물리량들

물체의 운동을 기술하는 데 있어서 시간에 따라 변하지 않는 물리량을 정의하는 것은 매우 중요하다. 고립된 계에서 어떤 물리량이 시간에 따라 변하지 않을 때 물리량은 '보존된다'고 한다. 보존되는 물리량들로는 운동량, 각운동량, 에너지, 전하, 질량 등이 있는데, 여기서는 역학에서 취급하는 운동량, 각운동량, 그리고 역학적 에너지에 대해 소개한다.[11]

4.4.1 운동량

두 물체의 충돌 등 상호작용을 기술할 때는 속도만으로 부족하며, 질량을 함

---

11) 엄밀히 말하면 질량은 보존되지 않는다. 핵분열이나 핵융합 시 질량이 에너지로 변환될 수 있으므로 보존되는 양은 '질량+에너지'이다. (6.1 참조)

께 고려하여야 한다. 뉴턴 이전에 데카르트Descartes는 질량(무게)과 속력의 곱을 하나의 물리량으로 생각하여 보존법칙에 대한 추상적인 논의를 하였으며, 하위헌스는 등속운동하는 물체들 사이의 충돌에 적용하여 운동량 보존의 기본적인 개념을 확립하였다. 그는 한 세대 선배인 데카르트와 왕래가 있었으며 뉴턴과 비슷하거나 조금 이른 시기에 활동하였다. (4.7 참조)

우리는 뉴턴이 운동법칙을 체계적으로 확립하였기 때문에 운동량 보존을 포함한 모든 역학 법칙은 별다른 언급이 없으면 뉴턴이 발견한 것으로 여기며, 하위헌스와 그 비슷한 시기에 활동한 과학자들이 역학법칙 수립에 기여한 사실은 잘 알지 못한다. 그러나 아래에 설명한 것과 같이 뉴턴의 세 가지 운동법칙은 이들이 먼저 수립한 운동량 보존원리의 직접적인 결과이거나 이것과 관계가 있는 법칙들이다.

'운동량momentum'이란 질량에 속도를 곱한 물리량으로

$$\mathbf{p} = m\mathbf{v} \tag{4-4}$$

로 정의된다. 이 식을 보면 운동량의 단위는 kg · m/s임을 바로 알 수 있다. 속도($\mathbf{v}$)와 운동량($\mathbf{p}$)을 굵게 쓴 것은 이들이 크기뿐만 아니라 방향도 가진 '벡터'란 뜻이다. 반면에 질량은 크기만 가진 '스칼라' 양이다. 힘, 변위(거리), 가속도 등도 사실은 벡터이지만 이전 식들 4-1~3에서는 복잡한 설명을 피하기 위해 벡터로 표시하지 않았다. 이렇게 할 수 있는 이유는 1차원 운동의 경우(직선 운동) 벡터라도 구체적인 방향을 명시할 필요가 없고, 부호만으로 방향을 알 수 있기 때문이다. 예를 들어 힘이 양(+)이면 오른쪽, 음(-)이면 왼쪽 방향으로 작용한다고 약속한다. 그러나 평면(2차원)이나 공간(3차원)에서는 식 4-4와 같이 벡터로 표시하여야 한다.

운동량과 같은 물리량을 정의하는 이유는 물체가 운동하는 동안 이것이 시간에 따라 변하지 않는 경우가 많기 때문이다. 물리학에서는 이런 현상을 '보

존된다'고 말하고, 이러한 물리량을 '보존량' 혹은 '운동상수'라고 한다. 운동량 보존의 좋은 예는 당구이다. 한 당구공(A)을 쳐서 다른 당구공(B)을 정면으로 맞히면 공 A는 서고 공 B는 A의 원래 속도와 같은 속도로 운동한다. 즉, 속도가 보존된다. 이 경우는 두 공의 질량이 같기 때문에 굳이 운동량을 정의할 필요가 없으나, 두 공의 질량이 서로 다르다면 보존되는 것은 속도가 아니라 두 공 운동량의 합이다. 즉,

$$(\mathbf{p}_A + \mathbf{p}_B)_{[\text{충돌 전}]} = (\mathbf{p}_A + \mathbf{p}_B)_{[\text{충돌 후}]}. \tag{4-5}$$

이와 같이 외력이 없을 때 운동량이 보존되는 현상은 단 한 번도 어긋난 적이 없으므로 이것을 '운동량 보존원리'라고 한다. 관성법칙은 물체 하나에 대해 운동량 보존 원리를 적용한 가장 간단한 결과이다. 즉, 한 번 친 당구공은 계속 같은 속도로 굴러간다. 실제로는 당구공은 바닥과 벽의 작은 마찰력 때문에 서서히 느려져서 결국 정지하지만, 무중력, 진공의 우주공간에서는 당구공이 천체 가까이 지나가지 않는 한 외력이 거의 0이므로 운동량은 보존된다. 즉, 공은 일정한 속력으로 방향을 바꾸지 않고 무한히 날아갈 것이다(이것이 바로 관성법칙이다).

위에서 예로 든 두 당구공이 정면이 아니고 비스듬히 충돌하면 어떻게 될까? 그러면 두 공은 충돌 후 당구대 평면 위에서 서로 다른 방향으로 진행하는 2차원 운동이 되며, 이것이 식 4-5를 벡터로 표시한 이유이다. 이 경우 충돌 후 공의 속도는 충돌 시 두 공이 겹치는 정도에 따라 정해진다. 즉, 정면충돌에서 멀어지면('얇게' 맞는 경우) 공 A는 속력과 방향을 아주 조금 바꾸어 진행하고, 공 B는 공 A의 진행 방향에 거의 수직방향으로 살짝 밀려, 아주 작은 속력으로 운동한다. 이 경우에도 운동량의 두 성분(진행 방향과 그에 수직인 방향)은 각각 독립적으로 보존된다.

힘은 $\mathbf{F} = m\mathbf{a} = m\, d\mathbf{v}/dt$ 로 쓸 수 있다. $m\mathbf{v} = \mathbf{p}$ (식 4-4)임을 사용하면

F = $d\mathbf{p}/dt$, 즉 힘은 운동량의 시간 변화율로 나타나는데, 이것이 더욱 일반적인 힘의 표현이다. 이렇게 힘을 다시 정의하고 식 4-5에 적용해 보자. 두 당구공 (또는 거인과 어린이) 사이에 어떤 형태의 작용이 일어나든지 이 계의 운동량 총합 **p**는 시간에 따라 변하지 않는 상수이다. 따라서 두 공이 서로에게 미치는 두 힘의 합력은 이 상수를 시간으로 미분하므로 항상 0이 된다. 그 합력 (**F**)이 0이 되려면 두 물체가 서로에게 미치는 힘은 크기가 같고 방향이 반대가 되어야 한다. 즉, 작용-반작용 법칙도 운동량 보존원리의 한 결과이다. 운동량 보존 원리는 위와 같이 2개의 물체(질점)뿐만 아니라, 다수의 질점들이 서로 상호작용하는 고립된 계에 대해서도 성립한다.

4.4.2 각운동량

실에 매달아 돌리는 물체의 운동이나 행성 운동과 같이 중심력을 받는 회전운동에서는 운동량보다 '각운동량angular momentum'이 더 중요하다. 각운동량 (L)은 회전하는 물체의 운동량(mv)과 반지름(r)의 곱으로 정의된다. 즉,

$$L = mvr. \tag{4-6}$$

단, 운동량은 반지름 방향에 수직 성분만 고려하여야 한다.

선운동과 비교하면 회전운동에서는 각운동량이 운동량을 대신하고, 반지름 거리와 그에 수직한 방향의 힘이 곱해진 '회전력torque'이 힘의 역할을 한다[12][13]. 앞서 직선운동에서는 외력이 작용하지 않으면 운동량이 보존되었다. 마찬가지로 회전운동에서는 회전하는 물체에 회전력이 작용하지 않으면 각운동량이 보존된다. 간단히 말하면 '강제로 돌리거나 회전을 방해하지 않는 한, 돌고 있는 물체는 계속 같은 속력으로 돈다'는 뜻이다.

---

12) 흔히 강력한 모터를 '토크(torque)가 크다'고 말한다.

예를 들어 선풍기를 돌리다 껐을 때 팬은 상당 시간 돌다가 정지한다. 즉, 짧은 시간 동안은 각운동량이 보존되는 것처럼 보인다. 하지만 여기서도 회전축의 작은 마찰력이 회전 반대방향의 회전력으로 작용하여 긴 시간이 지나면 팬은 정지하게 된다.

각운동량 보존법칙의 다른 좋은 예는 피겨 스케이터가 팔을 오므려 회전속력을 증가시키는 기술이다. 팔을 오므리면 식 4-6에서 반지름 거리 r이 작아지므로 각운동량 L을 일정하게 유지하기 위해 회전속력 v가 증가하는 것이다. 아마 피겨 스케이터는 각운동량 보존법칙을 몰라도 이 방법을 몸으로 익혀 쓰고 있을 것이다.

우리는 피겨 스케이팅을 하지 않아도 이와 비슷한 실험을 간단히 해 볼 수 있다. 마찰이 거의 없이 자유롭게 돌아가는 회전의자 위에 앉아 팔을 쭉 뻗고 아령을 두 손에 쥔 다음, 친구에게 의자를 힘껏 돌려달라고 한다. 의자가 회전하는 동안 팔을 오므려 아령을 쥔 두 손을 몸쪽으로 당기면 의자가 (몸과 함께) 더 빨리 돈다.

각운동량 보존의 또 다른 중요한 예는 케플러의 제2법칙, 즉 '면적속도 일정 법칙'이다. (3.3.2 참조) 그림 4-5는 제3장에 나왔던 행성의 타원 궤도 운동 (그림 3-10)을 다시 보여준 것이다. 태양이 행성을 당기는 중력은 태양을 향한 '중심력'이므로 행성을 돌리려는 회전력은 0이다. 따라서 행성의 궤도운

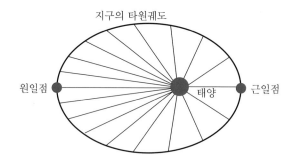

지구의 타원궤도

원일점　　　태양　　근일점

그림 4-5
케플러의 면적속도
일정 법칙
(그림 3-9와 동일)

동에서는 각운동량이 보존된다. 즉, 반지름 거리와 속력의 곱(rv)이 일정하므로 행성은 원일점에서 가장 천천히 돌고, 근일점에서 가장 빨리 돈다는 사실을 알 수 있다.

좀 더 자세히 살펴보면 $\frac{1}{2}rv$는 단위시간당 행성이 쓸고 지나가는 면적이란 것을 증명할 수 있다. 그림 4-5에서 이것을 피자처럼 나누어진 조각들로 표시하였다. 행성의 질량은 변치 않으므로 식 4-6에 의해 rv가 일정하다는 것은 이 조각들의 면적이 모두 같다는 것을 의미한다. 이러한 회전운동은 마찰이 없다면 무한히 계속되므로 직선운동의 관성에 비유하여 '회전관성'이라고도 한다.[13]

4.4.3 역학적 에너지

'에너지'란 용어는 물리학뿐만 아니라 일상생활에서도 많이 사용되며, 흔히 '힘'과 혼동하여 쓰기도 한다. 그러나 물리학에서는 단위를 포함한 엄밀한 정의가 필요하다. 에너지를 정의하기 전에 '일'이란 물리량을 먼저 정의하자. 일(work; W)이란 물체에 가해진 힘(F)에 이동한 거리(x)를 곱한 양이다. 즉,

$$W = Fx . \tag{4-7}$$

일의 단위는 이 식으로부터 N · m, 즉 $kg \cdot m^2/s^2$ 임을 알 수 있는데, 에너지 보존법칙을 열역학까지 확장시킨 줄Joule의 업적을 기려 일의 단위를 간단히 줄(J)이라 한다. (5.3.2 참조) 식 4-7에서 힘과 운동 방향은 같아야 한다. 만일 그렇지 않다면 F는 움직인 방향의 힘 성분을 의미한다.

일상생활에서 통념적으로 일을 한 것과 물리적으로 일을 한 것은 다를 수 있다. 예를 들어 무거운 물체를 들고 서 있으면 힘이 들지만 물리적으로 물체

---

13) 갈릴레이가 믿었던 원운동관성(3.4.6)과는 다르다.

에 해 준 일은 0이다. 이 물체를 수평으로 이동시켜도 일은 역시 0이다. 이것이 이상하게 들리면 다시 얼음판 위에 놓인 물체를 생각해 보자. 마찰력이 전혀 없는 얼음판 위에서는 거의 힘을 주지 않고 ($F = 0$) 살짝만 밀어도 물체는 수평으로 쉽게 이동하므로 식 4-7에 의해 일 $W = 0$ 이다.

그러나 얼음판 위에 서 있는 물체에 수평 방향으로 일정한 힘을 지속적으로 가하면 물체는 계속 가속될 것이다. 이렇게 해서 물체가 거리 x를 이동했을 때 물체의 속도를 v라고 하면, 이 시점까지 물체에 해 준 일은 위 식 4-7을 써서 구할 수 있다. 즉, 힘 $F = ma$이고 $x = at^2/2$(식 3-7)이므로 일 $W = Fx = ma^2t^2/2$이 되고, $t = v/a$ (식 3-6)이므로 이 두 식에서 t를 소거하면

$$W = \frac{1}{2}mv^2 \tag{4-8}$$

가 된다. 이것이 '운동에너지kinetic energy'이며 E_k로 표시한다. 질량과 속력을 가진 물체는 이 만큼의 운동에너지를 갖는데, 이 물체가 어딘가에 부딪혀 서게 되면 이 운동에너지만큼의 일을 한다. 즉, 에너지란 '일을 할 수 있는 능력'이며, 단위는 일의 단위와 같이 J이다. 일상생활의 예로는 자동차의 충돌을 들 수 있다. 즉, 차가 빠를수록 더 큰 운동에너지를 갖고 있으므로 충돌 시 더 많이 찌그러진다. 속도가 두 배이면 운동에너지는 두 배가 아니라 식 4-8에 의해 4배가 되므로 과속하는 것은 매우 위험한 일이다.

이번에는 그림 4-6과 같이 높이 h인 곳에서 물체를 자유낙하시키는 경우를 생각해 보자. 이 경우 식 4-7의 힘은 $F = mg$로 중력이 된다. 따라서 이 물체가 땅에 닿아 정지하면 $W = mgh$ 만큼의 일을 하게 된다.

만일 이 물체를 떨어뜨리지 않고 높이 h에 묶어 둔다면 이 물체는 지금 당장은 아니지만 이 만큼의 일을 할 수 있는 잠재적 능력을 갖고 있다. 이것을 '위치에너지potential energy'라고 한다.[14] 즉, 위치에너지는

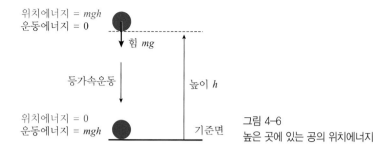

위치에너지 = mgh
운동에너지 = 0

힘 mg

등가속운동

높이 h

위치에너지 = 0
운동에너지 = mgh

기준면

그림 4-6
높은 곳에 있는 공의 위치에너지

$$E_p = mgh \qquad (4-9)$$

임을 알 수 있다.

위치에너지는 상대적인 양이다. 즉, 기준면(그림에서 바닥)을 어디로 정하느냐에 따라 높이(h)가 다르므로 위치에너지는 상수만큼 차이가 날 수 있다. 그러나 기준면을 일단 정하고 나면 이 물체를 끌어 올린 경로에 무관하게 위치에너지는 하나의 값으로 결정된다. 공을 똑바로 수직방향으로 올리나 비탈을 따라 먼 길을 따라 올리나 물체에 해주는 일은 같고, 따라서 위치에너지도 같다는 뜻이다. 마찰력이 없다면 꼭 이 만큼의 일을 해 주어야 물체를 바닥에서 높이 h만큼 되는 곳으로 갖다 놓을 수 있다.

그림 4-6의 물체가 자유낙하하면 바닥에 닿기 직전의 속력은 운동 제2법칙을 사용하여 $v = \sqrt{2gh}$ 임을 보일 수 있고, 따라서 운동에너지 $E_k = \frac{1}{2}mv^2 = mgh$ 로 위치에너지가 모두 운동에너지로 변했음을 확인할 수 있다. 즉, 에너지가 보존된 것인데, 물체의 총 '역학적 에너지mechanical energy'를 운동에너지와 위치에너지의 합($E_k + E_p$)으로 정의하면 마찰이 없는 운동에서는 운동 경로의 어느 곳에서나 총 역학적 에너지가 보존됨을 증명할 수 있다.

역학적 에너지 보존의 예로 그림 4-7과 같이 마찰이 전혀 없는 롤러코스터

---

14) 이 경우는 '잠재적 에너지'란 영어 표현이 좀 더 포괄적이다.

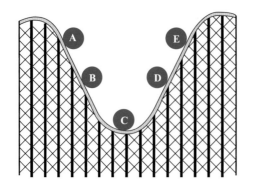

그림 4-7
롤러코스터의 역학적 에너지 보존

를 생각해 보자. 위치 A에서 물체를 잡고 있으면 이것은 위치에너지만 가진다. 물체를 놓으면 이 물체는 경사를 따라 미끄러져 내려가면서 속력이 점점 커진다.

B 지점에서는 운동에너지와 위치에너지를 동시에 가지는데 이 둘의 합은 A 지점의 위치에너지와 같다. 물체가 바닥(C 지점)에 닿으면 위치에너지는 0이 되고 물체는 운동에너지만 가지는데, 이것 역시 A 지점의 위치에너지와 같다. 따라서 C 지점에서 물체의 속력은 최대가 된다.

가장 빠른 속력으로 C 지점을 통과한 물체는 반대편 경사를 따라 올라가면서 운동에너지는 다시 위치에너지로 전환된다. 물체가 A 지점과 높이가 같은 E 지점에 도달하면 모든 운동에너지는 다시 위치에너지로 바뀌므로 물체의 속력은 0이 되고(순간적 정지), 그 다음에는 이 운동을 역으로 반복하여 A 지점으로 돌아오게 되는데, 마찰로 인한 에너지의 손실이 없다면 이 과정은 무한히 반복될 것이다. 그러나 실제로는 마찰로 인한 에너지 손실로 운동의 진폭은 점점 줄어들어 결국 물체는 C 지점에서 정지하게 될 것이다.[15]

우리 주변에서 역학적 에너지 보존법칙은 자동차의 과속이 얼마나 위험한 것인가를 알려주기도 한다. 예를 들어 시속 60 km로 주행하던 차가 벽에 충

---

15) 마찰로 손실된 에너지는 대개 열로 변한다. 열도 에너지의 한 형태이다.(5.3.2 참조)

돌할 때 받는 충격은, 이 자동차를 건물 5층 높이에서 떨어뜨려 바닥에 부딪힌 충격과 같다. 이것은 다음과 같이 역학적 에너지 보존법칙으로 계산할 수 있다. 역학적 에너지가 보존된다고 가정하면 운동에너지는 위치에너지와 같다. 즉, 식 4-8과 4-9에 의해

$$\frac{1}{2}mv^2 = mgh$$

양변에서 질량(m)은 같으므로 상쇄하고

$$h = \frac{v^2}{2g}$$

가 된다. 1 시간(h)은 3,600초(s), 1 km는 1,000 m이므로, 자동차의 속력 v = 60 km/h = 60,000 m/ 3,600 s $\cong$ 17 m/s로 환산된다. 이것을 중력가속도 g = 9.8 m/s^{2}과 함께 위 결과식에 넣어 계산하면 대략 높이 h = 15 m가 나오는데, 이것은 건물 4~5층 높이에 해당한다. 시속 60 km로 주행하던 차가 벽에 충돌하는 순간 받는 엄청난 충격을 가늠할 수 있을 것이다.

4.5 뉴턴 역학의 응용 – 진동운동과 공명

이 단원에서는 뉴턴의 운동법칙을 적용하는 한 예로 '조화진동harmonic oscillation' 운동을 소개한다. 특히 조화진동을 예로 드는 이유는 분자부터 천체까지 매우 다양한 종류와 크기의 물체들의 진동은 조화진동 모형으로 일관되게 설명되기 때문이다.

이 운동의 공통점은 물체의 '평형 위치'가 있고, 물체가 이 평형 위치로부터 이탈했을 때 물체를 평형 위치로 되돌리려는 '복원력'이 작용한다는 것이

다. 이 복원력의 특징은 변위, 즉 물체가 평형 위치로부터 이탈한 거리에 비례하여 커지는 경우가 많다는 것이다. 그러면 물체는 평형 위치를 중심으로 왔다갔다하는 진동 운동을 하게 될 것이다. 여기서는 조화진동의 대표적인 예로 흔들이 운동과 용수철에 매달린 물체의 운동, 두 가지를 간단히 살펴본다.

4.5.1 흔들이 운동

일상에서 볼 수 있는 그네, 놀이공원의 바이킹 등이 흔들이 운동의 좋은 예이다. 앞 장(3.4.5 참조)에서는 갈릴레이가 흔들이pendulum 운동의 주기 법칙, 즉 흔들이의 주기는 추의 무게와 진폭에 무관하게 매달린 줄 길이의 제곱근에 비례한다는 사실을 발견했다는 것만 언급하였는데, 이제 그 이유를 뉴턴의 운동 제2법칙으로 설명할 수 있다.

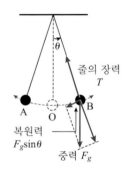

그림 4-8과 같이 흔들이 추(혹은 그네)가 위치 B에서 수직방향과 각 θ를 이루고 있을 때 추는 그림에서처럼 거의 왼쪽 방향의 복원력을 받는다.[16] 이 힘에 의해 추는 가속되어 평형 위치 O에서는 속력이 최대가 된다. 평형 위치에 접근할수록 복원력은 작아져서 O에서는 0이 되고, O를 지나면 복원력이 반대방향으로 작용하기 시작한다. 결국 점점 커지는 오른쪽 방향의 복원력에 의해 추는 B와 같은 높이의 반대쪽 위치 A까지 가서 순간적으로 정지했다가 O를 향해 되돌아온다. 그리고 이와 같은 운동이 반복되어 A와 B 사이를 오가는 주기 운동이 계속된다.

그림 4-8
흔들이 운동. 복원력은 중력의 접선성분 $F_g \sin\theta$ 이다.

---

16) 중력은 아래 방향으로 $F_g = m_g$이지만 중력의 접선 방향 성분 $F_g \sin\theta$가 복원력으로 작용한다. 각이 작으면 이것은 $F_g \theta$, 즉 $F_g x/L$로 근사할 수 있으므로 이것은 원호 길이(변위) x에 거의 비례하는 복원력이 된다. 중력의 반지름 방향 성분 $F_g \cos\theta$는 줄의 장력이 상쇄한다.

정량적으로는 이 복원력을 받는 추의 운동에 뉴턴의 제2법칙을 적용하고[17], 이것을 수학적으로 풀면 추의 변위(각 θ 혹은 이에 대응하는 원호 거리)는 시간 t에 대해 사인 또는 코사인 함수로 주어진다[13]. 흔히 사인과 코사인 함수를 '조화함수'라고 부르기 때문에 이와 같은 진동운동을 '조화진동'이라고 부르는 것이다.

갈릴레이가 발견했던 흔들이의 주기는 바로 이 조화함수의 주기였던 것이다. 이제는 이 조화함수의 상세한 모양을 알게 되었으므로, 이로부터 주기를 좀 더 정확히

$$T = 2\pi \sqrt{\frac{L}{g}} \tag{4-10}$$

로 쓸 수 있게 되었다. 드디어 갈릴레이가 생각하지 못했던, 운동의 원인이 되는 중력가속도가 들어가면서 주기를 나타내는 식이 수학적으로 확고한 모양을 갖춤을 볼 수 있다.

위 식의 주기 법칙은 흔들이의 진폭, 즉 각 θ가 작은 경우에 잘 맞는 근사이다. 흔들이를 너무 크게 진동시키면 각이 커져서 복원력이 더 이상 변위에 비례하지 않게 된다. 그러면 흔들이 운동은 조화진동에서 벗어나서 (즉, 사인이나 코사인 함수의 모양이 아니다) 주기는 더 이상 위 식과 같은 간단한 법칙을 따르지 않고 진폭에 의존하게 된다.

4.5.2 용수철에 매달린 물체의 운동

그림 4-9와 같이 용수철에 매달린 질량 m인 물체는 외부에서 아무런 힘이 가

---

17) $ma = m\dfrac{dx}{dt} = -F_g x/L$

해지지 않았을 때는 $x = 0$인 평형 위치(O)에 있다. 용수철을 압축시켜 이 물체를 평형 위치에서 x만큼 왼쪽으로 이동시키면 A 위치에서 이 물체는 용수철의 탄성력에 의해 원래의 평형 위치(오른쪽) 방향으로 힘을 받는다. 반대로 용수철을 늘여 이 물체를 평형 위치에서 x만큼 오른쪽으로 이동시키면 B 위치에서 역시 용수철의 탄성력에 의해 원래의 평형 위치(왼쪽) 방향으로 힘을 받는다. 이와 같은 복원력은 그 원인만 제외하고는 앞의 흔들이 운동의 것과 대등하다.

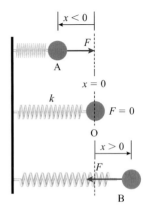

그림 4–9
용수철에 매달려 있는 질량 m인 공. F는 복원력이다.

변위가 작을 경우 이 탄성력은 변위에 비례한다는 사실이 '훅Hooke의 법칙'으로 알려져 있다. 즉,

$$복원력\ F = kx$$

이고, 방향은 변위의 반대방향이다. 여기서 k는 '힘상수'라고 하는데, 용수철의 탄성, 즉 단단한 정도를 말한다. 이 법칙은 탄성을 일으키는 원인으로부터 유도해야 하지만, 변위(변형)가 작을 경우에는 그 원인에 관계없이 잘 맞는다. 그러나 변위가 커지면 이 비례식은 오차가 커지며, 탄성의 원인에서 기인하는 상세한 특성이 중요해진다.

위와 같이 훅의 법칙을 따르는 복원력을 받는 물체의 운동은 뉴턴의 제2법칙을 적용하면, 앞 절의 흔들이와 비슷한 모양이 된다. 즉, 물체의 변위는 시간 t에 대해 조화함수이며, 이것의 주기는

$$T = 2\pi \sqrt{\frac{m}{k}} \tag{4-11}$$

로 주어지는데, 흔들이의 주기(식 4-10)에서 L을 m으로, g를 k로 바꿔 넣은 결과와 정확히 일치한다. 이것은 우연이 아니라 복원력의 형태가 흔들이의 경우와 같이 변위에 비례하는 같은 모양이라서 그런 것이다.

이 결과로부터 우리는 용수철이 단단하거나 (큰 k 값) 물체가 가벼우면 (작은 m) 빨리 뛴다는 것을 알 수 있다. 이 법칙을 사용하면 무중력 공간에서도 물체의 질량을 잴 수 있다. 대개의 저울은 지구가 물체를 당기는 중력을 측정하여 '중력질량'을 재는데 반해, 용수철에 물체를 매달아 진동을 시키면서 주기를 재면 '관성질량'을 측정할 수 있다.

4.5.3 조화진동의 에너지 해석

위와 같은 조화진동에서 마찰력이 없다면 역학적 에너지가 보존된다. 우리는 앞에서 중력을 받아 운동하는 롤러코스터의 예에서 운동에너지와 위치에너지의 교환을 논했다. (그림 4-7) 흔들이의 경우에도 롤러코스터와 마찬가지로 위치에너지가 mgh로 높이(h)에 비례하므로 높이와 위치에

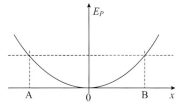

그림 4-10
조화진동의 위치에너지 모양. 수평 점선은 총 역학적 에너지이다.

너지를 혼용해도 무방하다. 따라서 이제는 그림 4-10과 같이 수직축을 높이 대신 위치에너지라고 생각하자. 추가 가장 높은 곳 (가장 큰 각) A에서 추를 잡고 있을 때 중력 위치에너지는 최대이며 운동에너지는 0이다. 여기서 추를 살짝 놓으면 추는 중력에 의한 복원력으로 인해 평형 위치(그림에서 원점)를 향해 운동을 시작한다. 즉, 위치에너지가 운동에너지로 전환되면서 속력이 붙는다. 평형 위치에서는 위치에너지가 모두 운동에너지로 바뀌어 속력이 최대가 되고, 이 지점을 지나면 다시 운동에너지가 위치에너지로 되돌아가면서 속력은

줄어든다. 결국 높이가 A와 같은 지점 B에 도달하면 운동에너지가 0이 되면서 순간적으로 정지했다가 운동 방향을 바꾸어 다시 평형 위치를 향해 내려가기 시작한다. 방향만 다를 뿐 앞에서 설명한 것과 같은 과정을 거쳐 추는 다시 평형 위치를 지나고 A로 돌아와서 진동운동의 한 주기를 완성하며, 마찰이 없어서 역학적 에너지가 보존되는 한 이 주기 운동은 끝없이 반복된다.

용수철 운동의 경우에는 그림 4-10의 위치에너지 함수의 모양만 조금 바뀔 뿐, 위의 흔들이 운동과 마찬가지로 역학적 에너지 보존법칙을 사용하여 진동운동을 설명할 수 있다.

위의 두 예에서 논의한 '주기'는 한 주기의 운동을 완결하는 데 걸리는 시간이며, '진동수'는 1초에 반복하는 주기운동의 횟수를 의미한다. 따라서 진동수(f)는 식 4-10,11에 나타낸 주기의 역수이며 ($f = 1/T$), 단위는 초의 역(s^{-1})이다. 진동이 매우 빠르면 주기보다 진동수를 따지는 것이 더 편리할 것이다. 조화진동의 진동수를 종종 '고유진동수' 혹은 '자연진동수'라고 한다.

4.5.4 조화진동과 공명

식 4-10과 4-11을 보아 조화진동의 고유진동수는 '덩치'가 크면 작아지고, 속박하는 힘이 크면 커진다. 이것은 왜 큰 동물들에 비해 작은 동물들의 움직임이 잦은지 잘 설명해 준다. 어린이들이 어른에 비해 잰걸음을 걷는 것도 같은 이유이다.[18]

조화진동을 하는 계는 외부와 에너지를 교환할 수 있다. 즉, 외력이 고유진동수에 비슷한 진동수로 떨어준다면 이 진동운동은 외력의 에너지를 흡수하여 더욱 진폭이 커질 것이다. 그네 밀어주기가 쉬운 예이다. 이러한 현상을 '공진' 혹은 '공명resonance'이라고 한다. 공명은 매우 다양한 물리현상을 설명

---

18) 반대로 어린이에게는 어른들의 동작이 매우 느리게 보인다.

한다. 예를 들면 높은 건물보다 2~3층의 낮은 집들이 지진에 취약한 것은 작은 건물의 고유진동수가 지진파의 주파수[19])에 가깝기 때문이다. 또한 인간의 목소리와 청각은 물론이고 대부분의 악기에서도 공명현상을 적극적으로 이용하고 있다. (4.8 참조)

매우 작은 물체의 공명을 생각해 보자. 물질을 이루는 가장 작은 입자 중 하나인 전자는 매우 가벼우므로 식 4-10에 의해 전자 진동의 고유진동수가 매우 크고, 따라서 주파수가 매우 높은 전자기파인 가시광선과 자외선을 흡수하거나 방출하는 데 기여한다. (5.5.5 참조) 예를 들어 빨간색 물감이 빨간색을 보이는 이유는 백색광 중 녹색 근방의 빛을 전자 진동의 공명으로 흡수하고, 그 나머지를 반사하기 때문이다. (빨간색과 녹색은 서로 보색이다.) 반면에 전자보다 무거운 분자의 진동은 상대적으로 주파수가 낮은 적외선에서 공명을 보인다. 따라서 많은 물질의 적외선 흡수는 분자의 공명 진동에 기인한다.

이와 같이 조화진동은 건물 등 거시적인 물체부터 전자와 같이 작은 입자의 운동까지 매우 다양한 크기의 진동 운동과 파동(외력)과의 상호작용을 설명한다. 물론 원자나 전자와 같이 매우 작은 입자의 운동은 제6장에 소개되는 양자역학 이론으로 설명하는 것이 타당하다. 그러나 고전역학적인 설명이 정확히 맞지는 않지만 물리현상들의 원인이 되는 핵심 원리를 직관적으로 이해하고 설명하는 데 도움이 된다.

4.6 뉴턴의 공적과 한계

코페르니쿠스로부터 시작된 근대 과학 혁명은 드디어 뉴턴에 와서 완결되었

---

19) 파동의 진동수를 종종 주파수라고 한다.

다. 물론 그 이후에도 고전역학 분야에 많은 발전이 있었지만 아인슈타인이 새로운 이론을 제시할 때까지 뉴턴의 운동법칙이나 중력법칙과 같은 근원적인 발견은 드물었다. 이후 뉴턴의 물리학은 서구 과학계 전반에 지대한 영향을 미쳤고, 지금도 고전역학은 거의 뉴턴 역학이다. 물론 이렇게 '과학 혁명'이라고 부를 만큼 엄청난 일을 앞에서 설명한 것과 같이 뉴턴 혼자 모두 한 것은 아니다. 뉴턴 자신도 훅에게 보낸 편지에서 "거인들의 어깨에 올라 더 먼 곳을 볼 수 있었던 것"이라고 겸손을 표하기도 하였다.[20]

어쨌든 뉴턴은 힘을 정량화하여 물리학에 도입하였고, 이것을 바탕으로 운동법칙과 중력법칙을 수식으로 정리할 수 있었다. 즉, 한 세대 앞선 데카르트의 자연철학과 구분을 지으며, 고전역학 이론을 완성한 것이다. 이때부터 철학에서 과학이 분리되기 시작하였는데, 이러한 학문 분화는 그 이후 각 학문 분야 안에서도 가속되어 현대에 이르렀다. 데카르트나 뉴턴과 같이 한 자연철학자가 철학, 과학, 수학 등 모든 관심 분야를 연구하던 16-18세기에 비해, 현재는 물리학의 특정 분야를 전공한 학자들은 철학은 고사하고 화학이나 심지어는 물리학의 다른 분야조차도 이해하기도 쉽지 않을 만큼 지식이 전문화되어 있다.

뉴턴의 이론이 당시에는 최첨단 과학 이론이었지만 현대 과학의 관점에서 보면 흠이 없을 수는 없다. 뉴턴의 고전역학 이론이 완벽했다면 후대의 과학자들은 모두 물리학이 아닌 다른 분야를 연구했을 것이다. 뉴턴 업적의 한계 중 하나는 매우 명백하게 보이는 중력법칙에 있다.

뉴턴은 중력이 '원거리작용'으로 전달된다고 보았다. 예를 들어, 태양이 미치는 중력의 힘은 지구에 순식간에 전파된다고 보았는데, 현대 과학에서 보면 중력 또한 유한한 속력, 즉 진공 속에서는 광속으로 전파된다. 아인슈타인

---

20) 이 표현은 체격이 왜소한 훅을 조롱하기 위함이었다는 주장도 있다[7].

의 상대론 이후 광속은 거의 모든 물리법칙에 들어가는 매우 중요한 물리량이지만 뉴턴의 역학 이론에는 광속이 전혀 들어가 있지 않다. 결국 20세기 초 아인슈타인이 발표한 특수상대성 이론에 의해 뉴턴의 고전역학은 매우 빠른 운동에는 잘 맞지 않고, 물체의 속력이 광속에 비해 매우 작을 경우에만 잘 맞는 근사적인 법칙으로 판명된다. 그 이전에는 뉴턴 법칙이 신의 섭리 혹은 불변의 진리로 간주되었으므로, 이 사건은 과학 이론이 절대적인 '진리'는 아니라는 것을 극명하게 보여주었다.

뉴턴의 또 다른 한계는 앞에서 언급했던 중력질량과 관성질량을 구분하지 못했다는 것이다. (4.3.3 참조) 이 둘이 근본적으로 같은가 하는 질문은 역시 아인슈타인이 일반상대성 이론을 수립함으로써 해결되었다.

또 다른 문제는 과연 중력과 운동법칙만으로 우주의 존재와 안정성을 설명할 수 있는가 하는 것이다. 사과의 자유낙하 운동과 마찬가지로 행성의 운동도 '초기조건', 즉 처음 위치와 속도가 주어지면 그 이후의 운동은 운동법칙에 의해 정확히 예측할 수 있다. 그러나 중력을 통해 상호작용하는 물체의 수가 많아지면 이야기는 달라진다. 일반적으로 복잡한 역학계에서는 초기조건이 조금만 달라져도 그 결과, 즉 물체들의 위치와 속도는 엄청나게 다르게 예측되는데, 이것을 혼돈chaos이라고 한다.

그럼 우리 태양계는 어떨까? 뉴턴은 자신이 수립한 법칙으로는 우주의 안정성이 오랜 기간 지속되지 못한다고 생각했고, 우주의 안정적인 존재를 위해 신의 개입을 도입하였다. 즉, 뉴턴은 태양계 행성들의 운동이 이들 사이의 복잡한 중력 상호작용에도 불구하고 오랫동안 안정된 궤도를 유지하는 것은 행성의 운동이 잘못되려는 순간 신이 이들을 살짝 밀거나 당겨서 궤도를 바로잡아 준다고 믿었다.

뉴턴은 기독교 정통신앙과는 다른 이단을 은밀히 고수했지만 기독교 신앙을 가지고 있었고, 신의 존재를 자신의 이론에 적극 도입했다. 《프린키피아》

에도 여러 곳에 '신'이 등장한다. 이는 교회의 간섭을 피하기 위해서라기보다는 당시에 밝히기 어려운 부분을 신의 섭리로 얼버무린 것이라고 생각된다.21) 과학 논문이나 책에서 신의 이름이 지워지기 시작한 것은 그 이후 100년쯤 지나서의 일이다.

앞에서도 언급한 것과 같이 뉴턴은 훅과의 표절 논쟁, 라이프니츠와의 미적분 우선권 논쟁 등의 사건들에서 보아 성격적인 결함을 가지고 있었던 것으로 보인다. 그러나 이러한 논란 외에 명백한 실수도 하였다. 천문학자인 플램스티드Flamsteed의 천문관측 자료를 몰래 빼돌려 출간한 것인데, 이에 격분한 플램스티드는 출간된 책의 상당수를 사들여서 공개적으로 불태워 버렸다고 한다.

또한 뉴턴은 자신의 이론이 정당함을 강조하기 위해 위의 천문관측 데이터를 임의로 조정하였다는 혐의도 받고 있다. 이것을 '뉴턴의 날조인자 Newton's fudge factor'라고 부를 정도이다[10]. 물론 그 당시에는 과학윤리가 잘 정립되어 있지 않았음을 고려할 필요는 있지만, 이런 행위는 경쟁 이론을 잠재우려는 그의 과욕을 보여주는 한 단면이라 하겠다.

뉴턴의 업적은 그가 젊었을 때 주로 이루었고, 중년 이후에는 정치와 관직에 나가거나 연금술에 심취하는 등 과학자로서는 '쓸모없는 일'을 한 것으로 보인다. 특히 광학에 큰 업적을 남겼음에도 불구하고 빛의 입자론을 주장하여 파동론 측면에서의 광학은 거의 100년 동안 발전하지 못하였다. 뉴턴도 젊었을 때는 빛의 입자론과 파동론을 둘 다 융통성 있게 고려했는데, 자신의 운동법칙이 크게 성공하면서 입자론으로 완전히 기울었다. 빛의 간섭현상 중 하나인 뉴턴고리를 빛을 이루고 있는 입자들의 운동으로 해석하는 오류를 범하기도 하였다. (5.4.3 참조)

뉴턴은 과학계뿐만 아니라 국가와 교회의 칭송을 받는 영예를 누렸다. 그

---

21) 갈릴레이는 교황청의 간섭과 핍박을 받은 반면에 뉴턴은 반대로 영국 국교회의 칭송을 받았다.

렇다면 그의 역학 이론이 국가방위나 경제에 얼마나 도움이 되었을까? 한마디로 역학 이론이 산업이나 군사기술에 응용되지는 않았다. 고전역학 이론이 17세기 후반 영국에서 일어난 산업혁명의 기초라고 생각하기 쉽지만, 실제로 산업혁명은 기술자들의 손재주가 촉발한 산업 구조와 사회의 개혁이었다. 당시로는 과학이론의 완성도가 새로운 기술을 창조할 만큼 충분히 높지 않았던 것이다[3]. 뉴턴이 산업혁명에 영향을 주었다면 만물의 운동이 동일한 법칙의 지배를 받는다는 계몽적인 사상이나 분석적 방법론을 통해서였을 것이다. 뉴턴의 진정한 업적은 인류 과학 지식의 지평을 넓힌 데 있으며, 그 당시 사회는 당장 경제에 도움이 되진 않지만 이러한 사고의 개혁을 높이 평가하였다. 순수과학의 가치에 대해 현대인들이 유념해야 할 점이다.

4.7 뉴턴 이후의 고전역학

뉴턴이 워낙 핵심적인 일을 했기 때문에 그 이후 아인슈타인이 상대론을 발표하기 전까지는 고전역학에 큰 진전이 없었다고 생각할 수 있다. 그러나 많은 과학자와 수학자들이 뉴턴이 세운 뼈대에 살을 붙여 고전역학의 체계를 완성하였다.

프랑스의 라플라스Pierre-Simon, Marquis de Laplace, 1749-1827는 고전역학을 집대성하고 확장하였다. 그는 뉴턴보다 늦게 태어난 것을 한탄했다고 하지만, 라플라스 변환, 라플라스 방정식 등을 고안하여 현재의 자연과학과 공학 분야에 크게 기여하였다. 그는 고위 귀족임에도 불구하고 프랑스 대혁명의 난세를 무사히 넘겼고, 나폴레옹 내각에서는 한 때 내무장관을 역임하기도 하였다.

그는 뉴턴 법칙에 근거한 엄밀한 계산을 통해 태양계는 기계처럼 돌아간다는 우주 결정론을 그의 저서《천체역학》에서 주장하였는데, 태양계는 마치 누군가 태엽을 감아놓은 시계clock-work universe처럼 영원히 유지된다는 의미이다[2]. 이 책을 읽은 나폴레옹의 "이 책에는 왜 신에 대한 언급이 없는가?"라는 물음에 그는 "제게는 그 가설이 필요 없었습니다."라고 답했다고 한다. 라플라스는 이렇게 답할 정도로 자신의 이론을 확신하고 있었는데, 100여 년 전 뉴턴 때와는 달리 과학에서 신의 역할이 급속히 약해지고 있는 당시의 사회상을 반영하고 있다. 그러나 그의 결정론은 백여 년 후에 나타난 양자역학의 불확정성의 원리에 의해 원천적으로 부정된다. (6.2 참조)

라플라스와 비슷한 시기에 활동한 라그랑지Joseph-Louis Lagrange, 1736-1813는 프랑스(사르디니아) 수학자이다. 그는 운동에너지에서 위치에너지를 뺀 새로운 물리량인 '라그랑지안'을 사용하여 오일러Leonhard Euler와 함께 뉴턴 법칙을 새로운 방법으로 서술하였다. (1788) 그 이후 아일랜드 수학자인 해밀턴William Rowan Hamilton, 1805-1865은 라그랑지안을 시간으로 적분한 '작용action'이란 물리량에 대해 변분법을 적용하여 해밀턴의 원리를 발표하였고 (1827), 이것이 뉴턴의 운동법칙과 대등하다는 것을 보였다. 이들의 업적은 후일 양자역학 이론의 기초가 된다. (6.2.4 참조)

20세기에 들어서 뇌터Emmy Noether, 1882-1935는 보존되는 물리량들과 물리법칙의 대칭성 사이의 상관관계인 '뇌터의 정리'를 수학적으로 증명하였다. 뇌터는 유대계 독일인 수학자의 딸로 태어났고, 괴팅겐 대학에서 교수로 재직하다가 나치 정권의 유대인 박해를 피해 미국으로 이민을 떠났다.

1918년 발표된 뇌터의 정리는 다음과 같이 간단히 설명할 수 있다. 예를 들어 운동량이 보존된다는 것은 물리법칙에 '병진 대칭성'에 기인한다는 것이다. 즉, 어떤 방향으로 계속 나아가도 동일한 상황일 때 그 방향의 운동량이 보존된다. 이와 유사하게 각운동량 보존은 회전 대칭성의 결과이며, 에너지 보존은 시간 대칭성과 연관된다.22) 이러한 해석은 보존법칙에 대한 개념적 통찰을 가능하게 해 준다. 대칭성은 물리학의 거의 모든 분야에서 관찰되며,

특히 입자물리학의 근간을 이룬다[26]. 물리학자가 '자연이 아름답다'고 말할 때는 자연의 대칭성을 볼 때이며, '자연이 신기하다'고 말할 때는 아마 자연의 대칭성을 깨는 근원적인 무언가를 본 경우일 것이다.

뇌터는 아인슈타인의 극찬을 받는 등 수리물리학 분야에서 뛰어났지만 미국에 와서는 큰 업적을 내지 못하였다. 이민 정착 후 얼마 되지 않아 암으로 사망한 것이다.

4.8 파동역학

4.8.1 데카르트와 하위헌스

뉴턴의 역학은 '입자'의 운동을 해석하는 것이다. 운동하는 물체는 무게중심에 질량이 모여 있는 질점(질량점)으로 보고 운동법칙을 적용해서 시간에 따른 운동 궤적을 구한다. 그러면 물결이나 줄의 파동 운동은 어떻게 설명할까? 이들 역시 많은 질점들이 연결되어 이루어진 물체로 생각할 수 있으므로 이웃하는 질점들 사이의 상호작용을 고려하여 각 질점에 대해 운동법칙을 적용하여 풀면 된다. 일반적으로 서로 상호작용하는 다체문제를 풀기는 매우 어려우나 줄이나 수면과 같이 입자의 배열과 연결의 규칙이 정해져 있으면 비교적 쉽게 풀 수 있다. 그러나 파동에 대해서는 뉴턴과 비슷한 시기 혹은 그 이전부터 수학적이고 현상론적인 설명을 한 선구자들이 있었다.

데카르트René Descartes, 1596-1650는 프랑스에서 태어났지만 주로 네덜란드에서 활동했고, 말년에 스웨덴 여왕의 선생으로 초빙되어 갔다가 얼마 되지

---

22) 열역학적인 계는 '비가역적'이므로 시간대칭성이 없다. 즉, 시간은 한 쪽 방향으로만 흐른다.
(5.3.3 참조)

않아 그곳에서 병사하였다. '방법서설', '성찰록', '철학의 원리' 등의 철학책들을 저술했으며, "생각한다, 고로 나는 존재한다"란 말로 유명한 철학자이자 수학자이다.

그의 수학적인 업적은 직교좌표계를 도입하여 기하학을 대수학으로 표현하기 시작한 것인데, 3차원 공간의 한 점을 변수 기호 x, y, z를 사용한 좌표로 1:1 대응시키는 것이다. 이것은 기하학의 계산을 대수학으로 전환시킨 혁신적인 방법이다. 지금도 수학과 과학에서 이 방법을 쓰고 있으며, 직교좌표계를 '데카르트 좌표계Cartesian coordinate'라고도 한다. 데카르트는 방 안에서 날아다니는 파리의 위치를 어떻게 나타낼까를 고민하다가 직교좌표계를 고안한 것이라고 한다. 그는 또한 제곱, 세제곱 등의 승수를 x^2, x^3 등의 지수로 표기하는 법을 도입하여 대수학 계산의 편의를 도모하였다.

데카르트가 물리학 분야에서는 큰 업적을 남기지 않은 것처럼 보이나 이것은 그의 철학 업적에 가려서 간과된 것으로 볼 수 있다. 그보다 한 세대쯤 앞서서 태어난 갈릴레이와는 달리 데카르트는 관성이 등속 직선운동임을 최초로 간파했으며, 빛의 굴절 법칙을 재발견하였고 (5.4.1 참조), 빛을 가상적인 유체의 파동으로 이해하여, 빛의 파동설을 수립한 하위헌스에게 큰 영향을 주었다. 또한 그의 수학 연구는 바로 다음 세대인 뉴턴과 라이프니츠의 미적분학 수립에 기초가 되었다.

그러나 앞에서도 언급한 바와 같이 데카르트는 '힘'의 철학적인 의미를 너무 깊이 파고든 나머지 힘의 정량화에 부정적이었으며, 이로 인해 운동법칙을 알아내지는 못했다. 그리고 그리스의 주류 철학자들처럼 진공의 존재를 믿지 않았으므로 (1.2.5 참조) 입자 하나하나를 구분하는 질점 운동의 개념에 부정적이었고, 모든 물리현상을 연속체의 파동 현상으로 보았다. 이러한 태도는 민족주의와 결부되어 당시 백년전쟁을 치른 적국인 영국의 뉴턴 과학에 장애로 작용하기도 하였다. 그러나 토리첼리가 1643년 수은 기둥을 이용해

시험관 안에서 처음으로 진공을 만들어 보임으로써 진공의 존재가 증명되기 시작했다. (5.2.1 참조)

여러모로 보아 데카르트와 뉴턴은 자연철학으로부터 정량적인 과학이 결별하는 시대의 이정표로 간주할 수 있는 대표적인 인물들이다. 현재 대학의 이공계에서 거의 필수로 배우는 일반물리학이나 고전역학 교과서를 보면 많은 부분에서 뉴턴의 저서인《프린키피아》의 주요 내용들을 설명하고 있다[13]. 반면에 뉴턴 한 세대 전에 데카르트가 물리 현상, 예를 들어 자석의 힘에 대해 설명해 놓은 기록을 접하면 이것이 매우 논리적이고 철학적이지만 우리가 알고 있는 수학적인 서술과는 거리가 있어 보인다[14].

뉴턴 이후 거의 200년 동안 근대 물리학은 뉴턴이 파 놓은 운하를 따라 물이 흐르듯이, 수학적이고 정량적으로 발전했다. 심지어 뉴턴 당시에는 경험 과학에 머물렀던 전자기학, 광학, 열역학 등의 현상론적인 과학 분야도 뉴턴 역학과 비슷한 틀을 따라 19세기 말에는 정량적인 과학으로 완성되었다. (제5장)

하위헌스Christiaan Huygens, 1629-1695[23)]는 뉴턴과 비슷하거나 조금 이른 시기에 활동한 네덜란드의 물리학자이자 천문학자이다. 레이덴 대학을 나온 뒤 영국, 독일 등에서 공부하였다. 데카르트가 하위헌스의 부친과 친분이 있었고 왕래가 잦았던 것을 보아, 하위헌스는 아저씨뻘인 데카르트에게서 학문적으로 영향을 받았음을 알 수 있다. 그는 데카르트의 파동 이론을 더욱 발전시켜 빛이 파동이라고 주장하였다. 1666년 프랑스 과학아카데미가 만들어지자 외국인으로서 초대 창립 회원이 되었으나, 프랑스-네덜란드 전쟁으로 인해 신교도에 대한 박해가 심해지자 귀국하여 활동하였다. 그의 저서로는《빛에 관한 논문》,《흔들이 시계》 등이 있다.

---

23) 영어식 발음은 '호이겐스'이고, 최근에는 네덜란드어 발음을 존중하여 '호이헨스' 혹은 '하위헌스' 라고 한다. 그러나 어떤 표기도 원어민의 발음과는 거리가 있다.

파동설의 핵심은 빛의 전파를 설명한 '하위헌스의 원리'이다. 이 원리는 지금도 빛의 전파, 반사, 굴절, 회절 등을 설명할 때 개념적으로는 물론 정량적으로도 유효하다. 그러나 비슷한 시기의 대학자인 뉴턴의 입자론에 밀려 하위헌스의 파동론은 백여 년 뒤에 영Thomas Young이 간섭실험으로 빛의 파동성을 증명할 때까지 소외되었다. 뉴턴의 권위가 역학이 아닌 다른 분야에서는 과학 발전을 늦추었다고 볼 수 있다. (5.4.3 참조)

하위헌스는 당시에 새로운 천문관측기기로 각광받던 굴절 망원경을 제작하여, 토성의 아름다운 고리를 발견하였고, 나아가 토성의 위성인 티탄Titan을 관측하였다. 최근 인류가 외행성 탐사를 위해 쏘아 올린 탐사선 '카시니'는 토성의 궤도를 돌다가 2005년 소형 탐사선을 쏘아 티탄에 착륙시켰다. (7.4.5 참조) 이 소형 탐사선의 이름은 티탄을 처음 발견한 하위헌스의 업적을 기려 '하위헌스 탐사선Huygens Probe'이라고 이름을 붙였다.

흔들이의 법칙은 갈릴레이가 처음 발견하였으나 실용화에 성공한 사람은 하위헌스였다. 그 이후 큰 교회들에는 그가 실용화한 흔들이 시계가 보급되었다. 그는 흔들이 운동뿐만 아니라 운동량 보존 법칙, 에너지 보존 법칙 등의 초기 역학 이론을 연구하여 고전역학의 기초 확립에 기여하였다.

4.8.2 파동역학의 기초

4.5절에서는 진동운동을 소개하였다. 즉, 복원력이 있는 경우 물체는 평형점 주변을 왕복하는 조화진동을 한다. 운동의 원인이 되는 복원력은 흔들이의 경우 중력이었고, 용수철의 경우 물체의 탄성이었다. 그러나 연속적인 매질에서 이런 진동이 주어진다면 어떻게 될까?

예를 들어 그림 4-11과 같이 탄성이 있는 줄을 상하로 흔드는 운동을 생각해 보자. 줄 위의 한 점은 상하 방향(x-방향)으로 4.5절에서 소개한 조화진동을 한다. 줄은 연속적이므로 손으로 흔드는 곳의 바로 다음 지점은 이 조화운동을 따라 갈 것이다. 그리고 줄의 탄성이 인접한 지점으로 운동이 전파되는 과정을 지배

그림 4-11
줄의 파동

하게 된다. 그리하여 이 상하 운동은 연속적으로 그 다음 점으로 전파되어 그림 4-11과 같은 파동이 만들어진다. 골과 마루가 뚜렷한 사인파의 모양은 오른쪽(y 방향)으로 운동하는 것처럼 보이지만 실제로 줄 위의 점들은 상하 방향으로만 운동하고, 사인파의 모양만 오른쪽으로 전파되는 것이다. 여기서 강조할 점은 질량이 오른쪽으로 전달되는 것이 아니라 모양이 전파된다는 것이다.

그림 4-11과 같이 만들어진 줄의 운동을 시간에 따라 관찰하면 그림 4-12와 같이 나타난다. 이 그림들은 한 '주기' T 동안 일정한 시간 간격 ($T/4$)으로 줄 파동의 모양을 사진으로 찍은 '스냅 사진(snapshot)'들이다. 시간이 흐름에 따라 그림에서 굵은 화살표로 표시한 마루 부분은 y 방향(오른쪽)으로 진행하는 것으로 보인다. 그러나 그림에서 점선으로 표시한 위치에서 줄의 운동을 보면 처음($t = 0$)에는 평형 위치($x = 0$)로부터 아래로 운동하여 골이 된다. 그 직후 다시 위로 운동하여 0을 지나

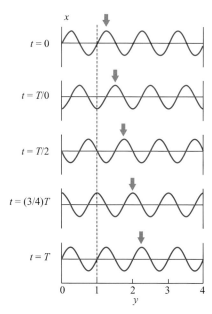

그림 4-12
시간의 흐름에 따라 관찰한 줄 파동의 모양

마루가 되고, 다시 변위가 줄어들어 평형 위치로 돌아오면 한 주기의 진동운동이 마무리 된다. 이 한 주기 T 동안 처음 마루(그림에서 굵은 화살표)가 옮겨간 거리를 '파장'이라 하고, 통상적으로 길이 l의 그리스 문자인 λ로 표시한다.

앞 절에서 복원력에 의한 물체의 조화진동은 시간에 대해 조화함수로 표현되었는데, 줄의 각 부분도 이와 비슷한 운동을 한다. 따라서 줄 각 부분(위치 y)의 운동도 역시 조화함수로 나타낼 수 있다. 결국 줄 파동의 변위 x는 시간 t 뿐만 아니라 줄 위치 y의 함수로 주어지는데, y에 대해서도 역시 조화함수이다. 여기서 v는 파동이 전파되는 속력인데, 이 속력은 매질 속의 한 점이 상하 방향으로 운동하는 속력이 아니고, 마루의 모양이 오른쪽으로 전파하는 속력임을 유의하여야 한다.

한 주기인 시간 T 동안 골이나 마루의 위치가 진행하는 거리가 파장 λ이므로 파동의 속력은 $v = \lambda/T = \lambda f$로 파장과 주기(주파수)에 관계된다. 여기서 f는 앞 절의 조화진동에서와 같이 1초 동안 진동하는 횟수인 진동수이며, 주기의 역수이다. (4.5.3 참조)

우리가 익숙한 파동은 대개 위와 같은 줄 파동이나 파도 같은 역학 파동이다. 그러나 전자기력, 중력 등 다양한 원인에 의해서도 파동 현상이 일어날 수 있으며, 이런 파동들 역시 공통적으로 위에서 서술한 방법으로 묘사할 수 있다. 다음 절에 소개하겠지만 간섭 등 여러 파동 현상을 설명할 때에는 위와 같이 파동의 공통적이고 현상론적인 서술 방법을 사용한다.

다시 역학 파동으로 돌아와서 이 파동이 어떤 원인으로부터 발생하는지 생각해보자. 위에서 예로 든 줄 파동의 원인은 줄(매질)을 이루는 각 점의 연결된 운동에 있으며, 그림 4-13과 같이 변형이 생긴 줄의 각 부분에 뉴턴의 운동 제2법칙을 적용하면 파동의 모양을 구할 수 있다. 즉, 줄이 양쪽으로 당기는 장력의 합력을 복원력으로 매질 속의 작은 한 부분(질량 m)에 운동법칙을 적

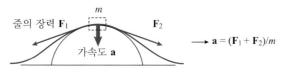

그림 4-13
줄의 작은 부분에 작용하는 힘과 운동방정식. 복원력은 양쪽으로 줄
이 당기는 장력 F_1과 F_2의 벡터 합이다.

용하면 '파동방정식'을 얻을 수 있으며, 이것으로부터 조화파동함수가 구해
진다[13].

그림 4-11에 묘사한 줄 파동과 같이 파동의 진행 방향에 매질이 수직으로
진동하는 파동을 가로파(횡파)라고 한다. 반면에 음파는 세로파(종파)이다.
음파는 압력, 즉 공기 밀도의 변화가 전파되는 것이므로 공기 입자의 운동은
진행 방향과 같거나 반대 방향이다. 세로파도 수학적으로는 가로파와 같이
설명된다. 다만 진동의 방향이 다를 뿐이다. 예를 들어 음파에서 변위 x는 가
로방향 진동의 변위가 아니라, 공기 분자가 평형에서 벗어난 오른쪽(+)이나
왼쪽(−) 방향의 평균 변위를 의미한다. 이 변위는 국소적인 공기 압력의 변화
를 유도하고, 이 압력의 파동이 전파되어 고막을 진동시키면 소리를 듣게 된
다.

위에서는 줄 파동과 같이 1차원 파동의 전파를 설명하였지만 수면파는 2차
원 파동이다. 잔잔한 물 위에 돌을 던지면 수면파가 동심원 모양으로 전파되
어 나가는데 이것은 '원파'이며, 3차원 공간에서는 한 점에서 음을 발생시키
면 '구면파'의 모양으로 전파되어 나간다. 그러나 2차원 혹은 3차원 공간에서
도 어떤 경우에는 파동의 전파가 원파나 구면파가 아니고, 1차원에서처럼 거
의 한 방향으로 나아가는 '평면파'가 나타날 수 있다. 예를 들어 긴 막대기로
평행하게 수면을 치면 물 위에서 퍼져나가는 평면파를 볼 수 있다.

3차원 공간에서 파동의 전파는 위와 같이 수학적으로 잘 묘사되지만, 개념

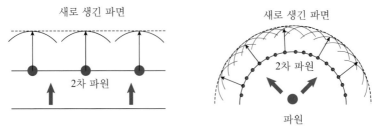

그림 4-14 평면파와 구면파의 전파를 설명하는 하위헌스의 원리. 점들은 가상적인 2차 파원들이고, 점선은 이들이 낸 구면파에 의해 만들어진 새로운 파면을 나타낸다.

적으로는 하위헌스의 원리로 설명된다. 그림 4-14는 평면파와 구면파가 전파되는 과정을 하위헌스의 원리로 설명한 도해이다.

파동이 진행할 때 동일 파면 위에 있는 점들을 생각해 보자. 이 점들을 가상적인 '2차 파원'으로 생각하면, 이들은 그림에서 화살표 방향으로 각각 구면파를 내므로 이 구면파들이 모여 다음 파면을 만든다. 이런 식으로 다음, 또 그 다음의 파면을 만들면서 파동이 전파된다. 이것이 파동이 전파되는 현상을 설명하는 하위헌스의 원리이다.

그림 4-14와 같이 단일 매질로 이루어진 균일한 공간에서 파동의 전파를 설명할 때는 하위헌스의 원리가 그렇게 의미 있는 것으로 보이지 않을지도 모른다. 그러나 이것은 매질이 하나가 아니어서 파동이 두 매질 사이의 경계면을 지나거나, 매질 내에 장애물을 만나는 경우에 힘을 발휘한다. 즉, 하위헌스의 원리는 파동의 반사, 굴절, 회절 등 거의 모든 파동 현상을 직관적으로, 그리고 정량적으로 설명할 수 있는 기본 틀이 된다.

이제까지 설명한 파동은 모두 서로 연결된 질점들이 진동하는 역학 파동이다. 그러나 다음 장에서는 전자기력에 의해서도 전자기 파동이 나타날 수 있음을 소개할 것이다. (5.5.5 참조) 전자기 파동은 질점의 진동을 필요로 하지 않으므로 매질이 없는 진공에서도 전파할 수 있다. 특히, 빛은 전자기 파동의 하나이다. 근원이 전혀 다른 두 물리 법칙으로부터 파동이라는 공통적인 현상이 나타나는 것이다.

4.8.3 중요한 파동 현상들

여기서는 역학적 파동이건 전자기 파동이건 구별 없이, 모든 파동에 공통적으로 적용되는 중첩의 원리, 그리고 이것으로부터 연유하는 대표적인 파동 현상인 간섭과 회절, 맥놀이 등에 대해 살펴본다. 또한 일상에서 자주 접할 수 있고, 여러 물리학 분야에 응용되는 도플러 효과에 대해서도 간단히 소개한다.

중첩의 원리와 간섭

두 파동이 각각 진행하다가 서로 만나면 겹치는 곳에서는 '중첩'되고, 서로 지나치고 나면 서로 아무런 영향을 받지 않고 원래대로 진행하는 것으로 보인다. 입자들의 흐름은 서로 충돌하여 흐름이 흩어지는 부분이 발생할 것이다.[24] '중첩의 원리superposition principle'는 두 파동을 단순히 더하여 이들이 겹치는 곳에서 결과 파동을 얻을 수 있다는 원리이다. 이것은 대개의 파동이 훅의 탄성법칙이나 전자기학 법칙 등과 같이 '선형적인' 법칙에서 유래하기 때문이다. 그러나 비선형적인 거동을 보이는 매질 안에서는 중첩의 원리가 성립되지 않는다. 이 책에서는 선형적인 경우, 즉 중첩의 원리가 성립되는 범위의 파동 현상들만 다룬다.

　먼저, 같은 방향으로 진행하는 두 파동의 중첩을 생각해 보자. 그림 4-15 (가)의 위 그림은 위상이 같은 두 파동을 보여준다. 여기서 '위상'이란 두 파동이 어긋난 정도를 각으로 환산한 양을 말한다. (가)의 위 그림은 위상차가 없는 경우를, (나)의 위 그림은 위상차가 180도인 경우를 나타낸 것이다. 그러나

---

24) 따라서 뉴턴이 빛이 입자라고 생각한 데는 특별한 가정이 필요했을 것이다.

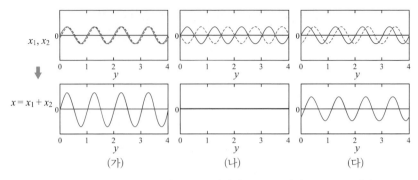

그림 4-15 위상이 다른 두 파동 x_1과 x_2(위의 그래프): (가) 같은 위상, (나) 180° 위상차, (다) 90° 위상차. 아래 그래프는 합성파 $x = x_1 + x_2$를 나타낸다.

조화함수는 위상이 360도 바뀔 때마다 그 모양이 반복되므로, 위의 위상차 값에 360도의 배수를 더하거나 빼주어도 결과는 동일하다.

(가)의 경우 두 파동을 합하면 (가)의 아래 그림과 같이 가장 진폭이 큰 파동을 얻는다. 반면에 (나)의 경우와 같이 위상이 180도 만큼 차이가 나는 두 파동을 합하면 서로 상쇄되어 (나)의 아래 그림과 같이 진폭이 0이 된다. 그리고 일반적인 위상차에 대해서는 두 파동 사이의 위상차에 따라 진폭과 위상이 정해지는 새로운 파동이 된다. (다)의 그림은 위상차가 90도인 경우를 보인 것이다.

한편, 두 파동이 각각 원파 형태로 퍼져나간다면, 이 두 파동의 중첩은 '간섭'이란 특이한 형태로 나타난다. 그림 4-16은 두 점 파원에서 퍼져 나오는 수면파(원파)의 간섭 패턴을 찍은 사진이다. 두 파동이 중첩되면 진동이 가장 센 보강간섭과, 진동이 거의 소멸되는 상쇄간섭 부분이 방사선 형태로 뚜렷이 나타나는데, 각각 그림 4-15에서 설명한 (가)와 (나)의 중첩이 일어난 결과이다. 즉, 진동이 큰 부분은 두 파동이 같은 위상, 혹은 360도의 배수의 위상차로 만나는 지점이고, 진동이 소멸되는 부분은 이 선들의 사이에 있다. 즉, 180도, 180 + 360도, 180 + 720도, ... 의 위상차를 갖고 두 파동이 만나는 지점이다.

이와 같은 현상은 수면파뿐만 아니라 방음벽이 설치된 고속도로를 달리면

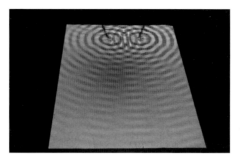

그림 4-16
두 파원에서 나온 수면파의 간섭. (사진: 김청식)

서 라디오 방송을 들을 때도 가끔 느낄 수 있다. 즉, 원래의 전파(전자기 파동)가 방음벽에서 반사된 파동과 간섭하여 그림 4-16과 같이 보강간섭하는 곳과 상쇄간섭하는 곳을 일정 간격으로 만드는데, 자동차가 상쇄간섭하는 곳, 즉 진폭이 약한 곳을 지나가는 순간에는 방송 신호가 잘 잡히지 않는 것이다.

파동의 반사와 정상파

파동이 한 매질에서 다른 매질로 들어가는 경계면에서는 반사와 투과가 일어난다. 여기서는 먼저 줄 파동이 투과하지 못하도록 줄 끝을 벽에 묶어 놓은 경우에 대해 반사파의 거동을 살펴보자. 줄의 한 쪽 끝이 벽에 단단히 고정되어 있는 상태에서, 다른 쪽 끝을 상하로 한 번 흔들어 파동을 발생시킨다. 그림 4-17은 이 파동이 벽을 향해 부딪는 매 순간 입사파, 반사파, 그리고 이들의 중첩 파동의 모양을 묘사한 그림이다.

그림에서와 같이 입사파가 벽에 부딪치는 순간 반사파가 형성되는데, 이 둘을 중첩한 합성파는 벽에 고정된 부분에서는 항상 변위가 0이어야 하므로, 반사파는 입사파를 뒤집어 놓은 모양이 나와야만 한다. 즉, 반사파와 입사파 사이에는 '180도의 위상차가 있다'고 하는데, 이것이 '고정단 경계조건'이다. 이것은 벽에 공을 던지면 튕겨 나오는 것과 같이 벽이 줄의 운동에 반대 방향으로 운동량을 전달해 주기 때문이다. 단단한 벽뿐만 아니라 일반적으로 밀도가 낮은 매질에서 밀도가 큰 매질로 파동이 진행할 때도 반사파는 입사파에 대해 180도의 위상을 가진다.

그러나 줄 고정부위가 자유롭게 움직일 수 있도록 벽 대신 수직 봉에 헐렁한 고리로 끝 부분의 경계를 만들면, 이 '자유단'의 경우에는 반사파와 입사파 사이에 위상차가 없다[13]. 줄의 끝이 벽에 묶여 있지 않고 봉 아래위로 자유롭게 움직일 수 있다면 벽이 줄의 운동에 영향을 미칠 수 없기 때문이다.

위의 경계조건은 '정상파standing wave'를 설명할 수 있다. 고정단 반사의 경우 벽에 고정된 줄을 진동시켜 아래위로 흔들어 주면 끝이 고정되어야 하므로 반사파는 입사파와 180도 위상차를 가지고 나오는데, 입사파와 뒤집어진 반사파가 중첩되어 정상파가 만들어진다. 정상파는 그림 4-18과 같이 전파되지 않고 특정한 곳에서만 진동한다.

줄은 그림에서 실선과 파선 사이를 진동하는데, 진동이 전혀 없는 '마디'들이 존재하고, 마디와 마디 사이에는 진동이

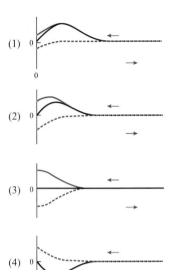

그림 4-17
끝이 왼쪽 벽에 고정된 줄 파동의 반사. 파란 점선은 입사파, 파란 파선은 반사파, 실선은 입사파와 반사파의 중첩을 나타낸다.

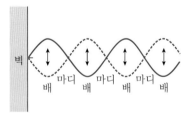

그림 4-18
입사파와 위상이 반대인 반사파의 중첩에 의해 만들어진 정상파. 진동이 가장 큰 곳(배)을 화살표로 표시하였다.

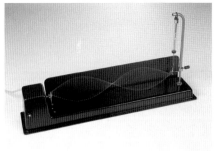

그림 4-19
위: 기타 6번선(가장 위)의 진동. 1배 진동이 지배적이다. 아래: 현의 2배진동

가장 큰 '배'가 위치한다. 이웃하는 마디 사이 혹은 배 사이의 거리는 파장의 절반에 해당된다. 정상파는 진행하지 않고 제 자리에서 진동하는 것으로 보이나, 사실 왼쪽으로 진행하는 입사파와 오른쪽으로 진행하는 반사파가 중첩된 결과가 그렇게 보이는 것이다.

정상파는 대부분의 악기의 음색을 결정하는 요소이다. 예를 들어 기타 줄을 튕길 때 나오는 음은 양쪽이 고정단인 1배진동, 즉 '기본파'의 정상파에서 나온다. (그림 4-19, 위) 그러나 음을 분석해 보면 약하지만 2배진동과 그 이상 배수의 진동인 '조화파harmonic' 즉 배음의 진동수가 포함되어 있다. (그림 4-19, 아래)

N 배 진동의 진동수는 정확히 기본파의 N 배이며, 이 정상파들은 모두 양 끝이 고정단 경계조건을 만족한다. 기본파와 조화파들이 어떤 분포로 섞여있느냐에 따라 이것이 피아노 음인지 바이올린 음인지, 즉 악기 특유의 음색이

결정된다. 실험실에서 사용하는 소리굽쇠는 거의 하나의 (기본파) 진동수만을 가지고 진동한다. 이런 단조로운 음색은 기계음과 유사하여 조화파 성분이 풍부한 악기의 음에 비해 우리 귀에는 거슬리게 들린다.

파동이 한 매질에서 다른 매질로 들어갈 때 반사와 함께 투과가 일어날 수 있다. 투과는 다른 매질 속으로 파동이 진행되는 현상인데, 일반적으로 매질에 따라 파동의 속력이 다르므로 '굴절refraction' 현상이 일어난다. 예를 들어 수면파가 수심이 깊은 곳에서 얕은 곳으로 진행할 때, 혹은 빛이 공기에서 물속으로 들어갈 때 파동의 진행 방향이 꺾이는 현상을 굴절이라고 한다. 굴절 법칙은 두 매질의 경계면에 하위헌스의 원리를 적용하면 구할 수 있으나, 다음 장(5.4.1 참조)에서 빛의 굴절을 다룰 때 상세히 살펴보기로 한다.

맥놀이

진동수가 조금 다른 두 파가 중첩되면 '맥놀이beat'란 현상이 나타난다. 튜닝

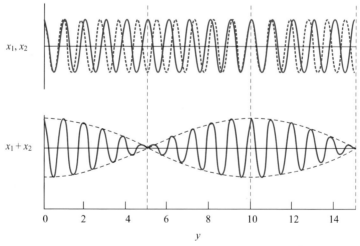

그림 4-20
진동수가 10% 다른 두 파동 x_1(위, 실선), x_2(위, 점선)와 이 둘의 중첩(아래). 이것을 봉하는 파선이 맥놀이를 나타낸다.

이 약간 불완전한 두 악기에서 같은 음을 낼 때, 혹은 같은 두 소리굽쇠 중 하나에 테이프를 붙여 음의 높이를 약간 바꾼 다음 같이 울려 보면 '웅웅'하면서 음의 강약이 천천히 반복되는 현상이 그것이다. 그림 4-20은 진동수가 조금 다른 두 파동 x_1과 x_2를 중첩한 그래프이다.

두 파동은 진동수가 조금 다르므로 처음에는 그림과 같이 골과 마루가 잘 맞다가 전파해 나갈수록 조금씩 어긋나기 시작한다. 어느 정도 진행하면 한 파동의 골이 다른 파동의 마루와 맞게 되는데, 이 부근에서는 중첩의 결과 진폭이 최소로 된다. 다시 그만큼 더 진행하면 골과 골이 다시 맞게 되며, 이 때 중첩된 파동의 진폭은 최대가 된다. 이 합성파의 진폭은 그림에서 파선으로 표시하였는데, 이 진폭의 변화가 맥놀이로 들리는 것이다.

맥놀이 진동수는 두 파동의 진동수 차이와 같으며, 이것은 현악기의 조율에 종종 이용된다. 즉, 두 현(줄)이 거의 조율되었을 때 이들로 동시에 같은 음을 내면 매우 느린 맥놀이가 들린다. 맥놀이 진동수가 1초에 1회 이상이면 음악가가 아니더라도 현의 조율이 좋지 않음을 알 수 있을 것이다.

회절

파동이 진행하다가 장애물을 만나면 직진하지 않고 휘어져 나아가는 현상을 '회절diffraction'이라고 한다. 그림 4-21은 수면파가 진행하다가 장애물을 만났지만 틈새가 있어 새어나가는 현상을 보여 준다. 그러나 새어나간 파동은 틈새를 통과한 후 점점 더 넓어지는 것을 볼 수 있다. 이러한 퍼짐 현상은 파동의 파장이 커질수록 더욱 두드

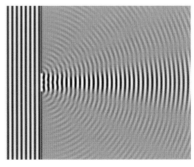

그림 4-21
수면파가 틈새를 통과할 때 나타나는 회절 현상 (전산모사: Dicklyon)

러지는데, 파장에만 의존하는 것이 아니고 파장과 틈새 크기의 비에 의존한다. 이러한 파동의 회절도 하위헌스의 원리로 설명할 수 있다.

빛은 직진성이 무척 강하여 날카로운 그림자를 만들곤 하지만, 빛 또한 파동이므로 장애물의 모서리에 의해 미세하지만 회절한다. 빛의 회절은 망원경, 현미경 등 광학기기의 한계를 설정하기도 하지만 광학 이미지 처리에 적극적으로 응용되기도 한다. 빛의 회절은 5.4절에서 좀 더 상세히 다룬다.

도플러 효과

파동을 내는 파원과 관측자가 상대적으로 운동을 하고 있으면 파동의 진동수는 파원의 진동수와 다르게 측정된다. 응급차가 다가올 때는 경적 소리가 고음으로 들리다가 지나가고 나면 갑자기 저음으로 들리는 현상이다.[25]

정지하고 있는 관측자에게 다가오는 파원이 내는 파동의 주파수가 높게 측정되는 이유는 파원이 단위시간당 내는 파면의 수는 일정하지만 파원이 접근하면서 파면을 생성하기 때문에 측정자가 단위시간당 '맞는' 파면의 수가 늘어나기 때문이다. 반대로 파원이 멀어지면 주파수가 낮게 측정된다. 그림 4-22는 왼쪽으로 진행하는 파원에서 나오는 파동을 묘사한 것이다. 왼쪽에서 보면 파원이 다가오므로 파장이 짧아지고 주파수는 증가한 것으로 관측된다. 물론 오른쪽 관측자는 그 반대로 관측한다.

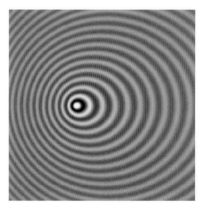

그림 4-22
왼쪽으로 진행하는 파원이 내는 파동 (전산모사: Pfalstad)

_____

25) 응급차가 다가올 때 피하라고 일부러 고음을 내는 것이 아니다.

반면에 관측자가 정지해 있는 파원에 접근할 때는 파원이 일정한 간격(파장)의 파면을 생성하지만 관측자가 접근하면서 더 많은 수의 파면을 맞게 되어 결국 파동의 주파수는 더 높게 측정하게 된다.

이와 같이 파원이나 관측자의 운동으로 발생하는 주파수의 변이를 이 현상을 처음 발견한 오스트리아 물리학자 도플러Christian Doppler, 1803-1853의 이름을 따서 '도플러 변이Doppler shift'라고 한다. 음파와 같이 매질의 진동을 통해 전파되는 파동은 위와 같이 관측자나 파원의 정지·운동 여부는 매질을 기준으로 정해지므로, 도플러 변이는 파원과 관측자의 상대속도만으로 정해지지는 않는다[13]. (각각의 속도에 의존한다.) 그러나 진공에서 전파하는 빛에 대한 도플러 효과는 오직 상대속도에만 의존하는데, 이것은 상대론적인 효과 중 하나이다.

도플러 효과는 자동차의 과속을 단속하기 위한 이동식 속도 측정기(스피드 건)에 응용되고 있는데, 전자기파를 달리는 자동차에 쏘았을 때 반사되어 돌아오는 전자기파의 주파수를 원래의 주파수와 비교하여 자동차의 속력을 측정한다.

우주가 팽창하고 있다는 사실도 20세기 초 도플러 효과를 이용하여 발견하였다. 허블Edwin Hubble은 별들을 이루고 있는 특정 원자가 내는 빛의 스펙트럼을 관측한 결과, 멀리 떨어진 별일수록 원래 스펙트럼 선의 파장보다 더 긴 파장의 빛을 내는 것을 관측하여 (적색 편이), 이들이 더욱 빠른 속력으로 멀어지고 있다고 결론내렸다. 이 관측은 현대 우주론의 시발점이 되었다. (7.4 참조)

4.8.4 근대 이후의 입자론과 파동론

이제까지 살펴본 바와 같이 파동 현상은 그것의 원인이 되는 물리 법칙에 관계없이 공통적인 특성을 가지며 일상에서도 광범위하게 접할 수 있다. 18세기까지 대부분의 파동현상이 매질을 구성하는 입자들의 연속적인 운동에 그 근원을 두고 있는 것으로 알려졌다. 즉, 뉴턴의 역학법칙으로 모든 파동현상을 설명할 수 있다고 믿었던 것이다. 심지어 간섭과 같은 광학 현상조차 입자론으로 설명되었다.

그러나 다음 장(5.4.3 참조)에서 소개할 19세기 초 영의 빛 간섭실험 이후 역학법칙으로 해석할 수 없는 빛 파동론이 빛 입자론을 대체하였고, 18세기 중반에 맥스웰은 이 빛 파동이 전자기파의 일종이란 사실을 밝혔다. (5.4.4, 5.5.5 참조) 이로써 뉴턴 역학의 견고한 성벽은 한 쪽이 무너졌고, 전자기학에 기반한 파동론에 상당한 영토를 내주었다.

그러나 20세기 초 또 한 번의 반전이 일어났다. 현대물리의 한 축을 이루는 양자역학 이론이 수립되면서 전자와 같이 입자로 생각되던 것들이 필연적으로 파동성을 가지는 것으로 관측되었고, 이 두 이론은 결국 '화해'를 하게 되었다. 즉, 현대 물리학자들이 빛을 포함한 아주 작은 입자는 모두 입자와 파동의 성질을 모두 가진다는 '이중성'을 받아들인 것이다. (6.2.2 참조) 물리 이론에서도 정치에서처럼 '타협'이 있다니... 물리학에서 기대하는 것은 확실한 답을 주는 '흑백논리'가 아니었던가? 이 질문에 대한 답은 6.2절에서 논한다.

제5장

베이컨 과학

5.1 근대 유럽 과학의 발전과 사회적 배경

17-19세기 200년 정도의 짧은 시기에는 그 이전 수천 년 동안 있었던 것보다 훨씬 더 급격한 변화가 일어났다. 유럽에는 민족국가들이 수립되어 서로 경쟁하였다. 대항해 시대를 주도한 스페인과 포르투갈은 해상권을 독점하며 신대륙에 방대한 식민지를 건설하였고, 뒤이어 영국은 스페인의 무적함대를 물리치고 대서양을 장악함으로써 지구를 빙 둘러가며 식민지를 구축했다. 더구나 영국은 무굴제국을 굴복시켜 인도대륙을 식민지화함으로써 엄청난 부를 축적하였고, 미국을 식민지로 두었을 뿐만 아니라, 중국(청제국)과 대결한 아편전쟁에서 이기고 무역을 독점하여 전 세계에서 가장 부강한 나라가 되었다.

19세기 말 유럽 열강의 식민지 확장 경쟁은 극에 달해 아프리카의 쓸모있는 땅은 일찍이 유럽의 식민지가 되어 자원과 노예의 생산지가 되었고, 일본과 조선을 제외한 중국과 아시아 국가들도 거의 다 유럽 각국에 분할되어 식민지화 되었다. 19세기 후반 뒤늦게 통일된 민족국가를 이룬 독일제국은 과학과 기술, 그리고 산업 부문에서 유래 없이 단기간에 성장하여 선두 주자인 영국과 프랑스를 따라 잡았는데, 무력을 앞세운 식민지 경쟁에 뒤늦게 합류하면서 결국 20세기 초 전 유럽을 제1차 세계대전의 소용돌이 속으로 빠져들게 하였다.

19세기 말에는 영국에서 시작된 산업혁명이 유럽 전체로 퍼져나가면서 분업화와 대량생산의 시대가 열리고, 강대국들을 중심으로 자본주의 사회가 수립되었다. 그러나 산업혁명의 결과 빈부의 차가 심화되고 자본을 가지지 못한 사람들의 불만이 쌓여 19세기 중반 독일에서는 공산주의 이론이 수립되었으며, 후일 러시아 혁명으로 소비에트 연방(소련)이 탄생하는 불씨가 되었다.

아시아에서는 유일하게 일본이 제국주의 식민지 경쟁에 뛰어들었다. 일본은 메이지 유신에 성공하여 10여 년의 짧은 기간에 유럽과 대등한 산업화는 물론 사회 개혁에도 성공한 듯 보였다. 그러나 일본의 근대화는 독일과 마찬가지로 급속한 성장이 민주주의가 아닌 군국주의에 의해 주도되었고, 이것은 비극적인 제2차 세계대전을 일으키는 원인 중 하나가 되었다.

이 시기에 물리학 분야에서 일어난 중요한 일들은 이 장에서 어느 정도 상세히 다루겠지만, 물리 이외의 과학 분야에서도 큰 변혁이 일어났다. 그 중 가장 중요한 것은 1859년 다윈의 '종의 기원' 발표로 시발된 진화론이다. 진화론은 과학계와 종교계뿐만 아니라 유럽 사회 전반에 엄청난 파장을 불러일으켰다.

이미 태양중심설의 확증으로 기독교의 권위가 상당히 줄어든 것은 사실이지만 이것이 기독교의 기본 교리를 침해하지는 않았던 반면, 진화론은 그 당시까지 유럽 기독교 사회에 기정사실로 받아들여져 왔던 신의 인간 창조론에 정면으로 도전한 중요한 사건이었고, 지금도 진화론-창조론의 논란은 계속되고 있다.[1] 최근 들어 유전자 연구의 진전으로 진화론의 증명에 한층 다가선 듯 하지만 아직도 많은 연결고리가 설명을 기다리고 있다. 만약 다른 행성에 생명체의 존재가 발견되면 어떻게 될까? 과학계에서는 태양계 행성과 위성들에서 생명의 흔적을 탐구하고 있으며, 태양계 밖에서 지구와 비슷한 행성을 찾는 연구도 활발하다.

물리학 분야에서는 17세기 후반 뉴턴의 역학법칙 수립으로 천체를 포함한 모든 운동이 수학적, 기계적으로 설명되었다. 이는 생물학, 철학을 포함한 계몽운동 전반에 영향을 주었으나 고전역학으로 모든 자연현상을 이해하기는 어려웠다. 특히 이 당시 '만물'이 무엇으로 이루어져 있나, 전기나 자기는 어떤 힘인가, 열과 빛은 무엇인가 하는 질문에는 거의 근본적인 답이 없었고, 단

---

1) 미국의 몇 개 주에서는 학교에서 진화론만을 가르치는 것이 불법이다[8].

지 몇몇 경험적인 법칙들만 겨우 알려진 정도였다.

이와 같이 경험의 축적에 의한 현상론인 '베이컨 과학'[2]은 18세기 말부터 정량화되기 시작하여 19세기 말에는 이 현상론의 바탕이 되는 보편적인 법칙들이 발견되었는데, 전자기학, 열역학, 광학 등이 이에 속한다[3]. 이 장에서는 물리학의 바로 이웃 학문인 화학의 수립에 대해서도 알아본다. 화학은 원자론과 밀접한 관련이 있기 때문이다.

18세기 이후 유럽 사회는 전반적으로 발전이 가속되어 이들 베이컨 과학은 눈부시게 성장하였으며, 본격적으로 '과학자'란 직업이 생겼다.[3] 그리고 이들 직업 과학자들 사이에는 발명 · 발견의 우선권을 다투는 치열한 경쟁이 벌어졌다. 결국 19세기 말에 베이컨 과학은 뉴턴 역학이 보여주었던 정량적인 과학의 모습을 갖추게 되었다. 이즈음 물리과학은 '완성'을 선언할 수준까지 도달하여 모든 물리 현상이 명쾌하게 설명되는 듯이 보였고, 더 이상의 중요한 변화나 발전은 없을 것처럼 보였다. 그러나 이것은 새로운 물리학의 시작이었다. 이 장에서는 주로 19세기에 있었던 베이컨 과학 분야들의 폭발적인 발전을 조명해 보고, 이들이 현대 과학과 기술에 미친 영향을 알아본다.

5.2 원자론과 화학

5.2.1 연금술에서 벗어나다

고대 그리스의 아리스토텔레스는 네 가지 기본원소(공기, 불, 물, 흙)가 결합하여 물질을 이루며, 그 이후에는 기본원소의 흔적이 없어진다고 주장하였

---

2) 여기서 베이컨은 영국의 경험론 철학자 Francis Bacon(1561−1626)을 지칭한다. 중세말엽의 자연철학자 Roger Bacon과 혼동하지 말 것.
3) 이전까지 과학은 대부분 귀족들의 취미였지 생계를 위한 직업은 아니었다.

다. (1.2.5 참조) 이 4원소론은 19세기 원자론이 수립되기 전까지 뉴턴을 비롯한 대부분 과학자들에게 신봉되었으며, 현대적인 원소 개념을 몰랐던 이들 상당수가 연금술을 추구하였다. 예를 들어 흰 아연과 붉은 구리를 섞으면 중간 정도의 노란 색을 띤 금을 만들 수 있다고 믿은 것이다.

그러나 아리스토텔레스보다 반세기쯤 먼저 활동했던 데모크리토스는 4원소론과는 대조적인 원자론을 주장하였다. (1.2.4 참조) 즉, 더 이상 분리할 수 없는 만물의 '기본 단위building block'로서의 원자를 가정함으로써 몇 가지 자연 현상을 설명하였는데, 나중에 진공을 발견하고 만들 수 있게 되면서 근대 유럽 과학자들은 원자 존재의 가능성을 꾸준히 탐구해왔다. 19세기 근대 화학의 기초가 된 원자론은 데모크리토스 원자론의 부활로 볼 수 있다.

천문학 혁명이 완성되고 고전역학이 수립되었던 17세기 당시 유럽 화학은 중세 이슬람의 수준을 크게 벗어나지 못하고 있었다. 연금술을 믿음은 물론, '철이 녹스는 것은 붉은 행성인 화성의 지배를 받기 때문이다', '화학 반응은 물질들이 서로 좋아해서feel sympathy이며, 반응하지 않는 것은 싫어해서abhor이다' 등의 주관적이고 미신적인 주장이 난무했으며, 이런 해석은 점성술이나 마술과도 밀접한 관련이 있었다. 화학의 돌파구는 원자에 있었다. 원자론을 도입한 화학은 18~19세기에 크게 도약하였고, 20세기 초 새롭게 수립된 물리 이론인 양자역학을 적용하면서 현대 화학의 기틀을 잡게 되었다.

데모크리토스의 원자론은 로마의 시인 루크레티우스, 알렉산드리아의 헤론 등 소수만이 지지하였는데, 그 이유 중 하나는 진공의 존재를 인정하지 않은 아리스토텔레스 철학에 반하였기 때문이다. 그러나 토리첼리Evangelista Torricelli, 1608-1647는 그림 5-1과 같이 매우 긴 유리 실험관을 수은으로 채운 다음 거꾸로 세웠더니 실험관 끝에 빈 공간이 생기는 것을 관찰하였다. 진공을 처음으로 발견한 것이다. 물론 다른 액체, 예를 들어 가장 흔하고 안전한 물을 사용할 수도 있지만 물은 비중이 작아서 진공을 만들려면 10 m 이상 되는 긴

시험관이 필요하다. 그러나 실험실 규모의 실험
은 아니지만 아무리 힘센 펌프로도 10 m 이상 물
을 퍼 올리지는 못한다는 것이 그 당시 이미 알려
져 있었다.

그는 이 현상을 이용하여 수은 기압계를 발명
하였는데, 그의 업적을 기리기 위해 기압의 단위
를 '토르Torr'로 명명하였다. (기압계의 발명보다
는 진공의 발견이 훨씬 중요한 업적으로 생각할
수 있다.)

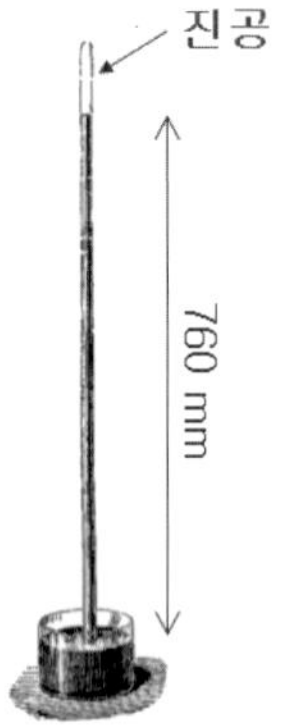

곧이어 게리케Otto von Guericke, 1602-1686는 수동
으로 작동하는 공기펌프를 발명하였는데, 이 기

그림 5-1
토리첼리의 수은 기둥 실험. 1기
압은 760 mm 높이의 수은 기둥
을 지탱한다. 즉 1기압은 760
Torr이다.

계로는 어떤 용기에서나 공기를 뽑아내어, 완벽한 진공은 아니지만 진공에
가까운 상태를 만들 수 있었다.

그러나 아리스토텔레스 과학에서 탈피한 '최초의 화학자'로 볼 수 있는 사
람은 보일Robert Boyle, 1627-1691이다. 기체의 압력과 부피의 곱은 일정하다는
보일의 법칙은 우리에게 잘 알려져 있으며, 이후에 이 법칙은 온도를 포함한
샤를의 법칙이 더해져 '이상기체 상태방정식'으로 발전하였다.

보일의 아버지는 영국 귀족으로, 아일랜드의 식민화가 진행되던 시기에 아
일랜드로 건너갔으며, 보일은 그곳에서 태어났다. 그는 상당한 유산을 부친
으로부터 물려받았지만 육체적으로 허약하였으며, 조용하고 나서지 않는 성
격을 지녔다고 한다. 평생 독신으로 살았으며 말년에는 누이와 같이 살다가
둘 다 비슷한 시기에 죽었다. 20년 동안 누이의 집에서 살면서 실험, 토론, 저
술 등의 과학 활동을 같이 하였다[7].

보일은 화학을 갈릴레이의 물리처럼 기계적인 세계관의 일부로 수립하고
자 하였다. 즉, '좋아함sympathy', '혐오함abhorrence' 등의 연금술적인 개념을

버리고, 화학 현상을 일으키는 원인을 찾고자 한 것이다. 그는 '회의적인 화학자The Skeptical Chymist'를 출간하여 원소와 화합물 개념을 도입하였다.[4] 그리고 불이 붙는 것과 생물의 호흡에 모두 공통적인 어떤 원소가 필요하다는 것을 깨달았는데, 이것이 나중에 발견될 산소였다. 그는 이러한 연구의 부산물로 성냥을 발명하기도 하였다.

그는 또한 게리케가 발명한 공기펌프 소식을 듣고 직접 비슷한 기계를 만들어 진공 실험을 하였는데, 그 중에는 진공 속에서 울리는 벨소리 실험도 있다. 공기를 뽑아서 용기 속의 진공도가 높아지면 벨소리는 잘 들리지 않게 된다. 물론 벨소리가 바닥을 타고 전파되어 나가지 않도록 접촉 부위에서 진동을 잘 차단해야 한다. 이 실험은 지금도 어린 학생들의 호기심을 자극하는 실험으로 인기를 끌고 있다.

보일은 공기펌프를 이용해 공기의 압력을 마음대로 조절함으로써 물리뿐만 아니라 화학에서도 자주 쓰이는 보일의 법칙을 발견하였다. 그의 저서 '공기의 탄성New Experiments Physico-Mechanical: Touching the Spring of the Air and their Effects'에서 공기의 압력(P)과 부피(V)의 곱이 일정하다는 것을 서술하였다. 즉,

$$PV = (\text{일정}) \hspace{3cm} (5\text{-}1)$$

이 보일의 법칙은 관측의 결과에서 찾아낸 현상론적인 법칙이지만 후일 베르누이Daniel Bernoulli, 1700-1782가 기체를 운동하는 작은 입자(원자 혹은 분자)로 생각한 '기체운동론'으로 증명하였다.

베르누이는 기체가 질량(m)을 가진 작은 입자들로 구성되어 있으며, 이들은 무작위 운동을 하지만 통계적으로 속력은 평균값(v)을 가진다고 가정했

---

4) 이 책의 제목처럼 과학자의 기본적인 태도 중의 하나는 '의심'이다. 과학에서 당연한 것은 없다.

다. N개의 기체 입자가 부피 V인 정육면
체 상자 속에 있다면 확률적으로 $N/6$ 개
의 입자는 그림 5-2와 같이 평균 속력 v
로 한 쪽 벽에 충돌한 다음 같은 속력으
로 튕겨져 나온다고 볼 수 있다. (벽은
완벽한 탄성체라고 가정한다.) 그러면
충돌 전과 후 입자 하나의 운동량 변화
는 $2mv$ 이므로 단위시간당 운동량의 변

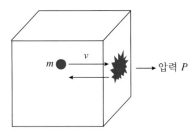

그림 5-2
기체 입자들의 충돌이 용기의 벽에 압력을 주
는 원인이다.

화 즉, 힘을 계산할 수 있고 (운동 제2법칙), 압력(P)은 이 힘을 정육면체의 한
면의 넓이로 나누어 아래와 같이 정량적으로 계산할 수 있다[13].

$$P = (N/3V)\, mv^2 \tag{5-2}$$

즉, $PV = (N/3)\, mv^2$으로 일정하다는 보일의 법칙이 증명된다.

후일 샤를Jacques Charles은 이 식에 기체의 온도를 도입하여,

$$PV = NkT \tag{5-3}$$

의 '이상기체의 상태방정식'으로 완성하였다. 여기서 k는 '볼츠만 상수'이고,
T는 기체의 '절대온도'이다.(5.3 참조) 물론 이 식은 현대적인 표현이며, 샤를
당시에 절대온도 개념은 아직 없었다. $\frac{1}{2}mv^2$가 기체 원자 하나의 운동에너지
임에 착안하여 식 (5-2)와 (5-3)을 비교하면,

$$운동에너지 = \tfrac{1}{2}mv^2 = (\tfrac{3}{2})kT \tag{5-4}$$

가 된다. 즉, 절대온도는 분자 하나의 평균 운동에너지란 것을 알 수 있다.

베르누이의 기체운동론은 시대를 너무 앞서 갔으므로 당시에는 학계의 주
목을 받지 못하였다. 그러나 수십 년 후 원자론이 체계적으로 수립되면서 이

이론은 경험론적인 열역학 법칙을 미세 입자의 운동법칙으로 설명하는 중요한 연결고리가 되었다.

5.2.2 연소란 무엇인가

보일의 경우도 그러했지만 초기 화학의 발전은 '연소'를 제대로 이해하는 과정으로 볼 수 있다. 18세기 초 슈탈Georg Ernst Stahl, 1660-1734은 '플로지스톤 phlogiston'이란 가상적인 원소를 도입하여 물체가 타는 현상을 설명하였는데, 이는 그의 스승 베허Johann Joachim Becher의 연소이론을 발전시킨 것이다. 플로지스톤은 '화소(火素)'라고 번역할 수 있는데, 이것은 연소물 속에 존재하는 가상의 원소이며, 불타면 이것이 빠져나와 재가 남고, 따라서 물체의 무게가 줄어든다고 설명한 것이다. 화소설은 '순수한 공기', 즉 산소를 분리해 낸 프리스틀리Joseph Priestley, 1733-1804도 신봉하였을 정도로 당대의 연소론을 지배하였다.

프리스틀리는 산소를 '탈(脫) 화소 공기de-phlogisticated air'라고 불렀는데, 이는 일반적인 공기는 화소를 많이 함유하고 있는 반면, 산소는 이것을 덜 가지고 있어서 물체를 더 잘 연소시킨다고 생각했기 때문이다. (우리가 숨 쉬는 공기는 산소와 질소가 1:4 정도로 섞여 있다는 것이 후일 밝혀졌다.)

그러나 프리스틀리와 만나서 토론한 라부아지에Antoine Lavoisier는 여러 가지 실험을 통해 화소설을 부정하고 제대로 된 현대적인 연소론을 수립한다. 프리스틀리는 끝까지 이것을 신봉하여 마지막 플로지스톤 주의자로 불리게 되었다.

프리스틀리 이전에 기체는 이산화탄소, 수소, 그리고 '공기'의 세 가지 밖에 알려지지 않았다. 이산화탄소는 블랙Joseph Black, 1728-1799이 석회석을 가열할 때 나오는 기체로 발견하였는데, 이 기체는 불을 꺼지게 하고 동물을 질식시킨다. 이것은 가열할 때까지는 석회석 안에 고정되어 있으므로 '고정공기fixed air'라고 불렀다. 석회석을 가열하면 고정공기가 날아가고 생석회가 남는데, 이것을 물에 녹이고 고정공기를 공급하면 다시 석회석으로 변한다.[5] 이 실험으로 아리스토텔레스의 4원소론은 확실히 종말을 맞게 되었다.

수소의 존재는 보일 때부터 어렴풋이 알려져 있었지만 이것이 별개의 원소라는 사실은 캐번디시Henry Cavendish, 1731-1810가 밝혔다. 캐번디시는 중력상수를 정확하게 측정한 것으로 이미 소개되었는데(4.3.4 참조), 그는 화학자로서도 많은 업적을 남겼다. 그는 조부와 외조부가 모두 공작인 최고 귀족 집안에서 태어났으며, 아버지도 아마추어 과학자였다. 수줍은 성격을 지녔고, 완벽하지 않으면 연구결과를 발표하지 않았으므로 중요한 연구결과들이 그의 사후에 남겨진 연구노트에서 발견되었다. 쿨롱의 법칙, 옴의 법칙 등이 그 예이다. 그는 사람과의 접촉을 극도로 꺼려 하녀들과도 쪽지로 교신할 정도였으며, 심지어 어쩌다 얼굴을 마주친 사람은 해고되었다고 한다.

러시아인 로모노소프Mikhail Lomonosov 등이 금속에 산acid을 가하면 가연성 기체 발생한다는 사실을 알아내었지만 캐번디시는 그 '가연성 공기'가 별개의 기체(수소)임을 밝혔다. 수소는 지구 대기에는 매우 적지만 우주 전체로 보면 가장 풍부하게 존재하는 원소로, 공기의 1/10 정도로 가볍다. 수소는 산소와 만나면 폭발적으로 반응하고, 그 결과 물(수증기)이 만들어진다. 그 당시까지 물은 순수 물질로 생각되었으나 이 실험으로 물은 두 기체가 만드는 화합물로 밝혀졌다. 그는 엄밀한 실험을 수행하여 수소와 산소가 부피 비 2:1로 결합한다는 사실을 정확히 측정하였다.

또한 공기 중에서 산소와 질소를 제거하고 난 후에도 1/120 이하로 남는 '거품'이 있다는 사실을 보고하였는데, 120년 후 램지와 레일리는 이것이 아

---

[5] 현대적인 분자식으로 석회석이 $CaCO_3$이고 생석회가 CaO이므로 이 반응이 가능하다는 것을 알 수 있다.

르곤Ar이란 또 다른 원소이고, 공기의 0.93%를 차지한다는 것을 알아내었다. 당시의 측정기술을 고려할 때 캐번디시가 달성한 정밀도는 놀라운 것이다. 이와 같이 당장 잘 이해되지 않는 현상을 무리하게 엉뚱한 이론으로 설명하지 않고, 엄밀한 측정 기록을 남기는 것이 올바른 과학자의 태도이다.

연소의 온전한 이해는 앞에서 언급했던 라부아지에Antoine Lavoisier, 1743-1794의 몫이 되었다. 프랑스 파리의 귀족인 그는 연소이론을 확립하여 현대화학의 아버지로 불린다. 산소를 발견한 프리스틀리의 연구를 더욱 심화시킨 끝에 연소란 플로지스톤을 내놓는 것이 아니라 산소와 결합하는 '산화'과정이라는 사실을 밝혔다. 1789년 출간한 《화학요론Traité Élémentaire de Chimie》에서 나무의 연소는 산소와 결합하여 이산화탄소를 발생하고 재를 남기는 산화 현상이며, 철이 녹스는 현상, 생체가 호흡하는 것도 산화 현상이라고 정확히 간파하였다.

그는 또한 '황산' 등 화합물의 현대적인 명명법을 도입하였고, 국가방위를 위해 화약위원회에서도 중요한 역할을 하였다. 이 일은 곧 나폴레옹이 유럽을 제패하는 데 초석이 되었다.6)

그러나 같은 해에 프랑스에는 대규모 민중혁명이 일어났는데, 바로 프랑스 대혁명1789-1794이 프랑스는 물론 전 유럽을 흔들어 놓은 것이다. 라부아지에는 혁명 주도세력의 적인 귀족 중에도 세금징수관이었기 때문에 재산을 몰수 당하고 단두대에서 생을 마감하였다. 프랑스 대혁명은 절대 왕정을 종식시킨 민주혁명인데, 정권을 잡은 자코뱅당의 공포정치로 귀족과 시민 수만 명이 단두대에 희생되는 참극이 일어났으며, 후대에 겪을 일련의 혁명과 정치적 시행착오의 시작을 알리는 사건이었다. 자코뱅당이 몰락하고 얼마 지나지 않아 혁명정부는 라부아지에의 미망인에게 그를 처형한 것이 실수였다는 짧막

---

6) 나폴레옹은 포병 장교 출신이며, 포술의 천재였다고 한다.

한 서신을 보냈다고 한다.

라부아지에 부인Marie-Anne Pierrette Paulze은 단순히 남편의 조수가 아니라 남편과 공동 연구를 한 화학자였다. 뿐만 아니라 라부아지에가 죽은 후 그들의 연구 결과들을 보존하고, 번역, 출간하는 중요한 역할을 수행하였다. 당시 과학계에서는 여성은 후원자나 보조적인 역할만을 한다는 고정관념이 깊은 시대여서 라부아지에 부인은 남편의 조수 정도로 평가받았을 뿐이다.

5.2.3 현대 화학의 수립과 원자론의 완성

연소론이 확립된 후 19세기의 백여 년 동안 원자론은 완성의 단계를 밟는다. 다만 19세기 말까지 아무도 원자를 보거나 그 존재를 확증한 사람은 없었다. 프루스트Joseph Louis Proust, 1754-1826는 두 원소가 화학 결합할 때 화합물을 구성하는 데 소요되는 원소의 질량 비율이 일정하게 유지된다는 사실을 발견하였는데, 이는 혼합물과 화합물을 구별하는 중요한 척도이다.

돌턴John Dalton, 1776-1856은 원자론을 주장하였는데, 근본적으로는 데모크리토스의 고대 원자론을 부활시킨 개념이었다. 그러나 돌턴은 데모크리토스와는 달리 실험적인 사실들을 근거로 하였고, '원자량'이란 정량적인 개념을 도입한 것이 큰 발전이었다. 즉, 수소(H)의 질량을 1이라고 기준을 잡으면 산소(O)는 7의 질량을 가진다.[7] 물은 캐번디시에 의해 산소와 수소의 화합물이란 사실이 밝혀졌으므로 HO로, 원자량이 8이라고 생각하였다. 이것이 사실이라면 수증기(HO)가 산소(O)보다 무거워야 하지만, 사실은 그 반대이다. 돌턴의 가정은 분자의 존재를 고려하지 않았기 때문이다.

게이뤼삭Joseph Louis Gay-Lussac, 1778-1850은 두 기체가 반응하여 화합물을 만들 때, 처음 두 기체와 생성된 기체의 부피 사이에 간단한 정수비가 성립함을

---

7) 이것은 실험 오차로 산소의 원자량은 8이 맞다.

발견하였다. 예를 들어 '수소 2리터 + 산소 1리터 → 수증기 2리터'로 된다는 것이다. 뒤이어 아보가드로Amedio Avogadro, 1776-1856 는 기체가 분자 단위로 존재한다는 분자론을 바탕으로 돌턴과 게이뤼삭의 결과를 동시에 설명하였다. 드디어 '2H₂ + O₂ → 2H₂O'라는 현대적인 화학반응식에 도달한 것이다.

$$2H_2 + O_2 \rightarrow 2H_2O$$

그림 5-3
돌턴의 원소표

2천 년 이상을 전해 내려온 암흑의 마술, 연금술이 드디어 그 정체를 드러내기 시작했지만 아직도 인류는 얼마나 많은 원소가 이 세상을 이루고 있는지 알지 못했다. 돌턴은 당시까지 알려진 20가지의 원소들을 '원소표'로 요약하고 나름대로 원소기호를 붙였다. (그림 5-3)

그러나 보다 체계적인 원소표는 러시아 화학자 멘델레예프Dmitri Mendeleav, 1834-1907 가 만들었는데, 그는 몇 가지의 원소가 서로 비슷한 화학적인 특성을 가지는 데 착안하여, 이들을 주기적으로 표에 배열하였다. (그림 5-4) 이것이 현대 '원소 주기율표'의 근간이 되었다. 이 표에는 원자량과 화학적인 특성을 고려하여 있어야 할 곳에 해당 원소가 없는 경우는 '?'로 표시해두었는데, 후일 이들이 모두 발견되어 주기율표의 타당성이 입증되었다.

그림 5-4
멘델레예프의 주기율표. 러시아어 제목 이외에 원소기호는 현재 사용하는 것과 동일하다.

현재 주기율표에서는 매우 무거운 원소들이 새로 발견되어 가고 있는데,

원자번호 94번 플루토늄Pu보다 더 무거운 원소들은 불안정하여 다른 안정된 원소로 쉽게 붕괴하므로 매우 짧은 수명시간 동안만 존재할 수 있다.

원소의 주기적인 화학적 특성, 즉 주기율은 현상론적으로는 화학 반응을 잘 설명한다. 하지만 이와 같은 주기적인 특성의 원인은 어떻게 설명할 수 있을까? 그 답은 20세기 초 양자역학이 하게 되는데, 기존의 고전역학으로 설명이 불가능한, 매우 작은 입자들의 운동을 해석하는 새로운 물리학이 필요했던 것이다. (6.2 참조)

원자론이 확립된 시점에서 또 하나 주목할 점은 원자나 분자의 존재는 이보다 좀 늦게 검증되었다는 것이다. 원자나 분자를 직접 본 사람은 없지만 아인슈타인은 1905년 간접적인 방법으로 분자의 존재를 실증하였다. '브라운 운동'으로 알려진 물 위에 뿌린 꽃가루의 무작위 운동이 물 분자의 충돌 때문임을 가정하고, 이로부터 아보가드로 수(약 6×10^{23})를 추산해낸 것이다. 아인슈타인의 가장 중요한 업적은 상대성 이론이지만 그는 통계물리나 광학 등 다른 물리분야의 발전에도 매우 큰 기여를 하였다.

1909년 페렝Jean Baptiste Perrin은 분산 콜로이드 입자 연구로부터 아인슈타인의 논문에 근거한 아보가드로 수와 볼츠만 상수를 확인하였다. 페렝은 언젠가는 원자를 볼 수 있을 때가 올 것이라고 예측하였는데, 그 시기가 비교적 빨리 찾아왔다. 독일에서 이민 온 미국 펜실베이니아 주립대 교수 뮐러Erwin Wilhelm Müller, 1911-1977는 1955년 그가 발명한 '장-이온 현미경'으로 날카로운 텅스텐 바늘 끝단의 개별 원자들을 관찰하는 데 성공하였다[15]. 처음으로 원자를 보고 흥분한 그는 독일어로 "Atoms, ja, atoms!"라고 외쳤다고 한다.

5.3 열역학

5.3.1 열은 물질인가?

열이란 무엇일까? 뜨거운 정도는 온도로 나타낼 수 있다. 파렌하이트Gabriel Fahrenheit는 1709년 알코올 온도계를 발명하였는데, 이것은 알코올의 열팽창을 이용하여 온도를 재는 도구이다. 그러면 온도는 무엇이며, 왜 물질을 팽창시키는가? 열과 온도의 정체를 근본적으로 밝히려면 물질을 이루는 매우 작은 입자(원자, 분자)들의 운동을 이해해야 하는데, 5.2.1절에서 소개한 베르누이의 기체운동론이 좋은 예이다. 그러나 작은 입자의 운동을 설명하는 양자역학 이론은 20세기에 들어서야 나오기 시작하였으므로 18~19세기의 과학자들은 캄캄한 밤길을 더듬어 걷는 것처럼 거시적이고 현상론적인 접근을 할 수 밖에 없었다.

연소를 포함한 화학 반응은 종종 열을 동반하므로 화학자 라부아지에가 열을 연구한 것은 우연이 아니다. 그는 플로지스톤설을 깨뜨려 연소 이론을 확립하였으나 열의 정체를 설명하기 위해서는 '열소熱素, caloric'란 가상적인 유체를 도입하였다.[8] 즉, 물체가 뜨거워지거나 식는 것은 열소가 흘러들어 가거나 나가기 때문이라고 생각한 것이다. 열소 개념은 화학에서 플로지스톤과 마찬가지로 짧은 기간이지만 열역학 발전에 장애로 작용하였는데, 톰슨에 의해 열소의 존재는 부정되었다.

벤저민 톰슨Benjamin Thompson, 1753-1814은 상당히 흥미로운 인물이므로 그의 과학적인 업적에 비해 개인적인 면모를 좀 더 상세히 소개한다. 톰슨은 식민지 미국의 매사추세츠 출생인데, 출세를 향한 집념과 매력적인 용모 덕분에 젊은 나이에 13년 연상의 귀족 미망인과 결혼하여 큰 재산을 물려받았다.

---

8) 라틴어 'calor'는 열을 의미한다.

미국 독립전쟁이 일어나자 영국과 식민지군 사이의 이중첩자 혐의를 받았다고 전해지며, 결국 종전 후 영국에 잠시 정착하였다. 그 후 미국의 아내와 연락을 끊는 등 기회주의적인 행적을 남겼다[6]. 그는 평생 동안 다수의 여성을 사귀었는데 이들 역시 톰슨에게는 이용 대상이었을 수 있다.

그는 의심의 눈초리로 계속 지켜보는 영국을 떠나 신성로마제국의 바이에른Bayern으로 이주하였는데, 1775년 바이에른 선제후국의 군 장관으로 초빙되어 군대 훈련과 조직의 개혁에 크게 기여하였다.9) 그 공적을 인정받아 신성로마제국의 작위Graf von Rumford를 받았으므로 그 이후로 그는 '럼퍼드 백작'으로 불리었다.

그는 특히 신대륙으로부터 들어온 감자 조리법을 고안하여 많은 사람에게 경제적으로 영양분을 제공하는 등 실생활에 도움을 주었다. 그 당시 군대의 가장 큰 문제 중 하나는 병사들의 영양실조였다고 한다. 그는 무원칙적인 기회주의적 성격과 함께, 주방, 조리법 개량 등 서민들을 위한 선행도 종종 보이는 양면적인 인격을 가진 사람이었다.

바이에른을 포함한 신성로마제국이 나폴레옹에게 점령되기 전에 톰슨은 파리로 옮겨 과학 연구를 계속하였다. 그는 여러 귀부인들과 사귀다 결국 프랑스 대혁명 때 처형당한 라부아지에의 미망인과 열애 끝에 결혼하였으나, 곧 서로의 취향이 다름을 확인하였고, 불화 끝에 3년 만에 이혼하였다. 톰슨과 라부아지에 부인은 상류사회에서 유명 인사였으므로 이 결혼과 이혼은 당시 과학계에 상당한 화제가 되었다[6].

톰슨의 중요한 과학적인 업적은 열이 라부아지에가 주장한 것처럼 열소가 아님을 밝힌 것이다. 그는 바이에른 군대 훈련을 맡고 있을 때 대포의 포신을 깎는 과정을 자세히 관찰하였다. 당시에는 요즘과 같이 전기로 작동하는 고

---

9) 바이에른(바바리아)은 뮌헨을 수도로 한 신성로마제국의 한 제후국으로, 당시 서로 적국인 오스트리아와 프랑스 사이에서 눈치를 보는 힘겨운 외교를 펼치고 있었다.

속 회전 공작기계가 없었으므로 동력을 말馬이 제공하였다. 말들이 빙빙 돌면 연결된 강철 공구가 포신 속을 깎아내어 원하는 구경의 포신을 만드는 것이다.

이 과정에서 마찰열이 발생하므로 물을 뿌려 계속 식혀주지 않으면 공구의 날이 무뎌져 포신이 깎이지 않을 뿐 아니라 공구가 망가지기도 하는 것이다. 물은 마찰열을 빼앗아 끓는다. 톰슨은 이 과정에서 포신의 덩치에 관계없이 열이 거의 무한정 나오는 것에 착안하여 열이 열소란 물질이라면 이런 일이 불가능할 것이라고 생각하였다[6]. 그 대신 열은 '운동'에 관계된다는 새로운 주장을 하였는데, 이것은 열이 에너지와 대등하다는 열역학 제1법칙의 기초가 되는 중요한 발견이었다. (다음 절 참조)

톰슨은 라부아지에 부인과 이혼한 후 파리, 뮌헨, 런던을 오가며 연구를 계속하다가 파리에서 61세의 나이로 죽었는데, 그 나이에도 젊은 여성에게서 한 살 난 아들을 남겼다. 그의 유산은 이 여성과, 고향 미국에서 첫째 부인에게서 얻은 딸에게 나누어졌다. 그는 생전에 거금을 영국 왕립학회에 기탁하여 '럼퍼드 메달'이란 상을 제정하였는데, 지금도 열과 빛의 연구에 크게 기여한 과학자에게 수여해 오고 있다. 또한 하버드 대학에는 '럼퍼드 교수'란 영예로운 교수직이 있다. 그리고 그의 사회적 공헌을 기려 독일 뮌헨의 남 바이에른 지방정부청사 앞에는 그의 동상이 세워져 있다. (그림 5-5)

한편 톰슨과 비슷한 시기에 영국에서는 열과 온도에 대해 중요한 분석이 이루어졌다.

그림 5-5
뮌헨의 남 바이에른 정부청사 앞에 서 있는 톰슨(럼퍼드 백작)의 동상

앞 절에서 소개했던 블랙은 더운 물과 차가운 수은이 접촉할 때 물은 식고, 수은은 데워져서 결국은 같은 온도에 도달하는 열평형을 관측하여, 열과 온도는 서로 다른 양이란 것을 인식하였다. 이 관측에서 수은이 받은 열과 올라간 온도 사이에는 정비례 관계가 있다는 것을 알았는데, 이 비례상수를 '열용량'이라고 하였다. (물론 단위 질량을 기준으로 함.) 물은 수은에 비해 30배나 열용량이 크다. 즉, 물은 수은에 비해 잘 데워지지 않고, 잘 식지도 않는다는 뜻이다.[10]

그는 또 물이 끓는 동안에는 열을 가해도 온도가 올라가지 않는다는 것을 관찰하였는데, '잠열'을 발견한 것이다. 액체-기체, 고체-액체 간의 상전이에는 항상 잠열이 동반되는데, 블랙은 이 연구 결과를 와트James Watt와 논의하여 그가 1765년 증기기관을 실용적으로 개량하는 데 일부 도움을 주었으며, 와트의 증기기관 개량은 산업혁명의 주 동력원이 되었다.

그러나 와트가 열역학이란 확립된 과학이론에 근거하여 증기기관을 발명한 것은 아니다. 사실 최초의 증기기관은 고대 알렉산드리아의 헤론이 만들었으나 실용화되지 않았을 뿐이다. (1.3.5 참조) 최초의 실용적인 증기기관은 1712년 뉴커먼Thomas Newcomen에 의해 발명되어 광산에서 광물을 퍼 올리는 데 사용되었다. 그러나 뉴커먼의 증기기관은 한 번 사용하면 사용된 수증기가 다 식을 때까지 기다려야 하는 등 시간과 효율 면에서 단점이 많았다.

와트는 수증기를 빠르게 응축시키는 방법을 고안하여 증기기관이 연속적으로 돌아가게 만들었고, 그 결과 증기기관의 효율을 크게 개선하여 사람과 가축의 힘을 능가하는 동력원을 만들어 내었다. 와트가 과학자들의 연구 결과를 일부 이용하였지만 증기기관의 실용화도 역사적으로 그래왔듯이 과학보다는 기술의 승리로 볼 수 있다. 사실 열역학 법칙들은 와트의 증기기관 개

---

10) '비열'은 열용량을 물과 비교하여 표시한 값이다.

량 후 약 백 년이 지나서야 제대로 수립되었다.

열역학 법칙들을 논하기 전에 열을 어떻게 측정하는지 알아보자. 흔히 막대 온도계는 알코올이나 수은의 열팽창을 이용하여 온도를 측정한다. 물이 얼 때의 눈금을 0도, 끓을 때의 눈금을 100도라고 정하고 그 사이를 100 등분한 것이 섭씨온도이다. 예전에는 병원에서 환자의 체온을 잴 때 이와 같은 막대기 모양의 접촉식 온도계를 사용하였지만, 요즘은 거의 체온에 의한 복사선(적외선)을 검출하여 온도를 측정하는 비접촉식 온도계를 쓰고 있다. 이것은 '흑체복사'란 현상을 이용한 것인데, 온도에 따라 물체가 내는 복사선의 스펙트럼과 총 복사량이 달라진다는 법칙을 응용한 것이다. (6.2 참조)

원래 이런 종류의 온도계는 용광로나 별(항성) 등 매우 높은 온도를 측정할 때 사용되었지만 최근 적외선 감지기술이 크게 발달하면서 체온과 같이 낮은 온도도 비교적 정확하게 측정할 수 있게 되었다.[11] 그런데 놀랍게도 뱀과 박쥐는 이와 같은 방식으로 열을 감지한다고 한다. 이들은 적외선 센서sensor를 가지고 있어 인간이 보지 못하는 영역의 빛을 감지하는 능력이 있다. (이것을 '시각'이라고 할 수 있을까?)

그러나 실험실에서 흔히 사용하는 정밀 온도계는 또 다른 물리현상을 이용한다. 온도란 물질을 이루고 있는 미세 입자들의 무작위 운동에 관계되므로 이들의 평균적인 흐름을 측정하면 온도를 알 수 있다. 예를 들어 종류가 다른 두 금속이나 반도체를 붙여놓으면 두 물질 안에서 전자의 평균 열운동 속도가 다르므로, 이 불균형으로 인해 한 쪽 방향으로 전자들이 흐르게 된다. 이 전류를 재면 온도를 1/1000도까지 매우 정확히 알 수 있다.

그러면 인간은 어떻게 열을 감지할까? 생물학자들의 연구에 의하면 사람과 대부분의 포유류는 열감지기관thermoreceptor이란 감각뉴런의 말단부에서

---

11) 체온 정도의 온도를 가진 물체에서 복사되는 '빛'은 파장이 10 μm 정도인 적외선이다.

열을 느끼는데, 뜨거운 것과 차가운 것을 따로 감지한다. 그리고 다른 감각 경로처럼 칼슘이나 칼륨 이온의 대사와 관련되어 흐르는 인체 전류로 최종적으로 뇌에서 냉온을 판단한다고 하는데, 아직 모르는 부분이 많다고 한다. 어쨌거나 인간과 같이 거시적인 동물이 원자핵이나 전자와 같은 미세 입자의 운동을 느낄 수 있다는 것이 매우 신기하다. 열 감각은 오감 중 촉각에 속하는 것일까?

5.3.2 열과 일, 그리고 열기관

톰슨(럼퍼드 백작)의 열이 열소가 아니란 관측은 19세기 초 여러 물리학자들에 의해 열역학 제1법칙으로 구체화된다. 줄James Prescott Joule, 1818-1889은 실험으로 열이 에너지의 한 형태란 것을 밝힌 과학자 중 한 사람이다. 그림 5-6과 같이 질량 m인 추가 높이 h만큼 떨어지면 그 위치에너지(mgh)가 운동에너지로 바뀌

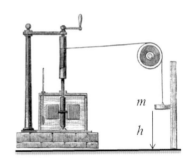

그림 5-6
줄의 실험 장치

어 물속의 페달을 돌린다. (4.4.3 참조) 이 페달의 운동은 물의 저항에 대해 일을 하게 되고, 이 일이 열로 바뀌어 물의 온도가 올라간다.

1 g의 물의 온도를 섭씨 1도 올리는 데 드는 열량을 1 cal(칼로리)라고 하면, 물의 온도 변화 ΔT를 측정함으로써 추가 한 일(N · m)과 물이 받은 열량(cal)을 정량적으로 비교할 수 있다. 즉, 줄은

$$\Delta T \times (물의 질량) \times (물의 열용량) = mgh \tag{5-5}$$

로부터 열 1 cal는 약 4.186 N · m에 해당한다는 것을 알아내었다. 이것은 열이 에너지와 대등하다는 선언이며, '열역학 제1법칙'이라고 한다. 그의 업적

을 기려 일(에너지)의 단위 N · m를 줄여서 줄(J)이라고 한다. 열역학 제1법칙은 지난 4.4.3절에 서술한 에너지 보존법칙의 확장이다. 즉, 열+역학적 에너지 보존법칙이 확립된 것이다.

그럼 정말 열과 에너지는 정확히 같은 것일까? 우리는 경험으로 열은 온도가 높은 곳에서 낮은 곳으로 흐르며, 그 역은 결코 일어나지 않는다는 것을 알고 있다. 그럼 에너지 보존법칙인 열역학 제1법칙 외에 에너지의 흐름을 결정하는 방향이 있다는 것인데, 이것을 결정하는 일반적인 법칙이 바로 다음에 설명할 '열역학 제2법칙'이다.

열이 에너지와 대등하다면 열역학 제1법칙(에너지 보존법칙)을 어기지 않으면서 대기로부터 열을 모아서 운동에너지로 쓰고, 대신 주변 공기의 온도를 낮추는 '제2종 영구기관'이 가능하다. 그러나 프랑스 물리학자 카르노 Nicola Léonard Sadi Carnot, 1796-1832는 이상적인 증기기관을 만들어도 제2종 영구기관은 불가능함을 증명하였다. (1824) 그러나 그의 이론은 열소의 흐름에 근거하고 있으며, 그 당시에는 열역학 제1법칙이 수립되어 있지도 않을 때였다. 따라서 그의 증명 과정에는 오류가 있었으나 결론은 타당하다는 것이 사후에 밝혀졌다.

증기기관은 이미 산업혁명의 주 동력원으로 산업에 널리 이용되고 있었지만 증기기관을 열역학적으로 분석한 것은 카르노가 처음이었다. 그의 열기관 모형에 의하면 그림 5-7과 같이 열기관은 뜨거운 열 저수지(물이 끓은 수증기)에서 열 Q_1을 받아 일 W를 하고 남은 열 Q_2를 차가운 열 저수지(수증기 응축기)에 전달하는데, 이것은 버릴 수밖에 없다.

열 Q_1을 모두 일로 바꿀 수 없기 때문에

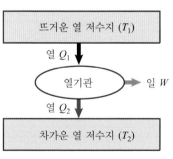

그림 5-7
카르노의 열기관

열기관의 효율은 $W/Q_1 = (Q_1 - Q_2)/Q_1 = (T_1 - T_2)/T_1$로 나타나므로 차가운 열 저수지의 절대온도 T_2가 0이 아닌 한 100%의 열효율을 달성하기는 불가능하다는 것을 알 수 있다. 그러나 차가운 열 저수지에 비해 뜨거운 열 저수지의 온도를 올리면 열기관의 효율은 증가한다. 이 열효율 법칙은 1897년 디젤이 디젤기관을 발명할 때 과열된 열 저수지를 사용함으로써 효율을 크게 증가시키는 데 응용되었다.

카르노는 당시 유행하던 콜레라에 감염되어 36세의 젊은 나이에 죽었고, 그의 연구노트를 포함한 대부분의 유품은 그와 같이 매장되어 열역학 연구의 자세한 내역은 알 수 없지만, 그가 남긴 유일한 저서 '불과 열기관의 동력에 관한 고찰(Réflexions sur la puissance motrice de feu et …)'은 곧 소개할 윌리엄 톰슨, 클라우지우스 등의 열역학 연구자들에게 큰 영향을 주었다[6].

5.3.3 엔트로피

카르노의 제2종 영구기관에 대한 미완성 연구는 켈빈경이라고 불리는 윌리엄 톰슨William Thomson, Lord Kelvin, 1824-1907에 의해 '열역학 제2법칙'으로 완성되었다.[12] 즉, 제2종 영구기관은 불가능하다. 증기기관의 예에서 '증기 → 일 → 식은 증기(물)'로 순환하는 과정에서 뜨거운 보일러가 자발적으로 주위로 흩어진 열을 주워 담지는 못한다는 뜻이다. 그는 또한 절대온도의 개념을 도입하였다. 이상기체 상태방정식 $PV = NkT$ (식 5-3)에서 온도 T는 절대온도를 의미한다. 가장 낮은 온도인 절대온도 0도는 모든 원자·분자의 운동이 정지하는 절대 고요의 상태를 말하며, 섭씨 영하 273.15도이다.[13] 윌리엄 톰슨, 즉 켈빈경의 업적을 기려 절대온도의 단위를 켈빈(K)이라고 한다.

---

12) 앞에서 나온 럼퍼드 백작인 벤저민 톰슨과 혼동하지 말 것.
13) 그러나 양자역학에 의하면 가장 바닥상태에서도 불확정성 원리에 따라 미세 운동이 있다. (6.2)

비슷한 시기에 클라우지우스Rudolf Clausius, 1822-1888는 열역학 제2법칙을 효과적으로 설명할 수 있는 물리량인 '엔트로피entropy'를 처음으로 도입하였다. 엔트로피란 많은 입자가 모인 계의 '무질서도'를 가늠하는 양이다. 예를 들어 물에 잉크방울을 떨어뜨리면 잉크는 물에 섞일 뿐이지 스스로 잉크방울로 분리되어 모이는 일은 절대 일어나지 않는다. 무질서도, 즉 엔트로피가 증가하는 것이다. 마찬가지로 종류가 다른 두 기체 사이에 벽을 터놓아도 이와 비슷한 현상이 일어나며, 역시 엔트로피는 증가할 것이다. 두 기체를 다시 분리하려면 특별한 노력(에너지)을 들여야 한다.

엔트로피란 물리량은 시간이 흐르는 방향을 나타낸다고도 볼 수 있다. 뉴턴 역학은 시간에 대해 '가역적'이다. 즉, 물체의 현재 운동 상태(변위와 속도)를 초기조건으로 하여 뉴턴의 운동방정식을 풀면 미래의 운동 상태를 예측할 수 있듯이, 시간을 거꾸로 돌리면 '과거의 운동 상태'도 마찬가지로 정확히 계산해 낼 수 있다.

그러나 거시적인 계, 예를 들어 기체 1리터는 엄청나게 많은 원자 혹은 분자를 포함하고 있으므로 이들 각각의 운동을 역학 법칙에 따라 해석하는 것은 현실적으로 불가능하다. (세상에서 가장 빠른 컴퓨터로 계산하더라도 수백 개가 고작이다.) 따라서 거시적인 계의 운동 상태는 '비가역적'으로 묘사될 수밖에 없다. 또한 입자 하나하나의 운동 상태를 예측하기는 불가능하므로 다음 절에서 소개한 것과 같이 통계적인 방법에 의존할 수밖에 없다.

'비가역성'의 대표적인 예를 들어보자. 방을 둘로 나누고 한 방 안에 기체를 가두었다가 (다른 방은 진공이다) 갑자기 두 방 사이의 문을 열면 기체 분자들은 골고루 두 방에 나누어져, 흩어진 공기 분자들이 스스로 원래의 방 안으로 다시 모이는 일은 절대 일어나지 않을 것이다. 이와 같은 비가역성은 기체 분자들이 가장 질서 없이 분포하려고 하는 성향에서 기인하며, 이런 무질서도를 측정하는 척도를 엔트로피라고 한다. 즉, 열역학 제2법칙은 다음과 같이 쓸 수 있다.

> "고립된 계에서 엔트로피는 증가하거나 그대로 있다."

이것은 많은 입자로 구성된 거시적인 계에서 입자들이 어떻게 분포하는 것이 가장 확률이 높은지를 분별하는 '통계적인' 물리 법칙이다.

열역학 제1법칙에 의해 열과 에너지는 대등하므로 전체 에너지(역학적 에너지+열 에너지)는 보존되지만, 열역학 제2법칙은 사용가능한 에너지가 점점 줄어든다는 것을 말해준다. 열이 온도가 높은 곳에서 낮은 곳으로 흐르는 것, 유리컵을 깨뜨리는 것, 풍선이 터지는 것, 생물이 늙어가는 것 등의 비가역적인 현상들이 모두 열역학 제2법칙으로 설명된다.

여기서 열역학 제2법칙으로 높은 온도(T_1)의 물체에서 낮은 온도(T_2)의 물체로 열이 흐르고, 그 역은 일어나지 않는다는 것을 증명해 보자. 클라우지우스의 엔트로피 정의에 따르면 절대온도 T인 계가 작은 열량 ΔQ를 얻었을 때 엔트로피의 변화는 $\Delta S = \dfrac{\Delta Q}{T}$로 쓸 수 있다. 열량 ΔQ가 T_1에서 T_2로 흘렀다면 이 두 물체로 이루어진 계의 총 엔트로피 변화량은 $\Delta S = \dfrac{-\Delta Q}{T_1} + \dfrac{\Delta Q}{T_2} = \Delta Q \left(\dfrac{1}{T_2} - \dfrac{1}{T_1} \right)$이 된다. ($-\Delta Q$는 ΔQ만큼의 열을 잃었음을 뜻한다.) 여기에 열역학 제2법칙 $\Delta S \geq 0$을 적용하면 $\dfrac{1}{T_2} - \dfrac{1}{T_1} \geq 0$이므로 ΔQ는 양의 값이어야 한다. 즉 열은 항상 온도가 높은 곳에서 낮은 곳으로 흐르고, 그 반대 현상은 일어날 수 없다는 결론을 얻을 수 있다.

5.3.4 통계역학

열역학은 19세기 말까지도 현상론적인 물리학으로 남아있었다. 앞서 베르누이가 거시적인 열역학적 물리량인 압력을 원자의 운동으로 설명하였지만, 열역학 제2법칙을 작은 입자의 운동법칙으로부터 이끌어 낸 사람은 오스트리아의 물리학자인 볼츠만Ludwig Boltzmann, 1844-1906이다. 그는 비엔나 대학에서 수학했으며, 그라츠, 비엔나, 뮌헨, 라이프치히 등에서 물리학과 철학을 강의하였다. 볼츠만은 뉴턴 역학을 수많은 입자(원자 혹은 분자)의 운동에 통계학적으로 적용하여 열역학 제2법칙을 유도하였다[15].

열역학이 압력, 온도, 엔트로피 등의 거시적인 물리량을 다루는 현상론이라면, 통계역학은 미시적인 입자의 무작위 운동으로부터 거시적인 열 현상을 일으키는 원인을 연구하는 물리학 분야이다. 볼츠만은 원자 혹은 분자의 운동으로부터 엔트로피를 아래와 같이 정량화하였다.

$$S = k \log W. \tag{5-6}$$

즉 엔트로피는 '미시적인 상태micro-state'의 수(W)의 로그log값에 비례한다.[14] 여기서 비례상수 k는 앞 절에 나왔던 '볼츠만 상수'로, 물리학의 중요한 상수 중 하나이다. 이 식으로부터 계가 혼란해 진다는 것은 W가 커짐을 의미하므로 엔트로피가 증가한다는 것을 알 수 있다. 볼츠만의 이 미시적인 엔트로피 정의와 클라우지우스의 거시적인 정의 $\Delta S = \dfrac{\Delta Q}{T}$ 는 대등함을 보일 수 있다.[26].

위 식 5-6의 엔트로피 정의를 원자들의 운동은 아니지만 주사위 두 개를 동시에 던지는 게임에 적용해 보자. 그림 5-8과 같이 두 주사위 수의 합은 2부터 12까지 11가지이다. 즉, 11개의 결과, 즉 '상태'가 존재한다. 그러면 이들 중 어떤 합이 가장 자주 나올까? 그 답은 각각의 합을 낼 수 있는 조합의 수를 세어보면 된다. 그림 5-8에 보인 것 같이 합이 7이 되는 조합이 (1,6), (2,5), (3,4), (4,3), (5,2), (6,1)의 6가지로 가장 많다. 따라서, 식 5-6에 의해 엔트로

---

14) 로그는 매우 큰 수의 연산을 다룰 때 유용하며, 3.3.3절에서 간단히 소개하였다.

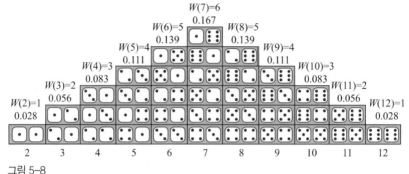

그림 5-8
두 주사위가 보인 수의 합이 2, 3, 4, … , 12가 될 확률을 계산한 그림. 예를 들어 $W(4)$는 합이 4가 되는 '경우의 수'로 3이다. $W(7) = 6$으로, 합이 7이 나올 확률이 0.167로 가장 높다.

피가 $k \log 6$으로 가장 크며, 던진 두 주사위 수의 합이 7이 되는 것이 가장 '있음직한' 상태임을 말한다.

원자(분자)들로 이루어진 계(예를 들어 밀폐된 방 속의 공기)와 위의 주사위 던지기 게임 사이의 유사성을 살펴보면, 위 각각의 합을 만드는 조합들을 원자들이 갖는 속도, 변위 등의 '미시적인 상태'라고 볼 수 있고, 두 주사위 수의 합을 압력, 온도 등의 '거시적인 상태'에 비유할 수 있다.[15] 볼츠만은 경험론적이고 거시적으로 정의되었던 엔트로피를 미시적인 원자(분자)들의 운동으로 재정의한 것이다. 원자(분자)계가 주사위 던지는 게임과 다른 점은 미시적인 상태를 세는 규칙이 다르고 원자의 수가 매우 많다는 것이다. 원자의 수가 많아지면 열역학 제2법칙이 매우 엄격히 적용된다. 즉, 공기 분자들은 한번 흩어지고 나면 처음 갇혀있던 작은 방으로 모일 확률이 거의 0이 된다는 것이다.

그러나 볼츠만의 뛰어난 이론은 당시 마흐Ernst Mach, 오스트발트Wilhelm Ostwald 등의 거센 반론에 직면했다. 이들 독일어권 과학자들은 원자의 존재를 믿지 않았다. 원자론이 화학 반응 등 일부 자연현상을 설명하는 데 도움이 된다

---

15) 물리계에서 거시적인 상태는 온도, 압력, 부피 등으로 대변된다.

는 정도로만 생각했기 때문에 이들은 볼츠만에게 원자의 존재를 입증하라고 압박했다. 불행히도 그는 말년에 건강을 잃고 우울증에 시달리다가 결국 자살로 생을 마감하였다. 볼츠만의 엔트로피 식(식 5-6)은 그의 묘비에 새겨졌다. (그림 5-9)

그림 5-9
오스트리아 비엔나 중앙묘지에 있는 볼츠만의 묘비, 상단에 엔트로피 공식이 새겨져 있다.

비슷한 시기(1905년)에 아인슈타인은 볼츠만의 통계역학적인 방법을 사용하여 분자의 존재를 간접적으로 실증하였다. 그리고 볼츠만이 죽은 지 불과 2년 후에 페렝은 분산 콜로이드 입자 연구로부터 아인슈타인이 브라운 운동에서 유추한 아보가드로 수와 볼츠만 상수를 확인하였다. (5.2.3 참조) 볼츠만은 고전물리와 현대물리 사이에 연결고리 역할을 한 중요한 물리학자였지만, 그의 이론이 특히 독일어권의 과학자들에게 받아들여지지 않은 이유 중 하나는 그가 논문에 구사한 어려운 문체에 있었다고 한다[15].

볼츠만은 작은 입자의 운동으로부터 어떤 계가 가질 수 있는 에너지 분포가 절대온도에 관계됨을 밝히고, 볼츠만 인자 $e^{-E/kT}$ 를 도입하였는데, 이는 입자의 에너지가 E일 확률을 가늠하는 양이다[16]. 여기서 T는 절대온도, e는 2.718...로 자연지수의 밑을 의미한다. 볼츠만 인자의 의미를 파악하기 위해 다음 예를 보자. 그림 5-10과 같이 한 원자가 가질 수 있는 에너지준위는 E_1과 $E_2(E_1 < E_2)$ 두 가지가 있다고 가정하자. (6.2 참조) 두 경우의 볼츠만 인자를 비교하면 $e^{-E_1/kT} > e^{-E_2/kT}$ 이므로 이 원자가 낮은 에너지준위 E_1에 머무를 확률이 높은 에너지준위 E_2에 머무를 확률보다 더 크다.

대개의 물질에서 에너지준위의 차이($\Delta E = E_2 - E_1$)는 kT에 비해 상당히 크므로 온도가 매우 높지 않을 때는 확률적으로 대부분의 원자가 가장 에너지가 낮은 '바닥상태ground state'에 머무른다는 것을 알 수 있다.[16] 플랑크Max Planck는 이러한 통계역학 법칙을 전자기파의 복사에 적용하여 흑체복사 법칙을 설명하였고, 이것이 양자역학의 시초가 되었다. (6.2 참조)

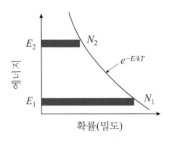

그림 5-10
볼츠만 인자와 에너지준위를 점유할 확률

볼츠만 인자를 기체 분자에 적용하여 고전역학 법칙에 따라 운동하는 기체 분자의 속력 분포를 구한 것이 맥스웰-볼츠만 분포이다[16]. 그림 5-11은 헬륨, 네온, 아르곤, 세 종류의 원자[17]의 속력에 대한 맥스웰-볼츠만 분포인데, 분자가 가벼울수록 속력의 평균값은 크고, 분포도 넓어서 매우 빠른 분자들이 존재할 확률이 크다. 따라서 수소나 헬륨과 같은 가벼운 기체는 지구의 탈출속도[18]를 초과하는 것들이 확률적으로 상당 수 있으므로 이들이 대기권에

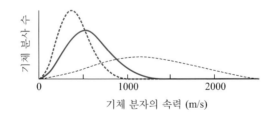

그림 5-11
상온에서 기체 분자의 속력 분포. 검은 파선: 헬륨, 실선: 네온, 점선: 아르곤

---

16) 이것은 지수함수의 특성이다. 지수가 커지면 e^{-x}는 급격히 0에 접근한다.
17) 헬륨 원자에 비해 네온 원자는 5배, 아르곤 원자는 10배의 질량을 가진다.
18) 우주선 등을 쏘아 올릴 때는 지구의 중력을 극복하고 무중력 공간에 도달할 수 있을 만큼의 운동에너지를 주어야 한다. 이 운동에너지에 해당하는 속도가 탈출속도이며, 그 크기는 지구의 질량, 반지름, 그리고 중력상수에 의해 결정된다.[13]

희박하게 존재하는 이유를 일부 설명할 수 있다.

한편, 현대 통계역학은 작은 입자들의 무작위 운동을 기술하는 데 고전역학을 쓰지 않고, 양자역학에 바탕을 둔다. 원자, 전자, 광자 등의 미세 입자들은 개별 입자의 구별이 불가능하고, 입자의 '스핀'에 따라 에너지 상태를 점유할 수 있는 경우의 수가 달라진다. (6.2.3 참조) 즉, 미시적인 상태의 수를 세는 규칙이 달라진 것이다. 따라서 정수 스핀과 반정수 스핀을 갖는 입자들의 통계역학은 상당히 다르게 나타난다. 통계역학은 현대 고체물리학 등 여러 물리학 분야에 기본이 되는 방법론을 제공한다.

5.4 광학

5.4.1 빛의 굴절에 대한 이해

빛은 지구상에서 생명의 탄생을 촉발한 가장 중요한 요인이었으며, 생명체와 생태계의 유지에 필수적이다. 인류의 역사에도 고대부터 빛에 대한 숭배와 연구에 대한 기록이 상당히 많다. 예를 들어 고대 이집트에서는 태양신 '라Ra'를 숭배했고, 고대 페르시아에는 불을 숭배하는 조로아스터[19]교가 발현했으며, 유대인들의 구약성경에도 신이 가장 먼저 빛을 창조하였다고 한다. 과학 분야에서는 뉴턴과 아인슈타인을 비롯한 많은 근·현대 과학자들이 빛의 본질에 대해 탐구하였음은 물론이고, 고대 자연철학자들도 빛의 근원에 대해 큰 호기심을 가졌으며 끊임없는 상상력을 발휘하였다.

그러나 빛을 내는 근원에 대해서는 근대에 들어서야 과학적인 설명이 가능했고, 고대~근대에는 주로 빛을 인지하는 과정을 설명하는 시각론과, 빛이 일

---

19) Zoroaster. 페르시아어로는 '짜라투스트라'이다.

으키는 자연현상을 설명하기 위한 빛 모형에 대한 연구에 치중하였다. 특히 초기의 광학 연구에서는 가장 관측하기 쉬운 반사와 굴절 현상에 관한 연구가 대부분이었다[17].

고대인들도 빛이 직진하는 것을 알았다. 햇빛에 의해 생긴 물체의 그림자를 보거나, 창을 지난 빛이 벽에 드리운 모양을 보고 빛이 똑바로 나아가는 '빛살ray'이라고 생각한 것은 자연스러운 형상화이다. 그리고 청동기 시대 이후 금속판을 잘 연마하면 품질이 좋지는 않지만 얼굴을 비

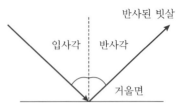

그림 5-12
평면거울에서 입사, 반사되는 빛살. '입사각 = 반사각'이다.

춰 볼 수 있는 거울을 만들 수 있었다. 이 거울에서 관찰할 수 있는 광학현상은 반사이다. 그림 5-12와 같이 빛살이 매끈한 면에 반사될 때 '입사각 = 반사각'이란 법칙이 성립한다. 이 반사의 법칙은 고무공을 벽에 던져 튀어나오는 경우와 같이 설명할 수 있다. 역학에서는 반사면에 평행한 방향의 운동량 보존 법칙으로 설명된다. 그럼 빛의 정체는 매우 작은 공들이 모인 것일까?

고대 그리스의 아르키메데스는 조국 시라쿠사를 로마의 침략으로부터 방어하기 위해 반사의 법칙을 이용하였다. (1.3.3 참조) 많은 군사들이 금속 방패로 태양빛을 반사시켜 해안으로 다가오는 적선에 모아 불태웠다는 기록이 있다. 시라쿠사 전투의 이 기록이 사실이라면 광학현상을 국방에 응용한 최초의 기록이 아닐까 한다. 현대에도 첨단 과학은 항상 방위산업에 가장 먼저 응용되는 경향이 있다.

반사법칙에 비해 빛이 두 매질의 경계에서 꺾여 진행하는 굴절 현상은 설명이 쉽지 않았다. 예를 들어 공기에서 물로 빛이 입사할 때 물로 들어간 빛살은 그림 5-13과 같이 원래 빛살의 진행방향에서 벗어난 방향으로 진행하는 것이다. 빛의 굴절 현상에 대한 체계적인 관측은 헬레니즘 천문학자인 프톨

 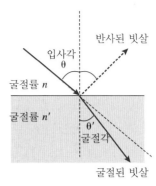

그림 5-13
공기-물 경계에서 빛(레이저 광선)의 굴절 현상(좌)과 빛살 도해(우). (사진: 최희주, 심현수)
*컬러사진 게재, 2쪽 참고

레마이오스의 기록이 남아 있으나, 일관된 법칙으로 설명하지는 못하였다.

유럽에서 암흑시대가 지속되는 동안 아랍의 과학자 알 하이삼은 빛의 굴절을 연구하여 당시까지 신봉되어 왔던 그리스의 시선론을 반증하고 현대적인 시각론을 확립하였다. (2.2.2 참조) 고대 그리스의 시선론은 눈에서 '시선'이 나가서 물체에 닿으면 물체를 시각으로 인지한다는 이론이다. 따라서 시력이 약하거나 보지 못하는 사람은 영혼이 약해서라고 생각하였다[17].

그러나 동물의 눈이나 다른 도구로 빛이 굴절되는 경로를 자세히 연구한 알 하이삼은 물체에서 반사된 빛이 안구의 렌즈에 의해 굴절되어 눈에서 '빛살'을 인식한다는 시각론을 수립하여 그 결과를《Book of Optics》, 간단히《광학Optics》이란 책으로 출간하였다. 이 책은 12·13세기에 라틴어로 번역되어 유럽에 널리 보급되었으며, 과학 혁명기의 유럽 과학자들에게 필독서가 되었다. (2.2.2 참조) 그러나 굴절법칙의 수립은 그 이후 600년 이상을 더 기다려야 했다.

알 하이삼의《광학》을 탐독한 케플러는 천문학자답게 렌즈에 관심을 보였다. 그는 약시였으므로 망원경을 사용해 천체관측 데이터를 직접 측정하지는 못하였지만, 갈릴레이가 만든 망원경을 사용해보고는 브라헤를 포함한 주위의 천문학자들에게 망원경을 사용할 것을 적극 권유하였다고 한다.

케플러는 당연히 망원경 렌즈에서 빛이 꺾이는 굴절법칙을 이끌어내려고 노력하였다. 정확한 굴절법칙은 다음에 나올 '스넬의 법칙'으로, 그림 5-13과 같은 상황에서 입사각 θ와 굴절각 θ'에 대하여

$$n \sin \theta = n' \sin \theta' \qquad (5\text{-}7)$$

와 같은 관계가 있다는 것이다. 여기서 '굴절률' n은 진공 속에서 광속(c)과 매질 안에서 광속(v)의 비율이다. 즉, $n = c/v$로 정의된다.

그러나 케플러는 빛의 속력이 유한하다고 생각하지 못하였으므로 (무한히 빠른 것으로 생각하여) '굴절률'에 대한 개념이 없었다. 단지 굴절현상을 설명하기 위해 식 5-7의 사인함수 대신 탄젠트함수를 사용하여 보니, 작은 입사각에서는 이 두 함수가 비슷한 거동을 보이므로 잘 맞지만 입사각이 클 때에는 실험과 잘 맞지 않았다. 케플러는 수식으로 데이터 맞추기의 천재답게 그외에도 여러 가지 복잡한 함수를 시도했지만 사인함수는 고려하지 않았다고한다. 빛의 굴절법칙이 스넬의 법칙이 아니고 케플러의 법칙이 될 뻔했다.

식 5-7과 같은 굴절법칙을 제대로 수립한 사람은 네덜란드의 수학자이자 천문학자 스넬Willebrord Snellius, 1580-1626인데, 1620년 빛의 굴절법칙을 실험적으로 발견하였지만 발표하지는 않았다. 그러나 후에 데카르트가 그의 저서에서 이론적으로 스넬의 굴절법칙을 논한 것이 기회가 되어 세상에 알려지게 되었는데, 이 때문에 후대 학자들 사이에 굴절법칙에 대한 우선권 시비가 붙었다. 프랑스에서는 자국인의 편을 들어 굴절법칙을 '데카르트의 법칙' 혹은 '데카르트-스넬법칙'이라고 하지만 세계적으로는 '스넬의 법칙'으로 통용되고 있다.[20]

---

20) 그러나 이 법칙은 중세 이슬람 수학자 이븐 살Ibn Sahl, 940~1000이 최초로 발견하였으므로 원칙적으로 둘 다 부당한 명명이다.

이와 같이 빛의 굴절을 현상론적으로 설명했지만 이 법칙에 대한 보다 깊은 원인을 설명하려면 빛의 정체를 알아야만 했다. 앞으로 소개할 것처럼 빛이 입자냐 파동이냐에 따라 설명이 달라지는 것이다. 그러나 빛이 무엇으로 이루어져 있는지에 관계없이, 아래와 같이 페르마는 빛살(광선) 모형만으로 빛의 굴절법칙을 이끌어낼 수 있었다.

페르마Pierre de Fermat, 1601-1665는 대중에게도 잘 알려진 프랑스의 수학자이다. 그는 데카르트, 파스칼 등과 교신하였으며, 그 서간은 결론으로 얻어진 정리만 표시하고 증명방법을 기록하지 않아 후대의 수학자들에게 과제를 남긴 것으로 유명하다. 그는 미적분 연구에서 곡선의 접선을 구하는 방법을 극값 문제로 유도하여 미분 개념에 도달하였고, 이를 광학에 적용하여 '페르마의 원리'를 수립하였다. 페르마의 원리란 "빛살은 가장 빠른 경로를 택해 진행한다"는 빛의 경제학이다.

그림 5-14와 같이 두 매질의 경계에서 일어나는 굴절 현상에 페르마의 원리를 적용해 보자. (예를 들어 위의 매질은 공기이고 아래의 매질은 물이라고 생각하자.) 점 A에서 출발한 빛살이 점 B로 도달할 수 있는 경로는 무수히 많지만 가장 빠른 경로는 A-D-B의 꺾인 직선이다. 물론 A-C-B의 직선이 최단거리이지만 시간은 A-D-B의 경로보다 더 많이 걸린다. 그 이유는 굴절률이 큰 물 속에서 빛의 속력은 느

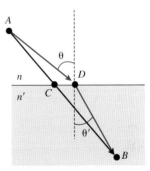

그림 5-14
빛살이 공기 속 점 A에서 물속의 점 B로 진행할 때, 페르마의 원리로 굴절 법칙을 설명하는 그림.

려지기 때문에 공기 속에서 더 많은 거리를 달려가는 것이 시간 상 이득이 되기 때문이다. 미분을 사용하여 최단시간이 걸리는 경로를 정량적으로 계산해 보면 식 5-7의 굴절법칙을 이끌어 낼 수 있다[18]. 그러나 굴절법칙은 전혀 다른 '물리적인' 방법으로도 유도될 수 있다. (5.4.3 참조)

페르마의 굴절법칙 유도 과정에서는 빛의 속력(광속)이 유한하다는 가정이 필수적이다. 당시 광속이 유한한가 아니면 무한한가에 대해 논란이 많았으나, 곧 덴마크 천문학자 뢰머Ole Rømer가 최초로 빛의 속력을 측정한다. (5.4.4 참조)

5.4.2 렌즈와 망원경

위와 같이 굴절법칙이 수립되기 전부터 유럽 과학자들 사이에서는 굴절현상을 응용한 렌즈가 통용되고 망원경이 제작되기 시작하였다. 렌즈는 고대 그리스에도 '불붙이는 유리burning glass'란 이름으로 알려져 있었다. 그러나 렌즈를 이루는 물질인 투명한 유리를 재현성 있게 만드는 것은 르네상스기의 이탈리아 도시국가들에서 시작되었다. 물론 장식품 제작이 주였겠지만 당시 유리 제작기술은 국가 1급 기밀에 속하였고, 이 기술을 다른 나라로 빼돌리는 자는 사형에 처할 정도였다.

그럼에도 불구하고 유리 제작 기술은 빠르게 유럽 각국으로 퍼져나갔고, 렌즈와 이들을 응용한 망원경, 현미경 등의 광학기구들이 발명되었다. 그림 5-15는 렌즈에 의해 물체의 상image이 맺히는 과정을 빛살로 묘사하였는데, 이러한 도해법은 물론 공기와 유리 사이의 굴절법칙을 구면에 적용한 것이다 [13].

특히 갈릴레이는 직접 렌즈를 사용한 망원경을 만들어 인류 최초로 육안으로는 볼 수 없었던 천체를 관측하였다. (3.4.1 참조) 망원경이 처음 발명되었을 때 많은 사

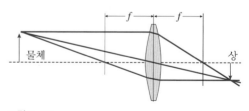

그림 5-15
물체에서 나간 빛살이 볼록렌즈를 통해 한 점에 모여 거꾸로 선 상을 만든다. f는 렌즈의 초점거리이다.

람들은 이것을 마법의 도구라고 생각하거나, 원래의 모양이 아닌 환상을 보여주는 것이라고 생각했다.21) 브라헤 같은 당대 최고의 천문학자도 망원경을 믿지 않았고, 케플러의 설득에도 불구하고 평생 육안으로만 별을 관측하였다. 더구나 당시의 망원경은 두 개의 볼록렌즈를 사용하여 상하좌우가 반전된 상을 보여주었으므로 이러한 불신을 더욱 증폭시켰다. 갈릴레이는 접안렌즈를 오목렌즈로 바꾸어 똑바로 선 상을 만들었고, 망원경의 신빙성을 홍보하기 위해 많은 노력을 기울였다.

갈릴레이가 망원경의 배율을 개선하여 우주의 신비를 밝히는 데 크게 기여하였지만 고배율 망원경에는 항상 '색수차'가 문제가 되었다. 색수차란 프리즘이 색을 분산하는 것과 같이 공기-렌즈의 경계면에서 여러 색이 서로 다른 각도로 꺾여 상의 색이 분리되어 보이는 현상이다.22) 이러한 '분산' 현상은 색에 따라 유리의 굴절률이 다르기 때문에 일어난다[18].

뉴턴은 대물렌즈를 오목거울로 대체함으로써 색수차 문제를 해결하였다. (그림 5-16의 오른쪽 도해) 현대에는 오목거울을 사용하지 않아도 '색지움렌

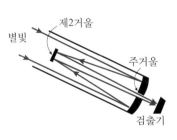

그림 5-16
허블 망원경 사진(좌)과 작동 원리(우). 지름 2.4 m의 주 거울(오목거울)을 사용. (출처: nasaimages.org)

21) 렌즈의 품질이 좋지 않으면 상이 좀 왜곡되는 것은 사실이다.
22) 값싼 망원경으로 밝은 물체를 보면 상의 경계가 뚜렷하지 않고 무지개 색으로 흐려 보인다.

즈'를 써서 색수차를 해결할 수 있지만 고성능 천체망원경에는 아직도 오목 거울을 주 거울로 쓰고 있다. 그 이유는 분해능을 높이려면 지름이 큰 렌즈(혹은 오목거울)를 써야 하는데[18], 그러면 렌즈가 너무 무거워져서 망원경을 제작하거나 움직이기 어려워지는 단점이 있기 때문이다.

갈릴레이와 뉴턴 이후에도 천체망원경은 꾸준히 개량되어 천문학의 획기적인 발전을 가져왔고, 지금도 천체망원경의 성능은 관측의 가능 여부를 결정한다. 그러나 지상에서는 아무리 좋은 천체망원경이라도 대기의 요동 때문에 성능을 제대로 발휘할 수 없다. 이런 이유로 미국 항공우주국NASA은 먼 천체들을 보기 위해 미국의 천체물리학자 허블Edwin Hubble의 이름을 딴 허블 천체망원경Hubble Space Telescope(그림 5-16 왼쪽)을 만들어 1990년 지구궤도에 올렸다.

허블 망원경이 처음에는 설계가 잘못되어 값비싼 폐물로 전락할 위기를 맞기도 했지만 사람들이 올라가 수리한 다음부터는 인류가 이전에는 보지 못했던 먼 우주의 선명한 이미지를 제공해 주고 있다. 대기의 방해를 받지 않고 찍은 별 사진들은 우주의 가장 깊은 곳까지 들여다 볼 수 있게 하였고, 인류의 우주에 대한 호기심을 크게 충족시켜 주었다. (7.4.1 참조) 허블 망원경은 2030년 임무를 다할 예정이며, NASA는 2021년에 허블 망원경의 2.4 m보다 훨씬 더 큰 지름 6.5 m의 주 거울을 가진 망원경James Webb Space Telescope을 쏘아 올릴 계획이다. 여기에는 하나의 대형 거울 대신 여러 개의 작은 거울들로 하나의 주 거울을 구성하고, 이들이 각각 조정되는 '적응광학계'를 채용하여 성능을 크게 개선하였으므로 인류는 앞으로 더 먼 우주를 더 선명하게 볼 수 있을 것이다.

5.4.3 빛은 입자인가 파동인가

뉴턴은 역학 연구는 물론, 광학에서도 큰 업적을 남겼다. 그 당시 프리즘으로 햇빛을 무지개 색으로 분리하는 실험이 이루어졌으나 무지개를 프리즘의 신비한 성질로 이해하는 정도였다. 그러나 뉴턴은 벽에 만든 가는 실틈을 통해 들어오는 햇빛을 하나의 프리즘에 통과시켜 무지개를 만든 다음, 거꾸로 세운 두 번째 프리즘으로 모아 다시 백색광으로 만드는 실험을 하였다. 이 실험으로 무지개는 프리즘에서 나오는 것이 아니라 햇빛(백색광)이 분리된 것이라는 것을 알게 되었다.

뉴턴은 그의 저서 《광학》에서 빛 입자론을 주장하였다. 비슷한 시기에 하위헌스는 빛이 파동이라고 주장하였는데, 뉴턴은 자신이 수립한 역학법칙이 크게 성공을 거두면서 빛의 입자론을 믿었고 파동론은 배척하였다.[23] (4.6 참조) 빛이 입자들의 흐름이라면 빛의 반사법칙은 벽에 에너지 손실 없이 충돌하여 튀어나오는 공의 운동으로 쉽게 설명된다. 그러면 굴절법칙은 어떻게 설명될까?

공기 속을 진행하는 빛의 입자는 그림 5-17과 같이 평탄한 도로 위를 똑바로 굴러가는 아주 작은 바퀴라고 생각하자. 아래의 매질(예를 들어 물)이 진행속도가 더딘 모래밭이라고 생각하면, 바퀴가 경계면에 도달하는 순간 오른쪽 바퀴는 모래밭을 밟아 속도가 느려지나, 왼쪽 바퀴는 아직 도로 위에서 굴러가기 때문에 속도의 불균형이 생기고, 따라서 바퀴는 방향

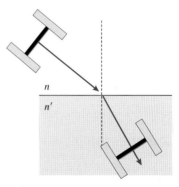

그림 5-17
평탄한 도로 위를 굴러가는 바퀴가 모래밭을 만나면 진행방향이 굴절된다.

---

23) 역학은 질점, 즉 입자의 운동을 다루는 물리학이다.

을 틀게 된다. 따라서 빛의 굴절법칙도 입자의 성질로 설명될 수 있다.

그러나 '뉴턴고리Newton's rings'와 같은 얇은 막의 간섭 현상은 빛이 입자라면 설명이 어렵고, 비누방울의 무지개 무늬와 같이 파동의 성질로 잘 설명된다. (4.8.3 참조) 뉴턴은 그러나 이 대표적인 파동현상을 자신이 개발한 운동방정식으로 무리하게 설명하려고 하였다. 지금은 빛이 '광자photon'라는 운동량과 에너지를 가지면서도 질량이 없는 입자로 이루어져 있다는 것이 인정받는 학설이지만 뉴턴이 생각한 빛의 입자는 현대적 의미의 광자와는 상당히 달랐다. 어떤 현상에 잘못된 해석을 한 사람의 이름을 붙인 것은 매우 드문 일인데, '뉴턴고리'는 물리학계에서 뉴턴의 엄청난 권위를 보여주는 용어이다.

빛이 입자라면 두 빛살을 교차시킬 때 충돌이 일어나 튕겨 흩어져야 하는데, 이러한 현상은 관찰되지 않는다. 두 빛살은 서로 그냥 지나치며, 만나는 곳에서 상호작용을 하지 않는 것으로 보아 빛이 파동이란 심증을 가질 수 있을 것이다. 파동론의 핵심은 4.8.2절에 소개한 '하위헌스의 원리'인데, 여기서는 이 원리를 이용하여 빛의 굴절 현상을 설명해 보자.

빛이 파동이라면 빛살의 진행을 그림 5-18과 같이 파면의 진행으로 묘사할 수 있다. 하위헌스의 원리에 의하면 파면 위의 각 점에서 2차 파원이 형성되고, 이들이 구면파 잔파동을 내어 다음 파면이 만들어진다. 매질1(예를 들어 공기)에서는 이러한 파면들 사이의 거리는 파장 λ_1로 정해지며, 파동의 속력은 v_1이다. 그러나 파면이 매질2(예를 들어 물)로 들어가면 속력이 v_2로 느려지며, 파장도 λ_2로 줄어든다. 매질1 안에서와 마찬가지로 매질2 안에서도 하

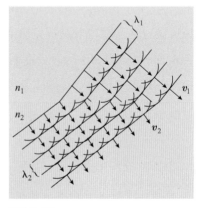

그림 5-18
굴절법칙을 하위헌스의 원리로 설명하는 도해. 굴절률 $n_2 > n_1$ 임을 가정하였다.

위헌스의 원리를 적용하면 파면 사이의 간격은 경계면 아래 부분에서 보인 것처럼 줄어들므로 파동의 진행방향이 그림과 같이 꺾일 수밖에 없다. 이 상황은 그림 5-17과 같이 바퀴가 굴러가다가 모래밭을 만난 것과 같으며, 정량적인 결과는 둘 다 굴절의 법칙(식 5-7)으로 귀결된다. 따라서 굴절 현상으로는 빛이 입자인지 파동인지 구별하지 못한다.

그러나 빛의 간섭 현상은 앞에서 소개한 뉴턴고리처럼 입자론으로는 설명이 어렵다. 빛이 파동이라면 위와 같이 굴절법칙뿐만 아니라, 입자의 성질로는 설명하기 어려운 빛의 간섭과 회절 현상들도 잘 설명할 수 있다. 그러나 4.8.2절에 설명한 바와 같이 당시의 과학자들은 뉴턴의 빛 입자론을 철저히 믿었다. 과학계도 하나의 사회이므로 권위와 편견에서 완전히 자유로울 수는 없었던 것이다.

이와 같은 편견은 거의 백년이나 지속되었는데, 처음으로 빛의 파동성을 실증해 보인 사람은 영국의 의사이자 물리학자인 토마스 영Thomas Young, 1773-1829이다. 그는 1807년 이중슬릿(실틈) 실험[24]으로 '간섭무늬'를 만들어 빛이 입자가 아니라 파동이라는 사실을 처음으로 실증하였다.

당시 영국의 왕립학회에서 (그리고 유럽 어디서나) 뉴턴의 과학을 비판하는 것은 대단한 용기를 필요로 하는 행동이었다. 그러나 영은 주저하지 않고 뉴턴의 입자론과 하위헌스의 파동론을 정면으로 비교하였고, 뉴턴이 틀렸다고 공언하였으니 당시 과학계에서 볼 때 엄청난 불경죄를 지은 것이다. 실험적인 증명에도 불구하고 빛 파동론은 크게 비판을 받았고, 결국 영은 학계에서 매장되다시피 하였다.

현대판 영의 이중슬릿 실험을 그림 5-19에 묘사하였다. 먼저 파장이 λ인 빛 파동이 좁은 두 슬릿 S_1과 S_2를 통과하고 나면 하위헌스의 원리에 의해 슬

---

24) 그러나 다음에 지적한 바와 같이 영의 실제 실험에서는 이중슬릿이 사용되지 않았다.

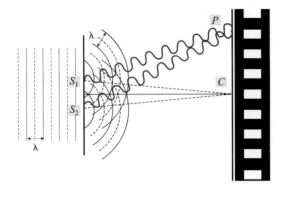

그림 5-19
이중슬릿 실험 도해. 파장 λ의
빛 파동이 좁은 두 슬릿 S1과 S2
를 통과하여 벽면에 간섭무늬를
만든다.

릿 위의 각 점은 구면파를 낸다. 그러나 결과에서 볼 것처럼 슬릿 길이 방향으로는 아무런 일이 일어나지 않고, 이에 수직한 방향으로만 간섭 현상을 관측할 것이므로 각 슬릿에서 나오는 하위헌스 잔파동을 그림과 같이 2차원적인 '원파'로 볼 수 있다.

이 두 원파가 벽에 도달하면 중첩되는데 이들의 경로차($\overline{PS_1} - \overline{PS_2}$)에 따라 두 파동은 보강간섭하거나 상쇄간섭을 한다. (그림 4-15, 4-16 참조) 물론 두 슬릿 사이의 중심점 C에 도달하는 파동들은 경로차가 없어서 보강간섭하므로 그림 5-19와 같이 밝은 띠를 만든다. 일반적으로 경로차가 파장의 정수배가 되면 보강간섭하므로, 이에 해당하는 벽면 위의 위치는 밝고, 그 사이는 두 파동의 상쇄간섭으로 어둡게 된다. 따라서 벽면에는 그림 5-19와 같이 어둡고 밝은 곳이 반복되는 '무늬'가 만들어진다[13]. 이 무늬는 4.8절 수면파의 간섭무늬(그림 4-16)와 매우 흡사하다. 즉, 빛과 수면파의 간섭 현상이 동일하며, 빛도 파동의 일종이라고 결론지을 수 있다.

그러나 실제 영의 실험에서는 이중슬릿이 사용되지 않았고, 검은 커튼에 낸 작은 구멍을 통과한 햇살을 두께 1/30인치(약 0.85 mm)인 마분지로 나누어 두 파원을 만들었다. 물론 햇빛은 백색광이므로 간섭무늬의 언저리에는 색이 분리되어 무지개가 어렴풋이 보였다. 비록 위에 설명한 현대적인 이중

그림 5-20
얇은 기름막에서 반사된 빛. 간섭 현
상으로 무지개색을 띤다.
*컬러사진 게재, 2쪽 참고

슬릿 실험과는 다소 차이가 있지만 빛의 파동성을 증명하는 데는 모자람이 없
었다[19].

영의 실험과 같이 잘 설계된 실험이 아닌 일상생활에서도 빛의 간섭현상을
종종 관찰할 수 있다. 비누방울이나 물 위에 뜬 기름막에서 반사된 빛에서 보
이는 알록달록한 무늬는 막을 이루는 두 경계면에서 반사된 두 파동이 간섭하
여 나타나는 현상이다. 막의 두께가 다른 부분은 다른 색에 대해 보강간섭 조
건을 만들어 주기 때문에 반사광이 그림 5-20과 같이 무지개 색으로 보인다.
그리고 안경 렌즈에 빛을 반사시켜 보면 각도에 따라 다른 색으로 보이는
데[25] 이것도 렌즈 위에 코팅된 얇은 막의 양면에서 반사하는 두 빛이 간섭한
결과이다. 단, 렌즈의 코팅 막은 비누막이나 기름막과는 달리 두께가 균일하
므로 무지개가 보이지는 않는 것이다.[26]

좀 더 복잡한 빛의 간섭 예로는 나비의 날개 색이 있다. 보통 물감 등의 색
은 백색광을 쪼였을 때 염료(물감)가 흡수하고 남은 빛을 난반사하는데, 우리
가 보는 색은 바로 이것이다. 따라서 물질의 색은 이 물질이 흡수한 색의 보색

---

25) 대개 수직으로 보면 거의 초록색이 반사하고, 반사각이 크면 보라색으로 보인다.
26) 무지개가 보인다면 불량품이다.

이다. (4.5.4 참조) 그러나 파란색 나비의 어떤 종은 날개에 아무런 염료가 없어도 진한 파란색을 보인다. 이것은 날개를 이루는 투명한 세포들이 층을 이루며, 이 층들 사이의 간격이 파란색 빛이 보강간섭해서 반사하도록 설계된 것이다. 물론 이 나비가 (혹은 그 조상들이) 빛의 간섭이나 물리 이론을 알고 의도적으로 날개 색을 설계하지는 않았겠지만, 포식자를 혼동시키거나 번식에 유리한 조건을 찾아 이렇게 진화했을 것이라고 추측할 수 있다.

영의 실험은 빛의 입자론을 부정하고 파동론을 부활시키는 혁명이었으나 학계는 오랫동안 이 새 이론을 외면하였다. 그러나 영은 크게 실망하지는 않은 듯하다. 그는 물리학 외에도 할 일이 많았던 것이다. 영은 귀족 집안에 태어났으며 어릴 때부터 신동의 기질을 보였다. 특히 십대에 이미 고대 그리스어, 고대 이집트어를 포함하여 십 수개의 언어에 능통했다고 한다. 그는 의사를 직업으로 가졌지만 물리학과 고대 이집트 문자의 연구에도 재능을 발휘하여, 프랑스의 샹폴리옹과 함께 로제타 스톤의 상형문자 해독에도 업적을 남겨, 고대 이집트인들이 남긴 많은 문서로부터 그들의 삶을 알 수 있게 해 주었다.

학계의 권위가 빛 파동론을 애써 부정하려고 했지만 파동론을 지지하는 개혁의 물길을 막을 수는 없었다. 영이 빛의 간섭 논문을 발표된 지 십여 년이 지났을 때 프랑스에서는 빛 입자론에 결정타를 날릴 일련의 연구가 시작되었다. 프랑스 과학 아카데미에서는 영국 왕립학회에서 있었던 '과학계의 질서를 어지럽힌 사건'을 잠재울 목적으로 논문을 공모하였다. 1815년 접수된 두 편의 논문 중 한 편은 심사할 가치가 없었고, 다른 하나는 프레넬Augustin-Jean Fresnel, 1788-1827의 《빛의 회절diffraction에 관하여》였는데, 프랑스 과학 아카데미의 의도에 반하는 일이 일어난 것이다.

프레넬은 파리의 이공대학에서 토목공학을 공부하였고, 수년간 노르망디 관청의 토목기사로 있다가 1814년 무렵부터 광학연구에 몰두하였다. 그의 논문은 빛이 파동이란 하위헌스의 전제로부터 출발하여, 빛이 날카로운 모서리에서 꺾여 진행한다는 수학적인 서술을 담고 있었다. 이 논문의 심사는 당대의 쟁쟁한 수학자 혹은 물리학자인 푸아송Siméon Denis Poisson, 비오Jean-Baptiste Biot, 그리고 라플라스Pierre-Simon Laplace가 맡았는데, 특히 푸아송은 프레넬의 논문에서 흠집을 잡으려고 꼼꼼히 수학적인 전개 과정을 따라가다가 드디어 '모순'을 찾아내었다. 그것은 프레넬의 이론이 맞는다면 빛을 장애물(예를 들어 원판)에 비췄을 때 원판의 그림자 한가운데 밝은 점을 만든다는 것이다. 빛이 직진하지 않고 장애물을 '에돌아'갔다는 것인데,27) 그 당시의 상식으로는 이것이 불가능한 것으로 보였다.

푸아송은 이 프레넬의 이론을 반박할 실험을 제안했고, 아라고François Arago가 실험한 결과 그림자 가운데 밝은 반점이 실제로 관측되었다. 그러나 푸아송은 이 실험 결과를 끝까지 믿지 않았다고 한다. 위대한 수학자도 편견에서 자유로울 수가 없었던 것이다. 새로운 과학 이론이 구시대의 이론을 뒤엎고 과학자의 사회에 제대로 받아들여지는 데 거의 한 세대가 걸렸는데, 이는 구이론을 신봉하던 한 세대가 사라지는 기간을 의미하였다.

그림자 속의 흰 반점은 지금도 '아라고의 반점' 혹은 '푸아송의 반점'으로 불리는 대표적인 회절 현상이다[18]. 그림 5-21은 작은 디스크에 레이저 빛을 비추었을 때 벽면에 드리워진 그림자를 찍은 사진이다. 그러나 이 실험은 꼭 레이저가 아니라 점광원28)만 쓰면 디스크의 크기나 (너무 크지 않으면) 빛의 색(파장)에 무관하게 관측된다. 그래서 다행히 아라고는 200년 전의 정교하지 않은 장치로도 그림과 동일한 반점을 볼 수 있었던 것이다.

학회에 파동설이 선뜻 받아들여지지는 않았지만 프레넬은 연구를 계속하

---

27) 그래서 회절을 순우리말로 '에돌이'라고 한다.
28) 일반 광원을 아주 작게 만들어야 하는데, 그러면 빛의 양이 줄어들어 회절 관측이 어려워진다. 따라서 당시 아라고의 실험은 그렇게 쉽지 않았음을 짐작할 수 있다.

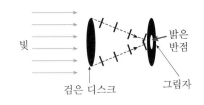

그림 5-21
아라고의 반점. 붉은색 레이저를 지름 6 mm의 검은 디스크에 비추고 그 그림자를 찍은 사진(좌)과, 그림자 가운데 보이는 밝은 반점을 설명하는 그림(우). 디스크의 모서리에서 빛이 휘어져 그림자의 가운데로 모인다. (사진: 최희주)

여 빛 파동설을 더욱 발전시켰다. 빛 파동 이론의 초기에는 빛을 종파(세로파)로 이해했으나 아라고와 함께 편광과 복굴절에 관한 실험을 수행하여 빛은 횡파(가로파)라는 결론을 얻었고, 이로부터 두 매질 경계면에서 빛의 반사와 굴절법칙은 물론, 반사율과 투과율을 정량적으로 계산해내는 등 많은 업적을 남겼다. 따라서 수많은 파동 광학 용어들에 프레넬의 이름이 붙었다.

슬릿이나 둥근 구멍에서 빛이 회절되어 꺾이는 각(θ)은 대상물체(장애물)의 크기 혹은 구조(a)가 작을수록, 파장(λ)이 클수록 커진다. 하위헌스 원리에 근거하여 회절각은

$$\sin\theta = \frac{\lambda}{a} \tag{5-8}$$

로 계산된다[13]. 장애물의 상세한 모양에 따라 조금씩 다를 수 있으나, 이 간단한 식은 여러 슬릿들이 촘촘하고 규칙적으로 배열된 '회절격자diffraction grating'에도 적용될 수 있다. 그림 5-22와 같이 음악이나 데이터 저장용 CD에서 보이는 무지개는 이 회절 식으로 설명할 수 있다. CD에 새겨진 수많은 트랙들은 회절격자를 이루며, 이들의 간격은 약 1.6 µm이므로 위 식에 의해 초

록색 빛(파장 약 530 nm)은 반사각
에서 대략 19도 정도 벗어나서 회절
되고, 빨간색 빛(파장 약 630 nm)은
약 23도 정도 벗어나므로 백색광에
서 CD를 보면 무지개 색이 확연히
분리되어 보이는 것이다.

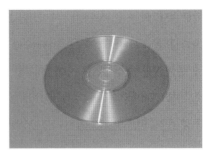

그림 5-22
CD에서 보이는 무지개(사진: Greg Goebel)
*컬러사진 게재, 3쪽 참고

회절격자는 분광학에 주로 사용
된다. 분광학이란 빛이 어떤 파장들,
즉 스펙트럼spectrum으로 구성되는

지를 연구하는 중요한 학문 분야이다. 예를 들어 별빛의 스펙트럼은 별의 구
성 물질은 물론, 별이 우리로부터 어떤 속도로 멀어지거나 다가오고 있는지
에 대한 정보를 준다. (7.4.2 참조) 신성로마제국 말엽에 바이에른 선제후국
에서 태어난 프라운호퍼Joseph von Fraunhofer, 1787-1826는 세계 최고 품질의 유
리를 만들고, 회절격자를 이용한 분광기를 개발하여 광학과 분광학에 크게
기여하였다.

그는 11살 때 고아가 되어 어릴 때부터 유리 공장에서 중노동에 시달리다
가 공장에 화재가 나는 바람에 죽을 고비를 넘겼다. 그러나 전화위복으로 막
시밀리안 왕세자의 도움을 받아 궁정에서 교육을 받고 유리 제작의 대가로 성
장하게 되었다. [20,21] 그는 매우 균일한 유리를 만드는 방법을 개발했으며,
유리의 렌즈 응용에 필수적인 굴절률을 6자리까지 정확히 측정할 수 있는 도
구를 발명하였다. 현재까지도 인정받고 있는 독일 렌즈의 우수성을 수립한
역사는 이때부터 형성된 것이다. [20]

프라운호퍼가 개발한 회절격자를 이용한 분광기는 당시까지 쓰이던 프리
즘 분광기보다 분해능이 훨씬 뛰어났으므로 분광학의 차원을 바꾸어 놓았다.
그는 이 도구를 사용하여 태양빛 스펙트럼을 관찰했는데, 이 때 태양의 연속적인 흑체복사 스펙트럼에 숨어있는 검은 선들을 발견하였다. 이 선들은 후일 '프라운호퍼 선'이라고 이름이 붙었는데, 태양의 대기를 이루는 원자들의 흡수가 그 원인인 것으로 밝혀졌다. 이 현상을 이용하여 회절격자 분광기는 별빛의 수수께끼를 푼 20세기 천문관측 기술 혁명을 일으켰다. [21] (7.4.2 참조) 또한, 그가 개발한 분광기는 개량을 거듭하여 후일 플랑크가 흑체복사 법칙을 발견하는 근거가 된 실험 데이터를 제공하였고, 이것이 양자역학의 씨앗이 되었다. (6.2.1 참조)

그는 당시 유리제작자들이 흔히 그랬듯이 중금속 증기에 중독되었으며, 이로 인해 39세의 이른 나이에 죽었다. 프라운호퍼는 짧은 생애에 광학의 응용 연구에 집중하였으므로 그는 물리학자라기보다 발명가나 기술자에 가깝다. 그러나 위에서 설명한 것처럼 그의 업적은 현대 물리학 발전에 막대한 영향을 주었으므로 비교적 상세히 소개하였다. 그의 이름을 기린 '프라운호퍼 협회 Fraunhofer-Gesellschaft'는 독일 정부출연 연구기관으로, 유럽 최대의 응용 연구 개발 조직이다.

눈에 보이지는 않지만 휴대폰에 사용되는 전자기파의 송수신에도 회절현상이 중요한 역할을 한다. 기지국이 직선거리에 보이지 않아도 통화를 할 수 있는 이유는 무선통신용 전자기파의 파장이 10 cm 정도여서 건물 등의 장애물을 만나도 그 주위를 잘 에돌아가기 때문이다. (식 5-8에 의해 회절각이 크다.) 만약 빛(적외선)을 무선통신에 사용한다면 파장이 1 μm 정도로 짧으므로 식 5-8에 의해 회절각이 매우 작아진다. 따라서 기지국이 바로 보이지 않으면 통화가 어려울 것이다. 그러나 보안이 요구되는 군용 통신에서는 오히려 도청을 피하기 위해 회절을 최소화하고 제한된 부분에만 신호를 보내는 것이 바람직하므로 레이저를 사용하여 무선통신을 하는 경우도 있다.

5.4.4 광학과 전기학의 통합

이렇게 빛 파동론이 입자론을 완전히 몰아내고 과학이론으로 입지를 군혔지만 빛이 어떤 물리량의 파동인지는 영과 프레넬의 선구적인 연구로부터 거의 반세기가 지난 후 맥스웰에 의해 밝혀졌다.[29] 그의 전자기파 예측에 결정적인 역할을 한 것은 빛의 속력(광속) 측정이었다. 광속은 광학뿐만 아니라 현대 물리학 전반에서 가장 중요한 상수 중 하나이다.

프랑스 물리학자 피조Armand Hippolyte Louis Fizeau, 1819-1896는 1849년 회전하는 톱니바퀴를 이용하여 빛의 속력을 측정하였는데, 종전의 천문학적 방법과는 달리 지상에서 실험을 하였다는 것이 획기적인 일이었다. 천문학적 방법이란 뢰머Ole Rømer가 목성의 위성들이 목성 주위를 돌면서 목성에 가려졌다가 다시 나타나는 주기가 지구가 목성에 접근할 때와 멀어질 때 다르다는 것에 착안하여 광속을 최초로 측정한 것이다. (1676) 이것은 매우 영리한 방법이나 측정이 6개월 정도로 오래 걸리고, 오차가 컸다. (현대 측정에 비해 25% 정도 작은 값을 주었다.)

피조의 방법은 그림 5-23에 나타내었다. 톱니를 가진 원반을 빠르게 회전시키면서 그 사이로 빛을 보내어 매우 멀리(약 8 km) 놓인 거울을 맞춘다. 반

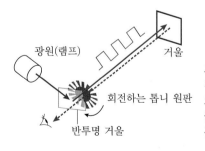

그림 5-23
피조의 광속 측정 실험도. 반투명거울은 광원에서 나오는 빛의 일부를 톱니 사이를 통하여 멀리 떨어진 거울로 보내고(실선), 반사되어 되돌아오는 빛(점선)을 관측자(눈)가 톱니 사이로 관측한다.

---

29) 맥스웰 이전에는 빛 파동에서 무엇이 진동하는지 몰랐으므로 빛 진폭의 단위가 없었다. 맥스웰은 이것이 전기장의 단위, 즉 V/m임을 확신했다.

투명거울의 방향을 잘 조절하여 반사된 빛이 거울을 맞추고 되돌아오게 하면 반사광은 다시 회전하는 톱니 사이를 통과하는데, 빛이 먼 거리를 왕복할 동안 톱니가 회전하여 빛의 경로를 막도록 원반의 회전수를 맞추면 그 회전수로부터 바로 광속을 계산할 수 있다. 이 장치로 측정한 피조의 광속은 현대 측정값에 비해 5% 정도 차이를 보였다. 실험 초기에 피조와 같이 일했던 푸코Léon Foucault는 십여 년 후 이 장치를 개량하여 광속 값을 0.7% 오차로 측정해 내었다. 현대 물리학에서는 광속의 값을 299,792,458 m/s로 '정의'한다. (4.3.1 참조)

한편 전자기학을 이론적으로 연구하던 영국(스코틀랜드)의 이론물리학자 맥스웰James Clerk Maxwell, 1831-1879은 1864년 전자기장의 동역학 이론을 발표하여 빛은 전자기 파동의 일종이라는 결론에 도달한다. 전혀 다른 분야에서 발전한 전자기학(전기와 자기에 대한 학문)과 광학이 통합되는 역사적인 순간이었다. 맥스웰은 1864년 논문에서 그가 유도한 파동방정식으로부터 전자기 파동의 속력이 당시 푸코와 피조 등이 측정한 광속과 같다는 것이 우연이 아니라고 판단하여 전자기파의 존재를 확신했으나 전자기파가 존재한다는 실증을 보지 못하고 병사하였다. 전자기 파동의 존재에 대한 좀 더 상세한 내용은 5.5.5절에서 다룬다.

얼마 후 1887년 독일 과학자 헤르츠Heinrich Hertz, 1857-1894는 전자기파(라디오파)를 발생시키고 측정했으며, 전자기파가 빛처럼 반사, 굴절, 흡수 등을 하는 것을 실험으로 보였다. 특히, 입사파와 반사파를 합성시켜 정상파를 관측하였고(4.8.3, 그림 4-18 참조), 마디와 마디 사이의 간격으로부터 전자기파의 파장을 측정하였다.[30] 헤르츠의 실험 직후 비너Otto Wiener, 드루드Paul Drude, 네른스트Walther Nernst 등은 라디오파보다 파장이 훨씬 짧은 가시광선과 자외선의

---

30) 헤르츠의 실험 이전 영이 간섭실험에서 빛의 파장을 최초로 측정한 것으로 보인다.

정상파를 관찰하여 빛이 전자기 파동이란 것을 더욱 확실히 보였다.

5.4.5 현대 광학

음파는 공기를 매질로 전파한다. 빛이 파동이라면 빛 파동이 전파하는 매질은 무엇일까? 하위헌스 등 빛 파동론을 주장한 사람들은 '에테르(aether 혹은 ether)'란 가상적인 매질이 존재한다고 믿었다. 심지어는 맥스웰도 에테르를 전제로 하고 전자기 파동방정식을 유도하였다. 그렇지만 19세기 말까지도 에테르는 가상적인 매질로 남아있었다. 광학에서 에테르는 화학에서 플로지스톤, 열역학에서 열소와 흡사한 개념이었다. (5.2.2, 5.3.1 참조)

미국 물리학자 마이컬슨Albert Abraham Michelson, 1852-1931은 몰리Edward Morley와 함께 매우 정교한 빛 간섭장치를 만들어 1887년 에테르의 존재를 증명하려는 실험을 수행하였다. 그림 5-24에 소개된 이 장치는 '마이컬슨 간섭계'라고 하며, 지금도 대학 물리학 실험 교과과정에서 종종 쓰이고 있다 [13,18]. 광원에서 나온 빛은 반투명 거울에서 절반은 반사하여 거울1에서 반사되어 되돌아오고, 절반은 투과하여 거울2에서 반사되어 되돌아온다. 되돌아온 두 빛은 다시 반투명 거울에서 만나 각각의 절반씩은 관찰자에게로 가는데, 이 두 빛이 간섭하면 거울1과 거울2를 왕복하는 동안 발생한 빛의 경로차

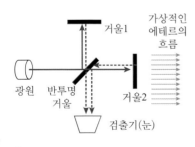

그림 5-24
마이컬슨 간섭계. 반사된 빛의 경로들은 점선으로 나타내었다. 오른쪽 사진은 관측된 간섭무늬이다.
(사진: 김병주) *컬러사진 게재, 3쪽 참고

로 인해 영의 실험과 같이 밝고 어두운 간섭무늬가 만들어진다.

만약 에테르가 바람처럼 한 쪽 방향으로 흐르고 있다면 (아마 지구 공전에 의해서) 간섭계를 90도 돌리면 에테르에 대한 빛의 상대속도가 변하므로 빛 경로차도 변한다. 따라서 이 간섭무늬는 간섭계의 방향에 따라 변해야 한다. 그러나 실험 결과 어떤 변화도 관측되지 않았다. 마이컬슨 등은 간섭계를 더욱 개량하고 지구상의 여러 장소에서 측정했지만 에테르의 존재는 결국 증명하지 못했다. 이 측정장치의 정밀도를 고려할 때 에테르 바람은 없고, 빛의 속력은 지구의 운동 방향에 관계없이 어느 방향으로나 일정하다고 선언할 수 있었지만 이를 뒷받침할 이론이 없었다.31)

빛은 매질 없이 진행할 수 있고, 광속이 일정하다고 단언한 사람은 아인슈타인이다. (7.2 참조) 그러나 아인슈타인은 1905년 특수 상대론을 발표할 당시에는 마이컬슨-몰리의 실험을 잘 모르고 있었다. 마이컬슨-몰리 실험은 그 이후 특수 상대론을 뒷받침하는 중요한 증빙이 되었다.

마이컬슨은 폴란드에서 태어났으나 유아기에 미국으로 이민을 갔다. 아나폴리스 해군 사관학교를 졸업한 뒤 모교에서 물리와 화학을 강의하였으며, 광학과 음향학에 흥미를 가져 광속 측정 실험에 착수하였고, 카드뮴 방전램프가 내는 빛의 파장을 기준으로 하는 표준 미터(m)의 값을 실측하여 도량형의 기준을 정하는 데 공헌하였다. 그는 1907년 미국인 최초로 노벨 물리학상을 받았다. 마이컬슨-몰리 실험에서 아무것도 측정하지 못하였지만 정밀 측정장치를 제작하여 실용화하는 등 표준과 측정기술에 기여한 점을 인정받은 것이다. 어쨌거나 부정적인 결과를 얻은 연구로 노벨상을 받은 것은 매우 드문 일이다.

지금도 마이컬슨 간섭계는 정밀 측정에 활용되고 있다. 특히 먼 우주로부

---

31) 지구가 에테르를 끌고 다닌다는 가설까지 나왔다.

그림 5-25
LIGO Hanford 관측소 (미국 워싱턴주 Richland 소재). 두 긴 터널 속을 순수한 단색의 레이저 빛이 왕복한다. 두 터널 끝에는 빛을 반사하는 거울이 매달려 있다.
(출처: Photo courtesy of Corey Gray, LIGO Laboratory)

터 오는 중력파를 측정하기 위해 길이가 수 km에 달하는 대규모 마이컬슨 간섭계가 건설되었다. 그림 5-25의 사진은 레이저 간섭 중력파 천문대Laser Interferometeric Gravitational Wave Observatory; LIGO 프로젝트의 일환으로 건설된 거대 규모 마이컬슨 간섭계를 보여주고 있다. 이것은 최첨단 기술과 자원을 들여 1999년 건설되어 운전에 들어갔으나 정밀도가 충분히 높지 못해 아무것도 측정하지 못하다가, 꾸준한 장비 업그레이드 후 2015년 드디어 중력파 첫 관측에 성공하였다[22, 23].

아인슈타인이 100여 년 전에 예측한 중력파 관측에 이렇게 오랜 시간이 걸린 것은 중력파의 진폭인 시공간의 왜곡 정도가 원자 크기보다 훨씬 작기 때문이다. (7.3.3 참조) 거대한 별들이나 블랙홀의 충돌로부터 엄청나게 큰 시공간 왜곡이 발생하지만 대개 수 억 광년 이상 매우 멀리서 일어나는 사건이므로 중력파가 우리에게 도달할 때는 진폭이 극도로 작아진다. 최첨단 과학과 기술을 총동원하여 만든 LIGO의 간섭계는 중성자 하나 정도로 작은 길이 변화를 측정할 수 있는, 우주를 향한 인류의 새로운 안테나가 된 것이다.

현대 광학의 큰 변화 중 하나는 영 이후 19세기 내내 파동이었던 빛이 다시 입자로 해석된 것이다. 이는 20세기 초 양자역학의 태동과 함께 물질이 입자와 파동의 성질을 동시에 가지는 '이중성'에 기초한 것이다. (6.2.2 참조) 빛 입자론에 근거하여 아인슈타인은 광학에도 큰 기여를 하였는데 '광전효과' 해석과 '빛의 유도방출' 이론 수립이 그것이다. 빛의 유도방출 이론은 후일 레이저의 기초이론이 되었고, 광전효과는 빛이 광자photon라고 하는 입자로 이루어져 있다는 빛 입자설을 뒷받침하는 강력한 증거 중 하나이다. (물론 다른 증거들도 있지만 여기서는 광전효과만 설명하기로 한다.)

광전효과는 빛에 의해 금속에서 전자가 튀어나오는 현상이다. 19세기 말 진공관 기술이 발달하면서 많은 과학적 발견이 이루어졌다. 그림 5-26과 같이 진공관 안에 금속판을 넣고 전압을 가하면 처음에는 전기가 통하지 않다가 음극으로 사용되는 금속 전극판을 가열하거나, 여기에 빛(자외선)을 쪼이면 전류가 흐른다. 음극을 가열했을 때는 열전자가 나와 전기 전도를 유발한다는 것이 후일 알려졌으며, 이것은 트랜지스터 등의 반도체 소자가 발명되기 이전에 오디오 회로 등에서 전류 신호 증폭기로 응용되었다.

음극판에 빛을 쪼이면 이 빛에 의해 음극에서 전자(광전자)가 발생되어 양극 쪽으로 이동해서 전류가 흐른다고 해석할 수 있다. 그러나 빛 파동의 진동수가 어느 이상 되는 자외선에서만 광전자가 발생하는 현상은 설명이 쉽지 않았다. 가시광선은 아무리 센 빛을 쪼여도 전류가 흐르지 않았던 것이다.

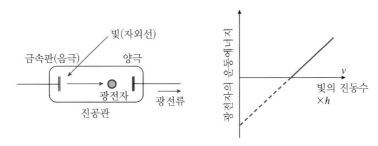

그림 5-26
광전자 발생 장치(좌)와 광전효과(우). 문턱 진동수 W/h 이상의 빛에만 광전자가 발생된다.

당시 그림 5-26과 같은 광전효과 실험 데이터를 해석하기 위해 여러 가지 이론이 제안되었으나 아인슈타인이 올바른 해석을 내렸다. 그는 빛이 진동수 (ν)[32]에 비례하는 에너지를 가진 광자들의 모임이라고 가정하고, 광전효과는 광자 하나가 금속에서 전자 하나를 떼어내는 과정이 모인 것이라고 생각하였다. 그러나 전자가 금속 표면을 뚫고 나오는 데는 에너지를 소모하므로 ('일함수' W) 튀어나온 전자(광전자)의 운동에너지는

$$K(\text{전자}) = h\nu - W \tag{5-9}$$

로 나타난다. 이 식은 빛의 진동수가 커질수록 (자외선 쪽으로 갈수록) 전자의 운동에너지, 즉 속력이 커진다는 것을 말한다. 이것은 에너지 보존법칙의 하나로 광자 하나의 에너지가

$$E(\text{광자}) = h\nu \tag{5-10}$$

가 되는 것이 타당하다[16]. 여기서 h는 '플랑크 상수'이다. (6.2 참조)

이로써 빛은 다시 입자가 되었다. 빛이 입자라면 두 빛살을 교차시킬 때 왜 충돌로 흩어지는 빛이 관찰되지 않는 것일까? 이 의문은 광자가 질량이 없다고 가정하면 해소된다.[33] 그러나 간섭이나 회절 등의 현상들은 여전히 빛의 파동성으로 설명되므로, 빛은 입자와 파동의 두 가지 성질을 모두 갖는다고 생각된다. 이것은 앞에서 언급한 이중성인데, 이 '불편한 진실'은 다음 장 '양자역학'에서 상세히 논의한다. (6.2.2 참조)

한편 아인슈타인의 빛 유도방출 이론은 20세기 초 기술의 발달에 힘입어 레이저로 현실화된다. 미국 캘리포니아 주립대학(UC 버클리)의 교수 타운즈

---

32) 제 4장에서는 파동의 진동수를 f로 썼지만, 빛의 진동수를 지칭할 때는 그리스 문자 ν [nu]로 표기하는 경우가 많다.
33) 광자는 운동량을 가지고 있지만 질량은 0인 매우 신기한 입자로 밝혀졌다.

Charles Hard Townes, 1915-2015는 마이크로파34)를 이용한 분광학으로 분자구조를 연구하는 방법을 개발하였다. 그는 또 극히 정밀한 원자시계 제작에 기여하였고, 마이크로파 증폭기인 메이저MASER; Microwave Amplification of Stimulated Emission of Radiation를 발명하여 전파 천문학 등의 분야에 응용하였다. 메이저는 곧바로 레이저LASER; Light Amplification of Stimulated Emission of Radiation의 발명에 연결되었다.

레이저는 1960년 몇몇 과학자들이 거의 동시에 발명했는데, 그 중 눈에 보이는 빨간색을 내는 레이저는 미국 휴즈Hughes 연구소의 메이먼Theodore Harold Maiman, 1927-2007에 의해 처음으로 개발되었다. 그는 인공으로 성장시킨 조그만 루비 결정을 원기둥 모양으로 깎아 레이저 매질로 사용하였다.

레이저가 현대 과학과 기술에 매우 유용한 도구가 된 이유는 다음과 같다. 빛 파동이 수면파와 같은 파동이라고 설명했지만 사실은 그렇지 않은 면이 많다. 즉, 균일한 파면이 고요히 전파되는 단순한 그림은 햇빛, 전등 등과 같이 일반적인 광원에서 나오는 빛과는 거리가 있다. 이들에서 나오는 빛은 연못에 수많은 돌을 마구 던졌을 때 나오는 어지러운 물결파에 비유할 수 있다. 반면에 레이저는 딱 하나의 돌을 던졌을 때 나오는 잔잔하고 '결맞는coherent' 파동을 낸다고 볼 수 있다.

레이저가 발명되면서 수면파처럼 결맞는 파면을 연속적으로 낼 수 있게 되면서 빛을 퍼뜨리지 않고 멀리 보내기도 하고, 매우 작은 점으로 집광도 할 수 있게 되었다. 또한 빛을 물결파와 똑같이 취급할 수 있게 됨으로써 과거의 어렵고 복잡하던 많은 실험들이 조그만 레이저 하나만 있으면 어린 학생들도 쉽게 할 수 있게 되었다. 예를 들어 이중슬릿 간섭 실험은 영의 시대에는 매우 까다로운 실험이었으나 지금은 값싼 레이저포인터와 이중슬릿만 있으면 가장

---

34) 사실은 '마이크로파'의 파장은 수 마이크로미터(μm)가 아니라 10 cm 정도이다.

쉽게 할 수 있는 실험 중 하나가 되었다.

그러나 레이저가 처음 개발되었을 당시에는 기초과학 연구나 방위산업 등에 제한적으로 사용되었고, 레이저 빔은 살인광선 정도로 대중에게 잘못 인식되었다. 레이저가 산업과 일상생활에 본격적으로 사용되기 시작한 것은 1980년대부터이다. 소형 반도체 레이저가 개발되어 반도체 기술을 이용한 대량 생산이 가능해지면서 지금은 문방구에서도 레이저(포인터)를 살 수 있다. 현대 레이저의 응용분야는 광섬유 통신(5.6 참조), 광메모리 디스크 (CD, DVD 등), 의료용 기기 (시력 교정, 피부치료 등), 재료 가공 (철판 절단, 드릴링, 그림·글자 새김 등), 레이저 쇼 등 셀 수 없이 많으며, 규모가 큰 특수 용도로는 LIGO와 같은 초정밀 측정, 핵융합 촉발, 미사일 요격무기 등에 응용되고 있다.

5.5 전자기학

5.5.1 전기와 자기의 초기 연구

'자기magnetism'는 고대 그리스 도시 마그네시아Magnesia에서 기원한다. 여기서 채굴되는 자철석이 마그네슘을 함유하고 있었기 때문이다. 한편 '전기 electricity'의 어원은 호박amber의 라틴어인 '엘렉트룸electrum'이다. 호박은 송진이 땅속에서 굳어 화석화된 것인데, 인공 플라스틱이 없었던 19세기 중반 이전에는 호박이 정전기를 잘 띠는 대표적인 물질이었다. 전기와 자기는 유사성이 많으므로 이 둘을 합하여 연구하는 학문이 전자기학이다.

물리 교과목에서는 전기를 자기보다 먼저 배우지만, 역사적으로는 자기에 대한 연구가 앞섰다. 엘리자베스 여왕의 어의御醫이자 아마추어 물리학자였던 길버트William Gilbert, 1544-1603는 자기에 관하여 근대적이고 체계적인 연구를 시작한 인물이다. 그는 《자석, 자성체, 거대한 자석 지구에 관하여De Magnete, 1600》를 저술하여 나침반의 원리, 즉 지구가 거대한 자석이라는 사실을 밝혔고, 자석이 쇠에 자성을 유도하며, 자기력에는 인력과 척력이 있음을 발견하였다. 현재 우리가 알고 있는 N극과 S극은 여기서 유래한다.

그는 신비주의를 타파하고 실험주의 과학을 추구하여, 자석으로 두통을 치료하고, 마늘이 자석의 힘을 약화시킨다는 등 당시까지 자석에 대해 알려진 미신을 반박하였다. 그는 또 전기와 자기가 서로 독립적인 성질이란 것도 인식하였다.

그러나 이탈리아인 델라 포르타Giambattista della Porta, 1535?-1615는 길버트보다 50년 이상 앞서 《자연마술》을 저술하여 자석의 힘에 대한 근대적인 이론을 펼쳤고, 길버트의 자기 이론은 이와 흡사한 내용을 다수 포함하므로 전혀 새로운 이론은 아니었다. 그러나 길버트는 그의 저서에서 델라 포르타의 업적을 전혀 언급하지 않았다[14]. 《자연마술》이란 책의 제목 때문이었을까? 사실 《자연마술》에는 자기 이론뿐만 아니라 점성술과 연금술 등의 전근대적인 주제를 취급하였다. 반면에 길버트는 시대를 앞서고자 노력한 과학자답게 코페르니쿠스의 태양중심설을 신봉하였고, 마술이나 신비주의에서 탈피하고자 하였다.

그러나 길버트 이후 전기·자기 연구는 약 200년간 '베이컨 과학'으로 남아 진전이 거의 없다가, 신대륙(미국)의 과학자 프랭클린Benjamin Franklin, 1706-1790이 정전기에 대한 중요한 관찰을 함으로써 재개되었다. 프랭클린은 미국 초기의 과학자이자 미국 독립선언문을 초안한 정치가 중 한 사람으로도 유명하다.

그는 유리를 비단으로 문지르면 전기를 띤다는 사실로부터 정전기에는 자석의 N, S와 비슷하게 '양'과 '음'이 있으며, 정전기 유도는 '전하charge'를 만드는 것이 아니라 양과 음의 전하를 '분리'하는 것이라는 것을 알았다. (1747)

이것은 전하 보존법칙의 시초로 볼 수 있다. 그러나 자기는 정전기와는 달리 N극과 S극을 따로 분리할 수는 없다. (즉, '쌍극자'로만 존재한다.)

5.5.2 정전기 법칙 – 전기장과 전위

프랑스 물리학자 쿨롱Charles-Augustin de Coulomb, 1736-1806은 프랭클린의 관측을 정량화하여 1785년 정전기를 띤 두 물체가 서로 밀거나 당기는 힘의 법칙을 발견하였다. 쿨롱의 법칙은 '두 전하 사이의 힘은 두 전하의 곱에 비례하고 그 거리의 제곱에 반비례한다'는 것이다. 그리고 같은 종류의 전하는 서로 밀고, 다른 종류의 전하는 서로 당긴다. 식으로 표현하면

$$F = \frac{1}{4\pi\epsilon_0}\frac{Q_1 Q_2}{r^2} \tag{5-11}$$

로 쓸 수 있다. 여기서 Q_1과 Q_2는 두 (점)전하의 전하량이고, r은 이들 사이의 거리이다. 계수 $1/4\pi\epsilon_0$는 전하와 거리로 계산된 양을 힘의 단위와 맞추기 위한 비례상수이다. (ϵ_0는 '진공의 유전율'이라고 하는데 물리학에서 중요한 상수 중 하나이다.)

　이 정전기 힘의 법칙은 1772년 캐번디시가 먼저 발견했으나 발표하지 않았다. 쿨롱은 독립적으로 이를 발견하였고, 이 법칙은 '쿨롱의 법칙'으로 명명되었다. 이 사건을 두고 참고문헌 2의 저자는 "Cavendish perished, not published(캐번디시는 발표 없이 죽었다)."라고 표현했는데[2], 이것은 유명 연구기관에서 과학계에 첫발을 디디는 젊은 연구원들의 금언 "Publish or Perish(논문을 내거나 시들거나)."를 비틀어 쓴 농담이다. 이들이 얼마나 논문 출간에 대한 압력을 많이 받는지 알 수 있다. 그러나 캐번디시는 논문의 출간에 연연하지 않았고, 과학에 대한 순수한 호기심과 자기완성을 추구하기 위해 연구를 하였다.

전하의 단위는 쿨롱의 업적을 기려 '쿨롱(C)'이라고 한다. 전자 1.6×10^{19} 개가 모이면 1 C의 전하량을 가진다. 일상생활에서 이것은 상당히 큰 전하 양으로, 흔히 살 수 있는 축전기에 1 C을 모아두기는 쉽지 않다. 또한 이 정도의 정전기가 순간적으로 방전된다면 누구도 무사하지 못할 것이다. 겨울철 옷이나 머리카락에서 방전되는 전하량은 이보다 훨씬 적다. 예를 들어 우리가 따끔하다고 느끼는 정전기도 물체 표면에서 1조개 중에 한 개 정도로 아주 일부의 전자가 이동(방전)하는 것이다.

중력과 비교하면 정전기력은 매우 강하다. 예를 들어 수소 원자를 이루는 전자와 양성자 사이의 정전기력과 중력을 각각 쿨롱의 법칙(식 5-11)과 중력 법칙(식 4-2)으로 계산하여 비교해보면 정전기력이 10^{39}배 이상 크다는 것을 알 수 있다. 이것은 우주의 총 전하가 중성이어야 하는 이유를 설명한다. 전하의 불균형이 있다면 엄청난 힘의 근원이 되어 우주는 순식간에 찌그러지거나 폭발할 것이기 때문이다. 정전기력은 핵과 전자, 분자를 이루는 원자들, 그리고 분자들을 고체나 액체로 묶어 주는 힘이며, 따라서 화학 결합력은 거의 정전기력이다.

정전기력을 좀 더 추상화한 것이 패러데이가 제안한 '전기장'과 '역선' 개념이다. 전기장은 단위전하가 받는 전기력이다. 즉, Q_1에 의한 전기장은 식 5-11을 Q_2로 나눈 것이다. 정전기력에 대한 쿨롱의 법칙에는 2개의 전하가 필요하나, 전기장은 근원 전하만 있으면 빈 공간에서도 정의된다. 즉, 전기장이란 공간의 모든 점에서 정의되는 벡터량으로, 각 점에 단위전하를 놓았을 때 받는 힘으로 정의된다.

두 막대자석을 종이 위에 두고 주위에 쇳가루를 뿌리면 쇳가루들이 정렬되는 것을 볼 수 있다. 즉, 자기장이 있음을 알 수 있다. 전기장은 자기장보다 관측하기가 좀 더 까다로우나 두 금속 전극 사이에 길쭉한 쇳가루를 섞은 기름을 채우고, 두 전극에 반대 부호의 정전기를 공급하면 역시 전기장을 시각화

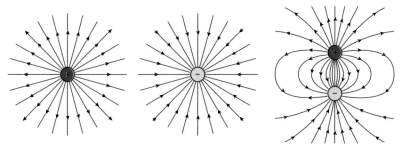

그림 5-27
양의 점전하(좌), 음의 점전하(중), 그리고 쌍극자(우)에 의한 전기장을 역선으로 나타내었다.

할 수 있다.

'역선force line'은 장의 방향을 표시하는 화살표로, 그림 5-27에 몇 가지 경우 전기장 역선의 예를 들었다. 전기장 역선은 양(+) 전하에서 출발하여 음(−) 전하에서 끝나며, 전하가 없는 공간에서는 끊어지거나 교차하지 않는다. 역선의 밀도는 장의 크기를 표시한다. (즉, 역선이 빽빽할수록 전기장이 센 곳이다.) 그림 5-27(우)와 같이 한 쌍의 양 전하와 음 전하가 마주보고 있는 '쌍극자'는 막대자석의 자기장 역선과 동일한 전기장 역선을 낸다.

전기장은 단위전하당 작용하는 힘이므로 역학에서와 같이 (4.4.3 참조) 이것에 해당하는 전기 위치에너지인 '전위electrostatic potential'를 정의할 수 있다. 즉, 전위는 단위전하당 위치에너지로 볼 수 있다. 전위는 스칼라이므로 벡터인 전기장보다 다루기 편리한 장점이 있다. 그림 5-28에는 양의 점전하에 의한 전위를 그래프로 나타내었다. 일상에서 '전압'이라

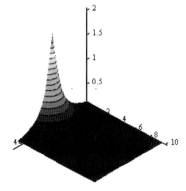

그림 5-28
양의 점전하에 의한 전위. (반쪽만 표시함.) 점전하는 뾰족한 곳에 있다. 등고선들은 전위가 같은 '등전위면'을 나타낸다.
*컬러사진 게재, 3쪽 참고

고 하는 것은 두 점 사이의 전위차를 의미한다. 이는 단위전하 당 위치에너지의 차이다. 전위나 전위차의 단위는 다음 절에 소개할 볼타의 업적을 기려 '볼트Volt'라 하고 'V'로 표시한다.

그러면 전기장과 자기장 사이에는 어떤 관계가 있을까? 이 둘은 매우 유사하지만 서로 다른 점이 있다. 우선 전하는 있어도 '자하'는 존재하지 않는다. 여기서 자하란 '자기홀극magnetic monpole'을 의미하는데, 아직 아무도 발견하지 못했다. 자석은 아무리 잘라도 (원자까지 잘라도) 쌍극자로만 존재하는 것이다. 그 외에 전기장과 자기장이 당기고 미는 유사성 외에는 아무런 관계가 없을까? 이 질문에 대한 답은 다음과 같이 전지가 발명되고 이를 이용하여 전류를 균일하게 흘릴 수 있으면서부터 나오기 시작되었다.

5.5.3 전류

이탈리아 볼로냐 대학의 해부학 교수 갈바니Luigi Galvani가 죽은 개구리 다리의 근육 수축으로부터 생체 전류를 발견한 것이 전류를 관측한 최초의 실험이었다. (1791) 그러나 안정적인 실험을 위해서는 전하를 지속적으로 흘려주는 도구가 필요했다.

1799년 이탈리아 파비아대 교수 볼타Alessandro Volta는 최초의 화학전지(배터리)를 발명하였다. 서로 다른 한 쌍의 금속을 황산 등 전해질에 담그면 화학반응으로 전하가 분리되고, '기전력'이 발생한다. 이 기전력은 화학반응이 상당히 진행될 때까지 일정한 전위차를 공급해 주었고 이 동안은 전하가 꾸준히 흐르는데, 이러한 전하의 흐름을 전류라고 한다. 이것이 '볼타전지'인데 (그림 5-29), 현재도 자동차

그림 5-29
볼타전지

배터리는 이 원리를 이용하고 있다. 볼타전지의 발명으로 실험실에서 균일한 전류를 얻을 수 있게 됨으로써 1800년 이후 전자기학의 발전은 더욱 가속되었다.

전류는 단위시간당 흐르는 전하의 양으로 정의된다. 즉, 시간 t 동안 균일하게 전하량 Q가 흐른다면 전류는

$$I = Q/t \tag{5-12}$$

와 같이 정의된다. 전류의 단위는 다음에 소개할 앙페르의 업적을 기려 '암페어(A)'라 한다. 즉, 위 식으로부터 1 A = 1 C/s이다.[35]

물체에 전위차를 가해주면 어떤 것은 전류를 잘 흘리고, 어떤 것은 거의 전류를 흘리지 못한다. 전류를 흘리지 못하는 물질을 (전)도체, 전류를 잘 흘리는 물질을 '부도체' 혹은 '유전체'라고 한다. '옴Ohm의 법칙'은 물질에 흐르는 '전류밀도', 즉 단위면적당 흐르는 전류가 외부에서 가해 준 전기장에 비례한다는 것인데, 이 비례상수를 '전기전도도'라고 한다.[36] 즉, 전기전도도는 물질이 전류를 잘 흘리는 정도를 나타내는데, 물질을 구성하는 원소와, 고체의 경우 이들 사이의 결합 구조에 의해 결정된다.

예를 들어 금속은 대개 전기전도도가 매우 큰 도체이고, 유리나 플라스틱 등은 매우 작은 부도체이다. 반도체는 전기전도도를 조절할 수 있는 특이한 물질이다. 도체의 전기전도도는 전위차를 가해 주었을 때 전도전자가 물질 안을 이동해 가는 과정에서 전자의 열운동으로 인해 원자들과 충돌을 얼마나 자주하느냐에 따라 달라진다. 이 전자 충돌 모형으로 옴의 법칙을 유도할 수 있다[13].

유한한 전기전도도를 가진 물질로 전선 등의 물체를 만들면 물질의 전기전도도, 물체의 크기와 모양에 따라 '저항'이 결정된다. 옴의 법칙을 따르는 물

---

35) 현대 SI-단위계에서는 전하보다 전류를 기본적인 물리량으로 정하고 있다.
36) 일반적으로 모든 물질에 대해 옴의 법칙이 성립하지는 않는다. 반도체소자가 한 예이다.

질에서 전류는 가해준 전위차에 비례할 것이다. 전위차는 가해준 전기장에 비례하고 전류는 전류밀도에 비례하므로, 전류는 전위차에 비례한다는 결과를 얻는다. 이것을 정리하면 보다 익숙한 옴의 법칙 $V = R \times I$를 얻을 수 있다. 여기서 R은 물론 저항을 뜻한다.

어떤 전위차를 가진 두 점 사이에서 전하를 살짝 놓으면 이것은 중력장 안에서 자유낙하하는 물체와 같이 등가속운동을 하며, 전극(바닥)에 부딪히는 순간 일을 한다. (4.4.3 참조) 그러나 저항체를 흐르는 전류의 경우에는 전하가 이와 같이 순간적으로 운동에너지를 소모하지 않는다. 저항이 있으면 전하는 원자들과의 지속적인 충돌에 의한 마찰력 때문에 가속되지 않고, 공기 속에서 낙하하는 빗방울처럼 일정한 속력을 갖는다. 따라서 전하는 바닥에 한꺼번에 일을 하는 대신 저항에 대해 지속적으로 일을 한다.

전등, 다리미 등 전기기구의 용량은 대부분 와트(W) 단위의 '일률'로 나타낸다.[37] 일률은 단위시간당 하는 일이므로 1 W는 1 J/s, 즉 1초에 1줄의 일을 함을 의미한다. 참고로 자동차 등의 동력기는 통상적으로 '마력'이란 단위로 일률을 표시한다. 1마력은 말 한 마리가 꾸준히 할 수 있는 일률을 말하는데 약 750 W에 해당한다.

전위차(전압)가 V인 두 지점 사이에 전류 I가 지속적으로 흐른다면 이 전류가 하는 일률은 전위차와 전류의 곱, 즉 $P = VI$로 유도할 수 있는데, 옴의 법칙을 사용하면 일률은 $P = I^2R = V^2/R$ 등으로 모양을 바꾸어 나타낼 수 있다. 가정이나 사무실에서 전기사용료 부과의 기준이 되는 전력사용량은 이 일률에 전기 사용시간(t)을 곱해서 일을 $W = Pt$로 구한 것이다. 전력사용량은 전하들이 한 일이므로 단위는 J (줄)이다. 그러나 J로 표시하면 한 달 사용량이 너무 큰 값이 되므로 특별히 kWh (킬로와트시)를 단위로 사용한다. 우리나라 일반

---

37) 증기기관을 개량한 James Watt의 이름을 땄다.(5.3.1 참조)

가정의 한 달 평균 전력사용량은 대략 300 kWh인데 이것을 J 단위로 바꾸어 보면, 300×1000 W×3600 s $\approx$ 10^9 J, 즉 10억 J이나 된다! 현대인은 걱정스럽게도 우리 조상들이 사용하던 에너지와는 비교할 수 없을 정도로 막대한 에너지를 소비하며 살고 있다.

5.5.4 전류는 자기장을 만든다

볼타의 전지 발명 이후 전선에 전류를 일정하게 흘리는 실험이 가능해지면서 전기와 자기의 관계가 확실히 이해되기 시작한다. 덴마크인 외르스테드Hans Christian Ørsted, 1777-1851는 우연히 전류가 흐르는 도선 주위에 놓인 나침반의 바늘이 움직이는 것을 발견한 후, 1820년 실험으로 전류가 자기장을 만드는 현상을 확인하였다. (그림 5-30)

프랑스인 앙페르André-Marie Ampère, 1775-1836는 이것을 곧바로 정량화하여 법칙으로 발표하였다. 즉, '앙페르의 법칙'은 '가상적인 고리를 한 바퀴 돌며 구한 자기장(B)의 선적분은 그 고리 안을 흐르는 총 전류(I)에 비례한다'는 것이다. 다분히 수학적인 이 법칙을 그림 5-30(좌)와 같이 긴 직선 도선에 전류 I가 흐르는 상황에 적용해보면, 도선으로부터 거리 r만큼 떨어진 곳의 자기장은 $B = \mu_0 I/2\pi r$로 구할 수 있다. 여기서 비례상수 μ_0는 '진공의 투자율'로

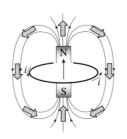

그림 5-30
전류가 흐르는 도선 주위에 생기는 자기장. 직선도선을 흐르는 전류(좌)와 전류고리(우)에 의한 자기장. 굵은 화살표는 자기장의 방향을 나타낸다.

진공의 유전율 ϵ_0과 함께 물리학에서 중요한 상수 중 하나이다. 즉, 자기장의 세기는 전류에 비례하고, 도선으로부터 거리에 반비례하며, 방향은 오른손 나사를 돌리는 쪽으로 결정된다.

도선이 그림 5-30(우)과 같이 전류(i)가 빙빙 도는 고리를 이루는 경우에 대해 위의 결과를 적용하면 자기장은 막대자석(N-S)과 비슷한 모양을 이룬다는 것을 알 수 있다. 이 전류고리가 매우 작을 때를 '자기쌍극자'라고 하는데, 원자핵을 도는 전자가 좋은 예이다. 자성의 원인은 전자들의 회전이 전류 고리가 되므로 이것이 앙페르의 법칙에 의해 유도한 쌍극자 자기장이라고 볼 수 있다. 따라서 자석은 아무리 작게 쪼개어도 원자(쌍극자) 하나가 남을 때까지 자석인 것이다.[38]

앙페르는 그의 법칙으로부터 전류가 흐르는 두 도선은 전류가 같은 방향일 때 서로 당기고, 전류가 다른 방향일 때는 서로 밀어낸다는 것을 보이기도 하였다. 그 이유는 한 도선이 만든 자기장 속에서 다른 도선에서 만든 자기장이 두 자석처럼 서로 밀거나 당기기 때문이다. 전류는 전하의 흐름이기 때문에, 이로부터 자기장 속을 전하 하나가 날아갈 때도 힘을 받는다는 것을 알 수 있다. 이 힘을 '로렌츠 힘Lorentz force'이라 하는데, 자기장 B에 수직인 방향으로 속도 v로 날아가는 전하 q가 받는 로렌츠 힘은 $F = qvB$로 주어진다. 힘의 방향은 속도와 자기장에 모두 수직이다. 이 식으로부터 자기장의 단위인 '테슬라(T)'가 정의된다.(5.6 참조) 즉, T는 N · s/(C · m)를 줄여 쓴 단위이다.

5.5.5 전자기 유도와 맥스웰 방정식

전류가 자기장을 만들어 낸다면 그 역도 성립하지 않을까? 그 답을 준 사람은 영국의 물리학자이자 화학자 마이클 패러데이Michael Faraday, 1791-1867이다. 이

---

38) 실제 자석이 가지는 '강자성'은 양자역학으로 설명된다. (6.2.3 참조)

제까지 소개한 대다수의 물리학자들과는 달리 그는 불우한 환경으로 정규교육을 받지 못하였고 제본소에서 일하며 학문에 대한 동경을 키웠다. 그는 왕립연구소 화학교수 데이비Humphry Davy의 논문 제본을 맡게 되어 화학을 접하였는데, 그 논문을 정성들여 교정해 준 것을 계기로 데이비의 조교로 채용되어 과학 연구를 시작하였다. 그는 체계적인 교육을 받지 않은 탓에 고등수학을 요구하는 이론보다는 물리적인 통찰력을 발휘한 실험 과학에 큰 업적을 남겼고, 쉬운 강연으로 과학의 대중화에도 기여하였다.

패러데이는 과학 실험 조수 외에도 데이비의 집안일까지 하는 등 굴욕적인 일들을 겪었지만 그의 과학에 대한 열정은 이 모든 어려움을 이길 수 있게 하였다[7]. 패러데이의 중요한 업적으로는 벤젠 발견(1825), 전자기유도 법칙 발견(1831), 전기분해 법칙 발견(1833) 등이 있다. 그가 연구 업적을 인정받아 왕립학회 회원으로 추천받았을 때 그의 스승 데이비만이 반대했다고 한다.

패러데이는 그림 5-31과 같이 자석을 전선(전류고리) 근처에서 움직이거나(a), 반대로 자석을 중심으로 전류고리를 움직이면(b) 전류고리에 전류가 흐르는 현상을 발견하였다. (b)의 경우는 전선 안의 전도전자들이 자기장 안에서 운동하므로 이들이 앞 절에서 설명한 로렌츠 힘을 받아 전선을 따라 흐르는 것이라고 설명할 수 있다.

그러나 (a)의 경우는 유도전류를 로렌츠 힘으로 설명할 수 없다. 그러나 패

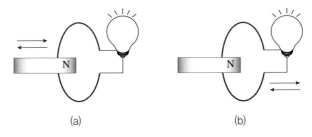

(a)   (b)

그림 5-31 패러데이의 전자기유도. 자석이 움직일 때(a)와 전선이 움직일 때(b).

러데이는 이 두 경우가 상대운동이므로 같은 결과를 줄 것이라는 전제 하에, 폐곡선 안을 지나가는 자기력선 수의 변화가 유도전류를 결정함을 간파했다. 즉, 전류의 크기는 전류고리 폐곡선 안을 지나가는 자기력선 수의 변화율에 비례한다는 '패러데이의 법칙'을 발견하였다. 즉, 같은 자석이라도 빨리 움직이면 자기력선이 빨리 변하므로 전류고리에 더 많은 전류가 흐른다.

그런데 그림 5-31(a)의 경우 로렌츠 힘과 같은 자기력이 아니라면 무엇이 전선 안에 있는 전도전자들을 움직이게 할까? 이 질문의 답은 상대성 이론이 주게 된다. 특수 상대론에 의하면 자기장이 관측자에 대해 상대운동을 하면 일부가 전기장으로 변한다. 즉, 전도전자들에 미치는 힘은 이 전기장이 주는 것이다. 패러데이는 전자기유도를 현상론적인 법칙으로 설명했지만 여기에는 보다 깊은 물리가 숨어 있었고, 이를 간파한 사람이 아인슈타인이었다. (7.2 참조) 패러데이도 맥스웰도 인지하지 못했지만 전자기 법칙들은 고전 역학법칙과는 달리 이미 상대성이론을 만족시키고 있었던 것이다.

전자기유도 법칙을 처음 발표할 당시에는 패러데이 자신도 이 법칙의 산업적인 중요성을 잘 인식하지 못한 듯하다. 패러데이의 법칙은 현대 교류 발전기의 기본 원리가 되는 매우 응용성이 높은 물리법칙 중 하나이다. 발전소에서는 떨어지는 물이나 증기압에 의해 공급된 에너지가 자석을 회전시키면 그림 5-31과 같이 전자기유도가 되고, 자석 주변에 감아둔 전선 코일에 전류가 생성된다.

전자기유도 법칙은 그 외에도 누전차단기, 자동판매기의 동전 판별기 등에 응용된다. 자동판매기에 동전을 넣으면 동전의 모양과 질량 외에도 동전의 저항을 알아낸다. 동전이 비탈을 흘러내려갈 때 자기장을 통과하게 하면 동전 표면에 전자기유도에 의한 '소용돌이 전류eddy currents'가 흐르게 된다. 이 전류는 동전에 열을 발생하여 에너지를 소모하므로 자기장을 지난 후 동전이 굴러가는 속력이 느려진다. 소모되는 에너지는 동전의 저항에 관계되므로 이 속력을 측정하면 저항을 알 수 있다. 자동판매기는 아무리 동전과 비슷한 물체를 넣어도 재료가 다르면 이물질로 판단하고 뱉어내 버린다.

패러데이의 전자기유도 법칙을 유심히 본 영국(스코틀랜드)의 이론물리학자 맥스웰James Clerk Maxwell, 1831-1879은 그 당시까지 알려진 전자기 법칙들을 모두 적용하고, 수학적인 전개를 하여 매우 놀라운 현상을 예측하였다. 그는 1865년 〈전자기장의 동역학적 이론〉을 발표하였는데, 쿨롱 법칙을 변형한 가우스 법칙, 앙페르 법칙, 패러데이 법칙, 그리고 자기장에 대한 가우스 법칙 등 4개의 '맥스웰 방정식'으로 전자기학을 집대성하였다.

그는 이 방정식들을 결합하여 전기장과 자기장의 '파동방정식'을 유도하였는데, 그것은 '전자기 파동'이 존재한다는 놀라운 예측이었다. 그 파동의 모양을 그림 5-32에 나타내었다. 전자기파는 전파방향에 수직으로 진동하는 횡파이며, 전기장과 자기장의 진동 방향은 서로 수직이다.

맥스웰 방정식은 전자기파의 파원이 가속하는 전하나 전류란 것도 말해준다. 대표적인 예로는 진동하는 전하, 원운동하는 전하, 전류고리, 선형 안테나 등이 파원이 되어 전자기파를 복사한다.(하지만 아쉽게도 이런 현상들 중 어느 것도 맥스웰 생전에 관측되지 않았다.)

이렇게 구한 전자기파의 속력은 진공에서 $1/\sqrt{\epsilon_0\mu_0}$ 로 나타났으며[18], 앞 절 (5.5.2, 5.5.4)의 전자기학에서 측정된 ϵ_0와 μ_0의 값들을 넣으면 이 속력은 약 3×10^8 m/s가 나와, 수 년 전 피조와 푸코 등이 측정한 광속과 거의 같았다.

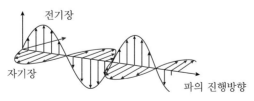

그림 5-32
맥스웰의 전자기파

이것이 우연이 아니라면 빛은 전자기파가 아닌가! 진공의 유전율 ϵ_0과 투자율 μ_0은 광학과 관계없이 전기와 자기 현상에서 측정된 상수이므로 이것은 광학과 전자기학을 통합하는 중요한 발견이었다.

맥스웰은 빛이 전자기파라고 확신했지만 그 실증을 보지 못하고 일찍 생을 마쳤다. 맥스웰은 후일 많은 노벨상 수상자를 배출한 캐번디시 연구소의 초대 소장을 역임했으며, 통계역학 이론도 연구하여 볼츠만, 깁스 등으로 연결되는 초기 통계역학 기초 수립에 공헌하였다. 비록 맥스웰이 전자기파의 실증을 보지는 못했지만 그는 광학과 전자기학을 통합한 물리학자로 인정받고 있다.

맥스웰이 예측한 전자기 파동에서 주목할 점은 진공 속에서 전자기파의 속력이 관측자의 운동에 관계없이 항상 $1/\sqrt{\epsilon_0\mu_0}$로 일정하다는 점이다. 이것은 고전역학 법칙으로는 이해할 수 없는 부분이었다. 갈릴레이 상대성(3.4.4 참조)에 의하면 바람이 부는 방향으로 음파의 속도가 바람의 속도만큼 더 빨라지는 것과 같이, 전자기파의 속도도 매질(즉, 에테르)의 속도에 따라 달라져야 하는 것이 '상식'이다. 그러나 전자기파(빛)는 특이한 파동이다. 아인슈타인은 광속이 일정하다는 것을 전제로 하고 특수 상대론을 고안하여 이 시대의 문제를 해결하였다.

맥스웰은 당시 대다수의 과학자들과 같이 전자기파의 매질은 에테르라고 가정하였다. (5.4.5 참조) 진공에서도 빛(전자기파)은 전파되므로 모든 공간은 이 가상의 물질로 채워져 있다고 생각하고 에테르의 진동을 전자기파의 파동방정식으로 묘사한 것이다. 다행히 맥스웰 방정식은 에테르 없이도 성립하므로, 아인슈타인의 상대론이 나온 이후에도 수정할 필요가 없었다.

앞서 언급했던 것처럼 헤르츠Heinrich Hertz, 1857-1894는 라디오파를 발생시키고 그 에너지와 파장을 측정함으로써 맥스웰의 이론을 실증하였다. 헤르츠는 전자기파가 빛처럼 반사, 굴절, 흡수 등을 하는 현상을 관측했으며, 전자기파의 정상파를 만들어 파장을 측정하였다. 전자기파 뿐만 아니라 모든 파동의 주파수는 시간의 역수(s^{-1}) 단위를 갖지만 그의 공적을 기려 이 단위를 '헤르츠(Hz)'라 칭한다. 전자기파 발생과 측정은 후일 방송과 무선통신에 사용될 응용성이 매우 큰 연구였으나, 헤르츠는 순수과학적인 가치만을 생각했던 것으로 보인다. 그는 36세의 젊은 나이에 희귀병으로 죽었지만, 몇 년 지나지 않아 이탈리아인 마르코니가 영국 정부의 지원으로 전자기파를 사용한 무선통신의 실용화에 성공한다. (5.6 참조)

전자기파의 범위는 매우 넓다. 그림 5-33에 전자기파 전체의 스펙트럼을 나타내었다. 라디오파, TV 방송파, 휴대전화용 전파, 적외선, 빛(가시광선), 자외선, X-선, 감마선 등은 각각 주파수가 다르지만 모두 전자기파이다. 인간(동물)이 눈으로 감지할 수 있는 가시광선의 주파수는 $5×10^{14}$~10^{15} Hz의 매우 좁은 영역에 불과하다. 이는 인체의 대부분을 구성하는 물이 이 주파수 영역의 빛만 투과하기 때문이다.

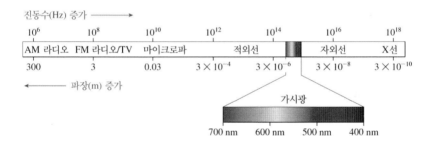

그림 5-33
전자기파 스펙트럼. 위 수평축에서 눈금 하나 증가는 주파수 혹은 진동수가 100배 증가함을 의미한다. 아래 수평축은 이것을 파장의 단위로 나타낸 것이다. 참고로 파장은 주파수에 반비례한다.(4.8.2 참조) (출처: Randall D. Knight, 심경무 외, 《대학물리학 4판》, (주)교문사(청문각), 2019, 463쪽) *컬러사진 게재, 4쪽 참고

5.6 베이컨 과학의 응용

19세기 말에 들어서 베이컨 과학은 더 이상 베이컨 과학이 아니었다. 열·통계역학, 전자기학, 광학 등은 뉴턴 역학처럼 정량적인 과학으로 완성되었다. 이제 거의 모든 물리 문제는 풀렸고 더 이상은 물리학이 발전할 여지가 없는 것처럼 보였다. 또한 과학의 완성은 기술과 산업에도 영향을 주기 시작하였는데, 과학적 발견이 기술을 창출하기 시작하였다. 기존의 기술이 과학을 이끌어 가던 전통이 역전되기 시작한 것이다.

19세기 과학이 기술에 준 영향은 각 분야에서 나타났다. 원자론에 근거한 화학은 무기·유기 화학, 고분자, 재료공학 등의 근간을 이루게 되었다. (6.4 참조) 열역학은 원자나 분자의 무작위 운동을 역학적으로 분석하여 통계역학으로 발전하였다. 특히 전자기학은 전력 보급과 현대 통신의 혁명을 가져왔다.

전기의 보급에 큰 기여를 한 사람들로는 미국의 에디슨과 테슬라를 들 수 있다. 이들은 과학자라기보다 발명가이자 사업가였다. 백열전등은 1878년 영국인 스완Joseph Swan이 처음 발명하였으나, 1년도 채 지나지 않아 에디슨Thomas Edison, 1847-1931이 흑연 필라멘트를 사용하여 수명을 크게 향상시키면서 실생활에 조명으로 사용할 수 있게 되었다. 그는 전기회사를 설립하여 1882년 드디어 뉴욕 펄가Pearl Street의 밤거리를 밝혔다.

에디슨은 직류를 선호한 반면, 테슬라는 교류 발전기를 보급하고자 하였다. 교류는 변압기를 써서 고전압으로 바꾸면 손실이 적게 멀리 전력을 전달할 수 있다는 장점이 있다. 두 사람은 사업상 경쟁 관계에 있었는데, 에디슨은 사형 도구로 사용되는 전기의자에 직류를 쓰는 것이 효율적이라고 주장했고, 실험까지 수행하였으나 효과를 증명하지 못하였다. 결과적으로 전력 공급은 대부분 테슬라의 교류 발전 방식을 채택하였고, 에디슨은 거의 파산 지경에 이르렀다고 한다. 그러나 에디슨은 전구 외에도 천 개가 넘는 발명 특허를 가지고 있었으며 사업 수완도 뛰어나 그의 특허사용료 수입은 당시 미국의 무역 수지에 영향을 미칠 정도였다고 한다.

테슬라Nikola Tesla, 1856-1943는 세르비아-크로아티아계 1세대 미국 이민자로 신비주의적 인상이 깊은 발명가였다. 그는 패러데이의 전자기유도 법칙에 근거하여 교류발전기를 고안하였고, 이것을 응용한 현대 교류전력 공급을 가능하게 한 핵심 인물이다. 테슬라는 웨스팅하우스George Westinghouse를 끌어들여 교류발전기를 개발하고 보급하였는데, 사업 초기의 어려움을 극복하기 위해 그의 특허권을 웨스팅하우스의 회사에 무상으로 넘기기도 했다. 드디어 1883년 나이아가라 폭포에 설치한 교류발전기로 교류전력을 생산하여, 32 km 떨어진 버팔로 시내에 75 MW의 전력을 공급하는 데 성공했다.

테슬라는 평생 독신으로 살다가 호텔방에서 죽었다. 그는 유산을 남기지 않았으나 죽기 직전까지 연구했던 '입자빔 무기'와 같은 아이디어를 담은 서류들이 금고에서 다수 발견되었는데, 이 문서들은 미국 연방수사국이 수거해 갔다고 한다.[39] 이 신비로운 과학자의 마지막 연구가 실제 무기로 응용되었는지는 알 수 없다. 그의 업적은 한 동안 베일에 가려져 있었지만 시간이 지나 학계에 알려져서 1960년 국제 도량형회의에서 그의 업적을 기려 자기장의 단위를 테슬라(T)로 정했다. (5.5.4 참조)

전자기 법칙들은 통신기술에도 크게 응용되었다. 1831년 패러데이가 전자기유도 법칙을 발견한 이후 곧바로 휘트스톤Charles Wheatstone이 실용적인 전신기를 발명하였고, 1844년에는 모스Morse 부호가 도입되었다. 전기통신 기술은 급격히 발전하여 1854년에 런던-파리 통신, 1858년에 대서양 횡단 케이

---

39) 그 때는 제2차 세계대전 중이었다.

블 부설, 1861년에는 뉴욕-샌프란시스코 사이의 전기통신이 이루어졌다. 전자기파를 이용한 무선통신은 이탈리아 출신 과학자이자 발명가 마르코니 Guglielmo Marconi가 영국 정부의 지원을 받아 영국-프랑스, 유럽-북미대륙 사이에서 성공하였다. 마르코니는 무선통신 사업에 큰 성공을 거둔 것과 더불어 1909년 노벨상을 수상함으로써 부와 명예를 함께 얻었다.

현대 사회에 들어와 인터넷과 컴퓨터의 보급으로 통신은 현대사회의 가장 중요한 기술 중 하나인 ITInformation Technology의 근간이 된다. 엄청난 양의 정보를 빨리 주고받기 위해 금속 전선을 사용하는 유선 전기통신은 1980년대부터 광섬유 통신으로 대체되기 시작하였다. 동축케이블이란 전선을 사용한 유선 전기통신은 전류의 주파수가 증가할수록 전선의 임피던스(저항)가 증가하므로 높은 데이터 전송률bit rate을 구현할 수 없다. 그러나 광섬유는 매우 가는 유리관 안에서 전류가 아닌 빛이 전반사40)하면서 나아가는 원리를 이용하므로 빛의 주파수에 버금가는 데이터 전송률을 달성할 수 있다. 실제로는 광섬유 재료의 색분산 등의 한계로 인하여 데이터 전송률에 제한이 있으나, 광학기술의 발달로 현재 광섬유 한 가닥을 통해 수십 Gbps Giga bit per second의 데이터 전송률을 달성하였다. 즉, 1초 동안 수백억 개의 디지털 데이터를 주고받을 수 있게 된 것이다. 대양 바닥에 깔려있는 광섬유 케이블들은 전 세계의 컴퓨터들을 World Wide Web으로 연결시켜 인터넷 혁명을 일으켰다.

---

40) 전반사는 굴절률이 큰 매질에서 작은 매질 쪽으로 빛이 들어갈 때, 특정 입사각 이상에서는 빛의 100%가 반사되는 현상이다. 빛이 물줄기를 타고 나아가는 빛 분수 등에 활용된다.

제6장

현대물리 I:
작은 세계의 물리법칙

6.1 원자보다 작은 입자들

20세기 초 원자론이 실증된 후 화학이 급속히 발전하였으며, 모든 물질을 이루는 원소들은 모두 원자로 이루어져 있다는 것이 밝혀졌고, 원소의 주기율표도 완성되었다. 그러나 원소들 사이에 왜 주기 법칙이 있어야 하는지, 원자는 더 이상 구조가 없는 궁극적인 입자인지, 아니면 원자는 다시 무엇으로 구성되어 있는지에 대한 의문은 해결되지 않고 있었다. 더구나 화학반응에서는 어떤 화합물이 다른 화합물로 바뀌더라도 이들을 구성하는 원자들과 전체 질량이 보존되지만 그렇지 않은 경우가 발견되기 시작하였다. 이런 의문들에 답을 하려면 또 한 번의 과학혁명이 필요했다. 그리고 시기에 맞추어 19세기말 완성을 선언하여 더 이상 발전의 여지가 없을 것으로 보이던 물리학을 크게 바꿔놓을 사건들이 일어나기 시작했다. 그 선두는 뢴트겐의 X-선 발견이었다.

6.1.1 전자의 발견과 원자모형

1895년 뢴트겐Wilhelm Röntgen은 당시 과학자들의 실험에 유행처럼 쓰이던 진공관의 일종인 크룩스관Crookes tube에서 나온 어떤 '보이지 않는 빛'이 사진건판에 변화를 준다는 것을 우연히 발견하였다. 진공관 안에 장치된 가열된 음극에서 나온 '음극선cathode ray'이 양극의 금속에 부딪쳐 이 '빛'을 내는 것으로 밝혀졌다. 그는 이 빛이 인체의 근육을 뚫고 지나가지만 금속이나 뼈를 투과하지는 못한다는 것을 관찰하였는데,(그림 6-1) 이 '보이지 않는 빛'을 'X-선'이라고 명명하였다.

뢴트겐의 X-선 발견은 물리학계는 물론 의학계에도 대단한 영향을 주었다. 현재 X-선 촬영은 노출량을 통제하면서 의료진단용이나 보안용 투시기에 사용되고 있지만, 발견 당시에는 미처 X-선의 위험에 대해 알지 못했으므

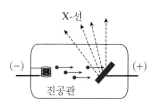

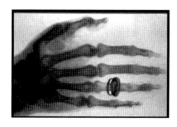

그림 6-1

진공관 속에서 발생된 음극선이 양극(금속)에 부딪혀 X–선이 발생된다. 오른쪽은 이 X–선을 뢴트겐
부인의 손에 쪼여 찍은 사진이다. (출처: Wikimedia Commons)

로 초기에 많은 인명 사고가 발생했다고 한다. X-선 발견으로 뢴트겐은 1901
년 당시 갓 제정된 노벨상의 첫 번째 수상자가 되었다.

나중에 알려진 사실이지만 '음극선'은 전자의 흐름이었고, 이 빠른 전자들
의 충돌로 금속 원자의 깊은 곳에 묶여 있던 코어core 전자들이 높은 에너지준
위로 들떴다가 다시 낮은 에너지준위로 떨어지면서 내는 빛이 X-선이었다.
(그림 6-2) 이것은 빛의 입자성(5.4.5, 식 5-10)과 관련이 있으며, 다음 절에서
소개할 양자역학의 발전과 함께 물질이 빛을 내는 모형으로 굳어졌다.[1]

코어 전자의 에너지준위들 사이의 차이는 매우 크므로 이 차이에 해당하는
빛의 주파수도 크고 ($E = h\nu$, 식 5-10), 따라서 X-선의 파장은 1 nm 정도로 매
우 짧다. 1912년 라우에Max von Laue는 X-선이 짧은 파장의 빛임을 밝히고 이
빛을 고체의 결정구조 분석에 응용하였다. 이 빛을 고체 결정에 쪼이면 결정

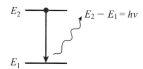

그림 6-2
들뜬 전자가 다시 떨어질 때 그 에너지 차이는 빛알갱이(광자)로
전환된다. ν는 빛의 주파수, h는 플랑크 상수이다.

---

1) 맥스웰의 전자기학으로 해석하면 진동하는 전하가 전자기파를 복사하는 파원이 된다. (5.5.5 참조)
   그러나 이 모형으로 X–선 복사를 설명하기는 어렵다.

구조에 따라 규칙적으로 배열된 '라우에 반점'들이 관측되는데, 이것은 결정을 이루는 규칙적으로 배열된 원자 층들이 X-선을 특정한 방향으로 회절시킨 결과이다. (5.4.3 참조) 라우에의 실험은 현대 고체결정 구조 연구에 필수 장비인 X-선 회절 장치의 기초 원리가 되었다.

1897년 J. J. 톰슨Joseph John Thomson은[2] 뢴트겐의 X-선을 발생시킨 '음극선'이 전하를 띤 작은 입자의 흐름이란 것을 밝혀내었는데, 이것이 '전자 electron'의 발견이다. 그는 그림 6-3과 같이 예전의 진공관 안에 약간의 장치를 더하여 전자의 경로를 추적하는 실험을 하였다.

뜨겁게 가열된 음극에서 열에 의해 들뜬 전자가 튜브의 중심부에 설치한 음극과 양극 사이의 전위차에 의해 가속되는데, 양극 금속판의 가운데 작은 구멍을 뚫어 가속된 전자가 새어 나오게 하였다. 구멍을 통과한 전자들은 등속운동을 하여 진공관 오른쪽 벽에 부딪히는데, 이 전자들의 착점을 정확히 알기 위해 진공관 유리벽 안쪽에 형광체를 발랐다. 그리고 그림과 같이 전자의 경로 주변에 한 쌍의 전극판을 두고 전극판 사이에 전기장을 걸어주었더니 똑바로 날아가던 전자가 방향을 바꾸어 형광 스크린을 때리는 착점이 달라지는 것을 발견하였다. 즉, 음극선은 전하의 흐름이었다.

그는 또 전기장에 수직 방향으로 (그림에서 종이 면에 수직 방향) 자기장을

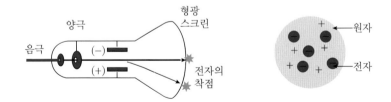

그림 6-3
톰슨의 음극선 실험 장치(좌)와 원자 모형(우).

2) 5.3절의 두 톰슨과는 다른 사람.

걸어주어, 전기장에 의해 달라진 전하의 방향을 다시 원래대로 되돌릴 수 있었다. 이것은 운동하는 전하가 자기장으로부터 받는 로렌츠 힘에 의한 것이다. (5.5.4 참조) 이 실험 결과와 전자기 법칙으로부터 톰슨은 전자의 전하와 질량의 비를 구할 수 있었다[13]. 그리고 전자는 수소 원자보다 천 배 이상 가볍다는 것도 알 수 있었다.3) 톰슨은 이 실험을 토대로 그림 6-3(우)과 같이 양 전하를 가진 두부와 같은 바탕에 음 전하를 가진 전자들이 점점이 박혀있는 원자모형을 제안하였다. 배경을 이루는 양 전하는 원자를 전체적으로 중성으로 유지하기 위해 가정하였다.

톰슨이 전자의 전하와 질량의 비를 구한 후에도 당분간 전하와 질량 각각의 값은 알 수 없었다. 그러다가 1910년 미국 물리학자 밀리컨Robert A. Millikan이 '기름방울 실험'으로 전자 하나의 전하를 측정하였다고 발표하였다. 전자의 전하량 1.60×10^{-19} C(쿨롱)은 '기본전하'로 물리학에서는 핵심적인 상수들 중 하나이다. 기본전하보다 작은 전하는 없고, 모든 전하는 이 기본전하의 배수로만 존재한다.

밀리컨은 이 업적으로 1923년 노벨상을 수상했지만 이 실험에 이의를 제기한 오스트리아 물리학자 에렌하프트Felix Ehrenhaft와 치열한 논쟁을 벌였다. 에렌하프트도 비슷한 실험을 하였는데 밀리컨이 측정한 기본전하보다 작은 전하량을 측정하였다고 주장한 것이다. 지금은 밀리컨의 측정이 맞는 것으로 검증되었지만 당시에 그는 이 논란을 피하기 위해 실험 데이터를 선별해서 보고하는, 과학윤리에 반하는 행동을 하였다는 것이 후대 과학사가들에 의해 밝혀졌다[10]. 그런데 그가 제외시킨 데이터를 모두 포함해도 밀리컨의 실험 결과는 여전히 통계적으로 유효하다고 한다. 객관적이고 뚜렷한 이유 없이 '좋은 실험 데이터'만을 선별하는 것은 그 결과에 영향을 미치지 않더라도 과

---

3) 실제로 전자의 질량은 양성자나 중성자보다 1,840배 정도 작다.

학윤리에 어긋나는 행위이다.

19세기 말과 20세기에 들어서면서 화학의 법칙들이 깨지기 시작하였다. 원소들이 서로 결합하는 화학반응으로 물질이 생성되는 것이 아니라 한 원소가 다른 원소로 바뀌는 현상들이 발견된 것이다. 베크렐Henri Becquerel은 1896년 매우 무거운 원소인 우라늄(U)이 스스로 붕괴되어 토륨(Th)이 되고 이 과정에서 방사선을 내는 것을 발견하였다. 우라늄에서 나오는 방사선이라고 하여 처음에는 이것을 '우라늄선uranic ray'이라고 불렀는데 이것이 알파(α)선이다. 소디Frederick Soddy는 1903년 알파선이 X-선이나 음극선과는 다른, 양전하를 띤 헬륨(He) 이온의 흐름이란 것을 밝혔다. 그는 무거운 원소의 자연붕괴는 지수법칙을 따르며, 원소에 따라 특정한 '반감기'를 가진다는 것도 발견하였다. 반감기는 원소의 절반이 붕괴되어 다른 원소로 바뀌는 데 걸리는 시간을 말하는데, 긴 반감기를 가진 방사성 원소는 고고학적 유물의 연대 측정에 사용된다.

전자와 방사선의 발견은 서로 상승작용을 하여 20세기 초 과학의 발전은 더욱 가속되었고, 톰슨의 '두부 같은' 원자모형은 오래 가지 못하였다. 뉴질랜드 출신 영국 물리학자 러더퍼드Ernest Rutherford는 가이거Hans Geiger와 마스덴Ernest Marsden의 '금박 산란실험' 결과에서 원자핵의 존재를 예측하였다. 금박 산란실험이란 얇은 금박에 알파선을 쪼였을 때 튕겨져 나오는 각을 측정한 입자 산란실험이다. (그림 6-4)

러더퍼드는 그림 6-3과 같이 금을 이루는 원자들이 톰슨이 가정한 원자라면 알파선(헬륨원자의 양이온)이 꺾이는 산란각이 크지 않을 것이라고 예측했는데, 실제 실험 결과 거의 입사한 방향으로 되돌아오는 알파선도 측정되었던 것이다. 이것을 설명하려면 양(+)전하가 원자의 어딘가에 집중되어 있어야 했다. 러더퍼드는 이 현상을 "대포알이 화장지에서 튕겨 되돌아 오는" 것에 비유하고, 양전하가 원자 중심의 작은 영역, 즉 핵에 모여 있고, 그림

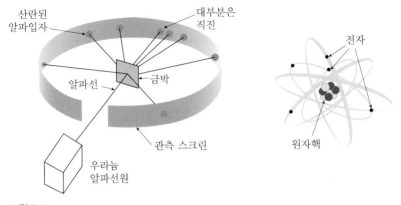

그림 6-4
가이거-마스덴의 금박실험(좌)과 러더퍼드의 원자모형(우)

6-4(우)과 같이 전자들이 이보다 약 만 배 정도 큰 궤도를 돌고 있다는 원자모형을 제안하였다(1911). 즉, 원자는 약 10^{-14} m의 지름 안에 응축된 핵이 대부분의 질량을 차지하며, 약 10^{-10} m의 반지름으로 돌고 있는 전자들 사이는 거의 빈 공간이다. 핵이 야구공이라면 원자는 야구장에 비유할 수 있다.

전자가 매우 빠른 속력으로 핵 주위를 공전하지 않으면 강한 정전기 힘으로 전자가 당장 핵으로 끌려가 중화되어버릴 것이라고 생각했다. 전자의 공전을 행성이 태양을 공전하는 것에 비유하면 이것이 그럴듯한 모형이라고 생각할 수 있으나, 전자의 공전은 전자기학 법칙에 의해 불안정하다는 모순을 일으키므로 곧 이를 해결할 새로운 모형이 나타나게 된다. (5.2.1 참조)

1898년 퀴리 부부Marie and Pierre Curie는 폴로늄(Po)과 라듐(Ra) 분리에 성공하고, 원소가 붕괴하면서 물질이나 에너지를 내는 능력을 '방사능 radioactivity'이라고 명명하였다.[4] 눈에 보이지 않는 이 방사선들은 알파선뿐만 아니라 베타(β)선, 감마(γ)선 등이 있다. 베타선은 전자의 흐름이며, 감마선은

---

4) 폴로늄은 노벨상을 2번 수상한 퀴리 부인의 고국인 폴란드를 딴 원소 이름이다.

진동수(에너지)가 매우 큰 빛, 즉 전자기파이다. (5.5.5 참조)

각각의 방사선들은 물질을 투과하는 정도가 다른데, 감마선은 광자의 에너지가 크고 투과성이 매우 크므로 인체 장기의 세포를 파괴한다. 방사능 물질 연구 초기에 과학자들은 이러한 잠재적 위험을 무릅쓰고 진리탐구에 대한 열정을 불태웠다. 이들이 단명한 것은 과도한 방사선 노출이 한 원인이었다.

그러나 원소의 변환이 자연붕괴가 아니라 인공적으로도 이루어질 수 있다는 것이 알려지기 시작했다. 앞서 알파선을 금박에 쏘아 산란실험을 했던 러더퍼드는 공기(질소)에 알파선을 쪼이면 수소 이온이 발생하는 것을 발견하였다. 사실 19세기 초부터 모든 원소는 수소 원자로 이루어졌다는 주장이 있었고, 1913년 모즐리Henry Moseley가 여러 원소들의 X-선 스펙트럼을 관찰하여 주기율표의 번호, 즉 원자번호는 핵의 전하량에 비례한다는 것을 증명하였다. 이것을 바탕으로 1917년 러더퍼드는 모든 원소들의 핵은 양전하를 띤 수소원자 핵을 기본단위로 구성되어 있다고 주장하였다. 이것이 '양성자 proton'의 발견으로 인정되고 있다.[5]

그러나 '중성자neutron'는 좀 시간이 흐른 뒤 1932년 채드윅James Chadwick이 발견하였다. 중성자는 양성자와 질량이 비슷하나 전하를 띠지 않은 입자이다. 양성자와 중성자들은 매우 작은 부피 안에 모여 원자핵을 이루는데 원소에 따라 그 수가 다르다.

전자, 양성자, 중성자가 모두 밝혀지고 난 다음 화학자 멘델레예프가 만든 주기율표(5.2.3 참조)를 어느 정도 이해할 수 있게 되었다.[6] 그림 6-5는 수소와 헬륨 원자의 구조를 보여주고 있다. 수소 원자핵은 양성자 한 개로 이루어져 있다. 헬륨은 양성자가 2개이므로 원자번호가 2이며, 2개의 중성자를 더

---

[5] 모즐리는 이 대단한 발견 직후 제 1차 세계대전에 참전하였다가 터키 갈리폴리 전투에서 27세에 전사하였다. 그가 좀 더 살았다면 양성자 발견의 공적은 누구에게 돌아갔을까?

[6] 주기율의 보다 상세한 설명에는 6.2절의 양자역학이 필요하다.

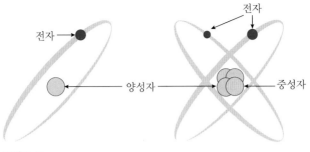

그림 6–5
수소 원자(좌)와 헬륨 원자(우)

가지고 있으므로 질량은 수소의 4배이다. 따라서 헬륨 원자는 ^4_2He로 표시한다. 여기서 아래첨자 2는 원자번호, 위첨자 4는 수소원자와 비교한 원자량을 의미한다. 즉, 원자량은 양성자 수(p, 원자번호)와 중성자 수(n)의 합이다.

수소는 대부분 ^1_1H이지만 ^2_1H, 즉 중성자를 하나 더 가진 수소 원자도 자연계에 드물긴 하지만 존재한다. 이것을 '중수소deuterium'라고 하고 수소의 원소기호 'H'와 구별하여 'D'로 표시하기도 한다. 중성자 2개를 가진 수소 원자는 '삼중수소tritium'이다. 이 '동위원소isotope'들은 질량은 다르지만 화학적인 특성(주기율)은 원래의 원소와 동일하다.

6.1.2 원자의 붕괴와 핵 에너지

양성자와 중성자를 모두 알고 나면 러더퍼드가 알파선을 질소에 쪼여 발생했던 수소는 아래와 같은 '반응식'으로 이해할 수 있다.

$$^{14}_{7}\text{N} + {}^4_2\text{He}\,(\alpha\text{-선}) \rightarrow {}^{17}_{8}\text{O} + {}^1_1\text{H}\,(\text{양성자}) \tag{6-1}$$

수소가 생성되는 동시에 질소가 산소-17(산소-16의 동위원소)로 바뀐 것이다. 식의 좌변과 우변에서 원자량(위 첨자)과 원자번호(아래 첨자)의 합이 각각 보존된다. 이로써 원자는 물질을 이루는 기본 입자의 자리를 양성자, 중성자, 전자 등의 더 작은 입자에 내주었고, 이제까지의 원자론은 화학이란 한정된 범위 안에서만 유효한 이론이 되었다. 원자가 물질을 이루는 기본 단위가 아니라면 결국 중세의 연금술이 다시 가능해질까?

그러나 연금술보다 더 중요한 응용이 기다리고 있었다. 채드윅이 발견한 중성자는 원소의 붕괴를 촉진하는 데 사용될 수 있었고, 이는 인공 '핵분열nuclear fission'실험으로 이어졌다. 이론적으로 철(Fe)보다 무거운 원소들은 핵분열을 하여 가벼운 원소로 변할 때 질량이 약간 감소하며 에너지를 방출하므로, 핵분열은 에너지원으로 크게 기대되었다. 이 에너지는 핵자(양성자와 중성자)들을 매우 강하게 결합시키고 있는 핵력에서 연유하므로 엄청나게 큰 에너지인데, 곧 아인슈타인의 유명한 공식 $E = mc^2$으로 설명되었다[2,16]. 여기서 m은 핵반응에서 소실된 질량이며, 매우 적은 양이지만 광속의 제곱이 곱해지므로 엄청난 에너지로 환산된다. 이로써 질량 보존법칙은 '에너지+질량 보존법칙'으로 수정되었다.

1930년대 초부터 기초적인 연구가 되기 시작한 핵분열은 제2차 세계대전이 시작되면서 독일, 영국, 미국, 소련 등의 강대국들에 의해 원자폭탄 개발을 목표로 연구되었다. 제2차 세계대전 중 미국은 '맨해튼 프로젝트Manhattan Project'란 대규모 핵무기 연구개발을 시행하였는데, 중성자를 발견한 채드윅과 이탈리아 출신 페르미 등의 물리학자들이 참가하여 핵심적인 역할을 하였다.

페르미Enrico Fermi, 1901-1954는 느린 중성자를 촉발제로 하여 연쇄 핵분열을 이용한 최초의 원자로를 개발하는 데 성공하였고, 이 방법은 불행히도 원자폭탄 개발에 사용되었다. 그림 6-6은 중성자 충돌에 의해 우라늄 원자가 핵분열하는 과정을 묘사하고 있다. 분열과정에서 생성된 3개의 중성자는 또다시 다른 우라늄 원자에 충돌하고 핵분열을 가속시켜, 눈사태와 같이 엄청난 에

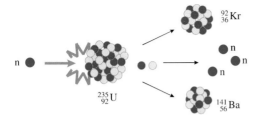

그림 6-6
중성자(n)에 의해 촉발된 우라늄 원자의 핵분열. 크립톤, 바륨과 함께 3개의 중성자가 생성된다.

너지를 한꺼번에 방출하는 것이다.

1945년 여름 원자폭탄 두 개가 히로시마와 나가사키에 투하되어 일본의 결사항전 의지를 꺾었고, 제2차 세계대전의 종전을 앞당겼다. 하나의 폭탄으로 순식간에 십만 명 내외의 인명을 앗아가는 대량살상 무기의 시대가 열린 것이다. 페르미는 원자폭탄의 아버지로 여겨지나, 원자폭탄이 투하된 후 미국 정부에 핵융합 무기 개발을 반대하는 편지를 보냈다. 페르미는 뛰어난 물리학자였으므로 1967년 그의 이름을 따서 시카고 근교에 '페르미 연구소Fermi National Accelerator Laboratory'가 건립되었다. 이 연구소에는 둘레 3.6 km의 입자가속기가 설치되어 2011년 가동을 중단할 때까지 새로운 소립자를 발견하는 기초 연구에 필수적인 실험장치를 제공하였다.

아인슈타인은 나치독일이 원자폭탄을 먼저 개발할 가능성을 우려하여 미국이 이를 먼저 개발해야 된다는 편지를 미국 대통령에게 보내어 맨해튼 프로젝트를 촉진하였다. 그러나 그 또한 반전주의자였다. 제2차 세계대전 이후 핵폭탄을 사용하는 3차 세계대전의 가능성을 묻는 기자의 질문에, 4차 대전은 곤봉으로 싸우는 전쟁이 될 것이라는 경고로 답을 대신하였다.

핵분열은 대량살상용 폭탄에 응용되기도 하였지만 반응 속도를 잘 제어하면 원자력발전이 가능하다. 원자로에서는 핵반응 시 발생하는 2차 중성자들의 운동을 제어하여 핵반응 속도를 조절한다(그림 6-6). 원자력발전은 큰 에너지를 비교적 적은 비용으로 얻을 수 있어서 고갈되어 가는 화석연료를 대체할 에너지원으로 간주되고 있지만, 핵반응 시 생성되는 부산물들 또한 자연붕괴를 하면서 인체에 유해한 방사선을 내므로 폐기물 처리가 쉽지 않다는 단점이 있다. 또한 만에 하나 통제를 잃을 경우 체르노빌이나 후쿠시마 원전과 같이 국가적인 대형사고로 연결될 가능성이 크기 때문에 원자력발전이 궁극적인 대체에너지원이 될 수 있을지에 대해서는 아직 논란이 많다.

핵분열만이 막대한 에너지를 생성하는 것은 아니다. 사실 태양은 그 반대인 '핵융합nuclear fusion'으로 에너지를 생성하고 있다. 수소는 우주에 가장 풍부한 원소인데, 태양의 중심부에서는 두 개의 수소가 융합되어 한 개의 헬륨을 생성하면서 에너지를 낸다. 철보다 가벼운 원소는 융합될 때 질량 손실이 발생하고, 이것이 $E = mc^2$의 공식에 의해 에너지로 환산된다. 그러나 보통 수소(^1_1H) 두 개를 융합시켜서는 헬륨(^4_2He)을 얻을 수 없으므로, 수소 동위원소의 생성 등의 복잡한 중간 과정을 거치게 된다. 태양이 핵융합으로 모든 수소를 소모하고 나면 헬륨만 남는데, 이것을 다시 다른 무거운 원소로 핵융합할 것이고, 결국 수십억 년 후 태양은 철 등의 무거운 원소로 가득하게 되면서 더 이상 핵융합으로 빛을 내지 않는 죽은 별이 될 것이다.

핵융합 역시 핵분열과 마찬가지로 무기로 먼저 실현되었다. 수소폭탄은 원자폭탄에서 초기 촉발 에너지를 얻어 핵융합반응을 일으키는데 우라늄 원자폭탄보다 더 큰 폭발력을 갖는다. 수소폭탄으로 인공 핵융합 반응은 성공했지만 인공태양이라고 불리는 핵융합 발전 등 에너지원으로 응용하려면 아직 갈 길이 멀다.

원자는 핵자(양성자와 중성자)와 전자로 이루어졌는데, 그럼 양성자, 중성자, 전자들이 만물을 이루는 가장 궁극적인 '기본입자'일까? 이들은 더 이상 나누어지지 않을까? 기본입자에 대한 연구는 다음 절 '양자역학' 후반부에 소개하기로 한다.

6.2 양자역학

6.2.1 양자역학의 탄생

5.3.1절에서 온도에 따른 흑체복사를 간단히 소개하였다. 태양(별), 용광로 쇳물, 백열전등 등이 내는 빛은 흑체복사로 해석할 수 있다. 그럼 온도를 가진 물체는 왜 빛을 낼까? 기체운동론(5.2.1 참조)에 의하면 이상기체의 절대온도는 무작위 운동을 하는 분자(원자)의 평균 운동에너지이다. 액체나 고체는 이상기체보다는 좀 더 복잡하지만 근본적으로 다르지는 않다.

물질은 양전하를 띤 핵과 음전하를 띤 전자로 이루어져 있으므로, 온도가 있는 물체 안에는 전하를 띤 수많은 입자들이 무작위 열운동을 하고 있다. 맥스웰 방정식에 의해, 전하를 띤 입자가 가속운동을 하면 전자기파, 즉 빛을 낸다. 이것이 흑체복사이다. '흑체'는 들어오는 모든 주파수의 전자기파를 완벽하게 흡수하는 물체를 말하는데, 에너지 보존법칙에 의하면 흑체는 완벽한 복사체이기도 하다.[7]

19세기 말 갓 통일국가를 수립한 독일에서는 흑체복사의 주파수 분포, 즉 '스펙트럼spectrum'을 측정하는 실험들이 이루어졌는데, 대체로 그림 6-7과 같은 모양을 보였다. 이러한 실험은 에디슨이 개량한 전등을 상용화하기 위한 표준 수립 필요성이 동기를 제공하여 수행되었다. 지멘스Simens의 지원을 받은 제국물리기술연구소Physikalisch-Techische Reichsanstalt가 설립되고, 샬로텐부르크 공과대학과 협력하여 빈Wilhelm wien, 쿠를바움Ferdinand Kurlbaum, 루벤스Heinrich Rubens 등의 우수한 실험과학자들이 믿을만한 스펙트럼 데이터를 측정하였다. 그 저변에는 프라운호퍼 때부터 축적된 분광기술이 있었

---

7) 가시광선만 흡수하면 물체는 까맣게 보이지만, 까만색 물체라고 모두 완벽한 흑체는 아니다. 우리가 보지 못하는 적외선을 포함한 모든 전자기파를 흡수해야 완벽한 흑체이다.

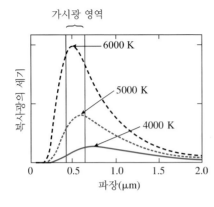

그림 6-7

흑체복사 스펙트럼. 각 온도에서 최대 복사점(파장)을 화살표로 표시하였다.

다.(5.4.3 참조)

흑체복사 스펙트럼의 특징은 흑체의 온도가 높을수록 복사량이 급속히 커지며, 최대점(복사를 가장 많이 내는 파장, λ_{max})이 청색, 즉 짧은 파장 쪽으로 이동한다는 것이다. 이 현상들은 각각 전체 복사량이 온도의 4제곱에 비례한다는 '슈테판-볼츠만 법칙Stefan-Boltzmann'law, 1884'과 λ_{max}가 절대온도의 역수에 비례한다는 '빈의 법칙Wien's law, 1893'으로 알려져 있었으나, 그 이유는 제대로 설명이 되지 않고 있었다.

그 당시까지 개발된 열역학 이론을 적용하여 '레일리-진스Rayleigh-Jeans' 법칙과 같이 흑체복사의 스펙트럼을 계산할 수 있었으나 실험으로 측정된 스펙트럼 전체를 설명할 수는 없었던 것이다. 특히, 빛의 주파수가 작을 때는 잘 맞으나, 주파수가 커지면 레일리-진스 법칙은 그림 6-8과 같이 발산하므로 실

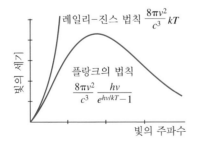

레일리-진스 법칙 $\frac{8\pi v^2}{c^3}kT$

플랑크의 법칙

$\frac{8\pi v^2}{c^3}\frac{hv}{e^{hv/kT}-1}$

그림 6-8

빛 주파수의 함수로 나타낸 흑체복사 스펙트럼. 레일리-진스 법칙은 '자외선 파탄'을 보인다. 플랑크의 법칙 (흑체복사) 공식에서 v : 빛의 주파수, c : 광속, h : 플랑크 상수, k : 볼츠만 상수, T : 절대온도를 의미한다.

험 스펙트럼을 설명할 수 없었다[16]. 레일리-진스 법칙이 무언가 잘못된 것은 확실했지만 어디가 틀렸는지 알 수 없었다. 그러나 1900년 독일의 물리학자 막스 플랑크Max Planck, 1858-1947는 빛 에너지가 '양자화'된다는 통계적인 모형으로 이 문제에 답을 주었고, 이것이 전통적인 고전역학을 뿌리째 흔들어 놓은 '양자역학quantum mechanics'의 시작이 되었다.

플랑크는 전통적인 학자집안에서 태어나고 김나지움의 정통교육을 받아 대학에 진학하였다. 뮌헨 대학에 입학하여 물리학을 전공하고자 하였지만 지도교수는 물리학에서는 이미 대부분의 중요한 문제는 다 풀렸고, 잔 가지치기만 남았다며 물리학 전공을 만류하였다고 한다.8) 그러나 플랑크는 새로운 것을 창조하는 것보다 이제까지 쌓아온 물리학을 이해하고 싶다며 고집을 굽히지 않았다.

그는 통계역학 이론을 연구하여 부분적인 성과를 얻었지만, 가장 중요한 업적은 흑체복사 설명과 그에 따른 '빛의 양자화' 가정을 도입한 것이었다. 그 외에도 플랑크는 아인슈타인이 1905년 특수 상대론을 발표했을 때 그 가치를 알아본 소수의 사람들 중 하나였다.

그는 1918년 노벨상을 수상하였으나, 그의 조국이 일으킨 2번의 세계대전으로 말년에 극심한 고난의 삶을 살아야만 했다. 그의 두 딸은 모두 출산하다가 죽었고, 장남은 제1차 세계대전에 동원되어 프랑스 전선에서 전사하였으며, 마지막 남은 아들은 제2차 세계대전 중 히틀러 암살미수 사건에 연루되어 처형되었다. 전쟁 중 끊임없이 이어지는 연합군의 폭격에 시달렸고, 패전의 비참함을 모두 지켜보는 등 모진 고난의 말년을 겪었다. 그가 과학계에 미친 지대한 영향을 기려 현재 독일에는 그의 이름을 딴 Max Planck 연구소 80여개가 설립되어 광범위한 분야에서 첨단 과학 연구를 수행하고 있다.

---

8) 이것이 19세기 말 물리학계의 대체적인 분위기였던 것 같다.

플랑크는 흑체복사 스펙트럼을 이론적으로 예측하는 레일리-진스 법칙이 빛의 주파수가 커질 때 그림 6-8과 같이 발산하는 '자외선 파탄'의 모순을 해결하고자 여러 가지 이론적인 수정을 시도하였다. 그러다가 흑체 속의 빛 에너지가 $h\nu$의 정수배로만 존재한다는 '이상한' 가정을 하고 볼츠만의 통계역학을 적용하였더니 그림 6-8의 자외선 파탄을 피할 수 있었고,[9] 관측된 흑체복사 스펙트럼을 설명할 수 있었다[16]. 더구나 빈의 법칙과 슈테판-볼츠만 법칙도 이 새로운 식으로부터 정확히 유도되었다. 여기서 h는 물리학에서 가장 중요한 상수 중 하나인 '플랑크 상수'로, 그 값은 6.625×10^{-34} J · s (줄 · 초)란 매우 작은 값이다.

플랑크의 흑체복사 공식이 현상을 잘 설명하기는 했지만 처음에는 플랑크 자신도 빛 에너지가 실제로 양자화가 되어있다고는 믿지 않았다. 물리량의 양자화는 그 당시까지 쌓여온 '연속적인' 고전물리학의 뿌리를 흔드는 개념이었다. 그러나 열에서 변환된 빛의 에너지는 진동수와 관계된 불연속적인 에너지 덩어리의 형태($E = nh\nu$, n은 자연수)라는 플랑크의 전제는 1905년 아인슈타인이 광전효과 설명에서 도입한 광자의 개념 $E = h\nu$(식 5-10)와 상통하며, 그의 의도에 반하여 새로운 물리학을 열고 있었다.[10]

또 하나 풀리지 않은 문제는 러더퍼드의 전자가 핵을 공전하는 원자모형이었다. 6.1.1절에서 언급한 것과 같이 전자기학 법칙(맥스웰 방정식)에 의하면 가속운동을 하는 전하는 전자기파(빛)를 내는데 이것은 에너지를 싣고 나가므로, 핵을 공전하는 전자는 점점 에너지를 잃고 궤도 반지름이 줄어들어 결국은 핵에 빨려 들어갈 것이다. 전자기학 법칙으로 계산해 보면 이 시간은 1억분의 일초 정도로 매우 짧아서 러더퍼드의 모형처럼 존재하는 원자는 거의 없을 것이다. 그럼 전자는 핵을 공전하지 않는 것일까?

---

9) 높은 에너지 상태에 있을 확률은 낮으므로 (5.3.4) 자외선 스펙트럼은 줄어들어야 한다.
10) 물론 그 외에도 양자화의 증거를 보여주는 예는 몇 가지 더 있지만 여기서는 생략한다.

434 nm　486 nm　　　　　　656 nm　　　　파장

그림 6-9
수소원자에서 나오는 빛의 스펙트럼 *컬러사진 게재, 4쪽 참고

덴마크 물리학자 보어Niels Bohr, 1885-1962는 1911년 코펜하겐 대학에서 학위를 받은 후 영국으로 건너가 러더퍼드와 함께 동위원소 이론에 대해 연구하고 있다가, 1913년 '발머Johann Balmer의 공식'을 설명하는 최초의 양자론적 원자모형을 발표하였다. 에디슨이 백열전등을 실용화하기 전에는 수은등이 조명용으로 사용되곤 했다. 네온사인과 같이 희박한 기체를 넣은 유리관 안에 두 전극을 두고 그 사이에 고전압을 걸어 방전시키면 기체 원자 고유의 색을 띤 빛이 나오는데, 이 빛은 흑체복사와는 달리 온도에 의존하지 않으며, 매우 좁은 선 스펙트럼을 보인다. 예를 들어 그림 6-9는 낮은 압력의 수소를 방전시켜서 얻은 빛을 파장별로 회절격자 (5, 4, 3)로 분리한 스펙트럼이다.

발머의 공식이란 이러한 빛의 스펙트럼 선들을 해석하는 경험적인 법칙인데, 스웨덴의 리드배리Johannes Rydberg에 의해 일반화 되었다. 즉, 이유는 모르지만 방출되는 빛의 주파수는 $1/m^2 - 1/n^2$ (m과 n은 자연수)에 비례한다. 이 법칙은 신기하게도 스펙트럼 선들 사이의 상대적인 간격을 잘 설명하였다.

보어는 러더퍼드 원자모형의 모순을 해결하고, 이 경험법칙과 플랑크의 흑체복사 이론을 동시에 설명하기 위해 그림 6-10과 같은 새로운 원자모형을 제안하였다.

이 새로운 원자모형에 사용된 가설은 다음과 같다. 첫째, 원자 핵 주변에 전자가 안정된 원운동을 할 수 있는 궤도가 있다. 전자의 '각운동량'

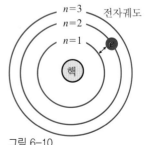

그림 6-10
보어의 원자모형 (1913), 전자를
ⓔ로 표시함.

이 어떤 상수의 정수배인 원 궤도는 안정된 궤도이다. 즉, 각운동량 $L = n\hbar$ (n은 자연수)인 궤도이다. $\hbar$는 $h/2\pi$를 줄여 쓴 두 번째 플랑크 상수이다.

둘째, 전자는 두 안정된 궤도 사이를 천이할 수 있으며, 천이를 할 때마다 하나의 광자가 방출되거나 흡수된다. 아인슈타인의 식 5-10에 의해 두 궤도 사이의 에너지 차이 $\Delta E = h\nu$로 방출 혹은 흡수되는 빛의 주파수 ν가 결정된다. 뚜렷한 스펙트럼 선들은 이 불연속적인 궤도로 설명된다[16]. 이런 가정이 맞는다면 전자가 이 '궤도'를 공전하면서 전자기파를 내는 것이 아니므로 러더퍼드의 원자모형에서처럼 전자가 핵으로 빨려 들어갈 염려는 없다.

보어의 새로운 원자모형이 리드배리의 공식을 설명하는 동시에 러더퍼드 원자모형의 모순을 제거할 수는 있었으나, 이 이상한 원자모형은 처음에는 과학적 근거가 없는 것 같았다. 연속성을 갖는 고전역학과 전자기학 이론에 어긋나므로 보어의 모형이 혹시 맞는다면 고전물리학은 무너지고 새로운 물리학 이론이 필요할 것이다. 실제로 불변의 '진리'로 여겨졌던 고전역학의 지위가 20세기 초반에 크게 흔들렸으며, 그 이후 작은 입자의 세계를 설명하는 새로운 물리학 이론인 양자역학이 현대물리의 한축을 이루게 된다.

6.2.2 입자-파동 이중성과 불확정성 원리

보어의 원자모형에서 각운동량이 $\hbar$의 정수배라는 가정은 '물질파'가 전자궤도의 원주에서 정상파를 이루기 위한 조건이다. 플랑크의 흑체복사 이론과 보어의 원자모형은 각각 빛의 입자성과 전자의 파동성에 근거한다. 빛은 파동이고 전자는 입자란 전통적인 인식에 반하는 가정이다. 입자성과 파동성은 양립할 수 없는 것처럼 보였지만 프랑스 물리학자 드브로이Louis de Broglie는 1924년 파리대학교에서 박사학위 논문으로 '입자-파동 이중성duality'에 관한 논문을 제출하였다. 그는 이 박사학위 논문으로 1929년 노벨물리학상을 수

상하였다.

전자가 어떻게 파동이 될까? 일단 거시세계에서 비슷한 예가 없으니 이중성을 이해하기는 쉽지 않다. 러더퍼드의 원자모형에서 보듯이 작은 입자의 세계를 태양계와 같이 거시적인 물체의 운동처럼 생각하는 것은 틀릴 수 있다. 이중성은 인간에게 매우 불편한 개념이지만 식으로 표시하면 그림 6-11과 같이 간단히 표시된다.

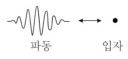

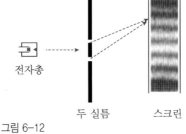

그림 6-11
파동–입자 이중성. h는 플랑크 상수이다.

즉, 운동량 p를 가지고 운동하는 입자는 파장이 h/p인 파동의 성질을 갖는다는 주장이다. 이것을 '물질파'라고 하고, 그 파장을 '드브로이 파장'이라고 한다.

예를 들어 10^6 m/s로 날아가고 있는 전자에 대해 드브로이 파장을 계산해 보면 약 7.3×10^{-10} m가 나온다. 이것은 X-선의 파장과 비슷한 값이다. 그러나 투수가 던진 야구공에 대해 드브로이 파장을 계산해 보면 질량이 전자에 비해 엄청나게 크므로 물리적으로 측정이 불가능할 정도로 작은 값이 나온다. 따라서 야구공과 같이 질량이 큰 물체는 파동성이 없다.[11] 즉, 물질파는 전자와 같이 미시적인 입자에 대해서만 적용되는 물리 개념이다. 여기서 말하는 파동이 어떤 파동인가는 다음 6.2.4절에 소개한다.

그럼 전자가 파동성을 가진다면 서로 간섭할까? 실제로 그림 6-12와 같이 전자빔으로 이중슬릿 실험을 했더니 빛으로 한 간섭실험과 마찬가지로

그림 6-12
전자빔의 간섭실험

---

11) 이것은 플랑크 상수가 매우 작기 때문이다.

스크린에 간섭무늬가 보였다. 이 실험은 전자가 파동이란 직접적인 증거가 된다.

이 실험은 전자의 드브로이 파장이 매우 짧으므로 슬릿의 제작이 매우 어려웠다. 그러나 현대 반도체 소자 제작 공정에서는 매우 작은 선(틈새)을 잘 만들 수 있으므로 이 실험의 직접적인 데모가 가능하다[24].

그러나 전자가 간섭한다는 사실 자체보다 더 놀라운 사실은 한 번에 하나의 전자를 쏘아도 간섭무늬가 만들어진다는 것이다. 간섭은 두 개 이상의 파동이 있어야 되는데 단일전자의 간섭은 매우 이상한 일이다. 이것을 제대로 설명하려면 '불확정성 원리'가 필요하다.

입자는 무게 중심 주위에 모여 있지만, 파동은 그림 6-11과 같이 공간적으로 퍼져있어 그 위치를 정확히 명시할 수 없다. 여기서 하이젠베르크Werner Heisenberg의 '불확정성 원리uncertainty principle'가 유래된다(1927). 불확정성 원리는 유럽을 황폐화시킨 두 차례의 세계대전과 그 이후의 불확실한 사회상을 묘사할 때 쓴 용어이기도 하다. 그러나 물리학에서는 운동하는 물체의 변위와 운동량을 동시에 정확히 알 수 없다는 선언이다. 간단히

$$\Delta x \, \Delta p \, > \, \frac{h}{2} \tag{6-2}$$

란 식으로 표현할 수 있다. 여기서 Δx와 Δp는 각각 변위와 운동량이 불확실한 정도이다. 즉, 입자의 위치를 정확히 알면(측정하면), 그 입자의 운동량은 전혀 알 수 없게 되고, 반대로 입자의 운동량(혹은 속도)을 정확히 알고자 하면 그 입자는 어디에 있는지 전혀 모르게 된다. 이것은 작은 입자 세계의 고유한 성질이고 관측자의 능력에는 무관하다.

그러나 플랑크 상수 h가 매우 작기 때문에 일상생활 등 거시세계에서는 불확정성 원리가 의미를 잃는다. 예를 들어 핵 주위를 돌고 있는 전자의 위치는

불확실하지만 도로를 주행하는 자동차의 위치는 매우 확실하다. 만일 플랑크 상수가 크다면 도로를 주행하는 자동차들이 자주 중앙선을 넘고, 가끔은 집 안에도 들어 올 수 있는 위험한 세계가 되었을 것이다.

19세기 말까지 '진리'로 간주되어 왔던 고전역학으로는 어떤 순간에 정확히 우주에 있는 모든 입자들의 위치와 속도를 알면 미래 (또는 과거) 어느 순간에도 입자의 운동을 예측할 수 있었다. (제4장) 관측자는 대상을 객관적으로 지켜보는 역할을 할 뿐이며, 물리현상은 관측자의 존재와 무관하게 일어난다. 이것을 '객관적 실체objective reality'라고 한다.

그러나 양자역학에서는 불확정성 원리에 의해 변위와 속도를 동시에 정확히 알 수 없다. 따라서 고전역학처럼 미래와 과거의 모든 순간에 입자의 운동을 예측할 수 없다. 매우 작은 입자를 관찰할 때 관측자는 객관적이거나 수동적이 아니며, 관측하는 행위 자체가 대상물의 운동 상태를 바꾸어 놓는다. 이 것을 '주관적 실체subjective reality'라고 한다. 과학은 객관적인 진실을 추구하는 학문이 아니란 말인가? 주관적 실체도 진실인가? (이것은 제4장 말미에 던졌던 질문과 유사하다.)

전자를 배율이 매우 높은 현미경으로 관찰하는 실험을 상상해보자.[12] 전 자를 '보기' 위해서는 전자에 빛을 쪼이고 되돌아오는 빛을 관측하여 전자의 존재를 알 수 있을 것이다. 전자의 위치를 좀 더 정확히 알기 위해서는 매우 짧은 파장의 빛을 써야 한다. 그러나 짧은 파장의 빛은 큰 운동량을 가지므로 (드브로이의 물질파) 충돌 후 전자의 운동 속도를 크게 바꿔 놓아 전자의 운동량은 불확실해진다.

반대로 전자의 운동을 적게 변화시키려고 긴 파장의 빛을 사용하면 파장이 큰 만큼 전자의 위치를 정확히 알 수 없게 된다. 즉, 불확정성 원리는 관측자

---

12) 이것은 전형적인 '생각 실험'이다.

가 대상물과의 상호작용을 피할 수 없다는 전제를 깔고 있다.

매우 작은 입자들의 세계에는 아무도 그 입자와 상호작용하지 않고서는 입자의 성질을 잴 수 없다. 따라서 우주를 완벽하게 예측하는 것은 불가능하며, 이상적이고 객관적인 관측자 같은 것은 없다는 것이 하이젠베르크의 결론이다. 과학은 실험(측정)에 근거하기 때문에 작은 입자의 세계에서는 원천적으로 '객관적인 진실'을 알 수는 없다.

그러나 불확정성 때문에 모든 것을 알 수 없다는 것은 아니다. 단지 알 수 있는 정보가 고전역학과는 달라진 것이다. (6.2.4 참조) 불확정성 원리는 양자역학이란 새로운 물리학의 기초를 이루었으며, 나아가 과학의 범위와 방식을 바꾸어 놓았다[16, 25].

그럼 앞에서 제기했던, 그림 6-12의 전자간섭 실험에서 단일전자를 쏘는 경우를 생각해 보자. 전자가 파동이라면 공간에 어느 정도 퍼져 있으므로 두 슬릿을 동시에 맞출 수 있고, 스크린에는 간섭무늬가 관찰될 것이다. 그러나 실제 실험에서 전자를 하나씩 발사하면 스크린에는 하나씩 점이 박히는 것을 볼 수 있다[24].[13) 처음 몇 개의 전자가 스크린에 점을 만들 때는 아무 곳에나 떨어지는 것처럼 보여 간섭무늬가 형성되지 않으나, 이 점들이 계속 쌓여가면 밝고 어두운 곳이 서서히 구분되기 시작한다. 결과적으로 충분한 전자가 누적되면 뚜렷한 간섭무늬를 볼 수 있는데, 간섭무늬는 입자의 수가 많을 때 나타나는 통계적인 현상임을 알 수 있다. 이 실험에서 내릴 수 있는 결론은 전자는 슬릿을 지날 때만 파동이고, 스크린에 도달하면 입자로 작용한다는 것이다.

그러나 전자가 우리의 통념처럼 입자라면 두 슬릿 중 하나만 통과할 것이다. 실제 그림 6-13과 같이 두 슬릿 근처에 전자 검출기를 하나씩 장치해 두면

---

13) 'single electron interference'란 키워드로 이 실험 동영상을 인터넷에서 찾아 볼 수 있다.

전자가 어디를 지나갔는지 알 수 있으며, 실제 전자가 슬릿을 통과할 때 두 검출기 중 하나만 신호를 낸다. 그러나 이 경우에는 아무리 오랜 시간을 기다려도 스크린에서 간섭무늬를 볼 수 없고, 그림과 같이 두 슬릿을 통과한 각각의 전자들의 수가 단순히 겹쳐져서 관측될 뿐이다. 즉, 슬릿에서 전자의 통과

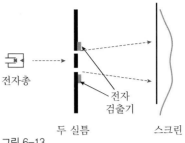

그림 6-13
단일전자의 간섭실험에서 전자의 위치를 측정하면 간섭무늬가 사라진다.

여부를 측정하는 순간 전자는 더 이상 파동이 아닌 것이다.

　이 신기한 현상은 불확정성 원리로 설명된다. 검출기로 측정하여 전자의 위치를 확실히 아는 순간 운동량에 대한 정보는 소실된다. 드브로이 파장은 h/p이므로 이 경우 파장의 불확정성이 커지며, 따라서 간섭무늬가 보이지 않는 것이다.[14] 단일전자의 간섭실험은 '세상에서 가장 아름다운 실험 열 가지'의 저자가 과학자들에게 실시한 설문조사 결과 1위를 차지한 실험이다[9].

　단일전자의 간섭실험과 같이 직접적이지는 않지만 불확정성 원리로 설명되는 현상들은 또 있다. '장벽 넘기(터널링tunneling)'는 그림 6-14와 같이 입자가 자신의 에너지보다 큰 위치에너지 장벽을 넘을 수 있다는 것이다. 그림과 같이 마찰이 없는 비탈면에서는 역학적 에너지가 보존된다. 고전역학으로 해석하면 4.4.3절의 그림 4-7의 롤러코스터와 같이 A 지점에서 가만히 놓은 구

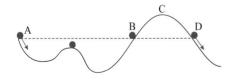

그림 6-14
장벽 통과하기. 구슬에 아래 방향으로 중력이 작용하고, 비탈면에 마찰은 없다고 가정함.

---

14) 간섭무늬의 간격은 파장이 결정하므로 (5.4.3) 파장이 정확해야 간섭무늬가 뚜렷이 보인다.

슬은 같은 높이에 있는 B와 A 사이를 무한히 왕복할 것이다. 즉, C 지점의 장벽을 넘어서 D로 가려면 더 많은 역학적 에너지가 필요하기 때문에 A 지점에서 주어진 위치에너지로는 장벽을 결코 넘을 수 없다.

그러나 양자역학에서는 입자가 더 큰 에너지를 가지지 않고서도 장벽을 투과해서 D 지점에 도달할 수 있다. 불확정성 원리의 식 6-2에서 변위와 운동량의 곱을 에너지와 시간의 곱으로 환산하면 단위의 변화 없이 $\Delta E \cdot \Delta t > \hbar/2$로 쓸 수 있다. 만약 측정을 시간 Δt 동안 한다면 $\Delta E = \hbar/(2\,\Delta t)$보다 더 정확하게 에너지를 알 수 없다는 뜻이다. 따라서 입자가 ΔE만큼 에너지를 얻어 장벽을 넘은 다음 이 에너지를 시간 Δt 안에 되갚는다면 불확정성 원리에 위배되지 않는다. 즉, 입자는 자신이 가진 에너지보다 더 높은 에너지장벽을 뛰어넘어 D 지점으로 새어나올 수 있다. 정량적인 계산에 의하면 터널링 확률은 장벽이 넓고 높을수록 줄어든다.

양자 터널링의 예로는 무거운 원자들의 알파선 붕괴가 있다. 핵 안에 있는 알파입자(헬륨 원자핵)의 에너지는 핵을 묶어두는 핵력에 의한 위치에너지보다 상당히 작지만 양자 터널링에 의해 조금씩 밖으로 나오면서 원자는 자연 붕괴된다.

6.2.3 스핀과 파울리의 배타원리

보어의 원자모형에서 전자가 불연속적으로 주어진 궤도를 돈다면 전자가 만든 전류고리는 5.5.4절의 그림 5-26과 같이 원자를 자기쌍극자로 만들 것이다. 1922년 독일의 슈테른Otto Stern과 게를라흐Walther Gerlach는 이 예측을 증명하기 위해 그림 6-15와 같은 실험을 하였다. 먼저 은을 가열하여 은(Ag) 원자 증기가 실틈을 통해 나오도록 하고, 이 원자빔을 강한 자석 사이로 통과시킨다. 은 원자들은 자기쌍극자, 즉 매우 작은 자석이라고 생각된다. 자기장이

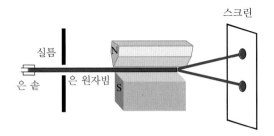

그림 6-15
슈테른-게를라흐 실험 (1922)

균일하면 자기쌍극자는 어느 쪽으로도 끌려가지 않지만, 그림과 같이 한쪽 자석을 뾰족하게 깎아서 불균일한 자기장을 만들어 주면 자기쌍극자는 한 쪽으로 끌려갈 수 있다.[15] 이와 같은 자기장을 통과한 결과 은 원자들은 분리되어 스크린 위에 두 지점으로 나누어져 떨어졌다.

고전역학이 맞는다면 은 원자빔은 스크린 위에 연속적으로 퍼져야 할 것이다. 이들이 불연속적으로 나타난 것은 보어의 불연속적인 전자궤도를 입증하는 결과로 해석되었다. 그러나 오직 두 지점으로 원자빔이 분리된 것은 전자 궤도운동의 결과는 아니었다. 이 현상은 몇 년 후에 전자의 '스핀spin'으로 설명되었다. 즉, 전자는 오로지 '위' 혹은 '아래' 두 방향으로만 스핀을 가지고 있다는 것이다. 은 원자는 홀수개의 전자를 가지고 있으므로 짝수개 전자들의 스핀은 모두 상쇄되고, 짝을 이루지 못하고 남은 한 개의 전자에 의해 은 원자의 총 스핀은 '위' 아니면 '아래' 둘 중 하나로 결정된다는 것이다.

슈테른-게를라흐 실험 이전에도 분자의 형광 스펙트럼 측정에서 나타난 모순을 해소하기 위해 1924년 파울리Wolfgang Pauli는 전자에 대해 2개의 불연속적인 값을 갖는 새로운 양자수quantum number를 제안하였고, 어떤 두 전자도 같은 에너지 상태에 있을 수 없다는 '배타원리exclusion principle'를 수립하였다. 그리고 불과 1년 후 울렌벡George Uhlenbeck과 굿스밋Samuel Goudsmit은 이 새로

---

15) 약한 수돗물 줄기가 정전기를 띤 볼펜에 끌려 휘어지는 것과 같은 원리다.

운 양자수가 전자의 스핀이란 것을 밝혔다.[16]

스핀은 순전히 양자역학적인 물리량이나 굳이 고전역학적으로 보자면 전자의 자전으로 비유할 수 있을 것이다. 표면에 전하를 띤 입자가 자전하면 전류고리가 생기므로 이것이 자기쌍극자를 만들 수 있기 때문이다. 그러나 알려진 전자의 크기로 계산해 보면 자전속력이 광속보다 훨씬 커야 슈테른-게를라흐 실험의 관측 결과를 설명할 수 있으므로 스핀이 전자의 고전역학적인 자전에 의한 것이 아님은 분명하다.

전자와 같이 '위'와 '아래' 두 개만의 양자상태를 가질 때 '스핀 1/2'이라고 한다. 즉, +1/2과 −1/2의 스핀 상태만 존재하고, 이 둘은 크기가 같고 방향이 다른 자기쌍극자이다. 그러나 전자만 스핀을 갖는 것은 아니고, 많은 입자들이 스핀을 가지는데, 그 양자수는 반(半)정수가 아니라 정수일 수도 있다. 예를 들어 광자는 '스핀 1'을 갖는데, 이는 광자가 −1, 0, +1 중 하나의 스핀 양자상태에 있을 수 있음을 의미한다.

이와 같이 반정수 스핀을 가진 입자를 '페르미온fermion'이라 하고, 정수 스핀을 가진 입자를 '보존boson'이라고 한다. 보존은 인도 물리학자 보제 Satyendra Nath Bose, 페르미온은 물론 페르미의 이름을 각각 딴 것이다. 파울리 배타원리의 지배를 받는 것은 페르미온이며, 전자, 양성자, 중성자 등이 여기에 속한다. 이들은 그림 6-16에서 묘사한 것처럼 두 개 또는 그 이상이 같은 양자상태, 즉 같은 양자수를 갖는 상태에 있을 수 없다. 그러나 보존은 파울리

(×) (×) (○)

그림 6-16
파울리의 배타원리가 허용하지 않는 페르미온의 상태(좌, 중), 허용하는 상태 (우). 화살표는 스핀의 방향을 의미한다.

16) 그 몇 개월 전에 크로닉(Ralph Kronig)이 먼저 스핀을 제안했으나 그가 대학원생이었던 관계로 파울리나 하이젠베르크의 관심을 끌지 못했다고 한다.

배타원리의 지배를 받지 않으므로 한 상태를 점유할 수 있는 입자 수의 제한이 없다.

전자의 경우 스핀은 전자 고유의 성질이며, 전자의 원자궤도 운동과 함께 물질의 자성을 결정한다. 일상생활에서 보는 자석, 즉 '강자성'은 고체를 이루는 원자 안에 있는 전자들의 스핀이 자발적으로 한 쪽 방향으로 정렬되어 있는 상태에서 나타난다. 원자들은 전자의 궤도 배열에 따라 강자성 외에도 상자성과 반자성 등의 자성을 가질 수 있는데, 이들은 강자성에 비해 매우 작아서 일상에서는 자성이 없는 것으로 여겨진다. 예를 들어 알루미늄은 철과는 달리 자석이 당기는 힘이 강하지 않으므로 이것이 가진 상자성을 관찰하기는 쉽지 않다.[17] 예외적으로 초전도체는 매우 강한 반자성을 가진 물질이다.

6.2.4 원자의 전자 궤도와 주기율

양자역학 초기에 보어의 원자모형이 수소원자에서 방출되는 스펙트럼을 성공적으로 설명했으나 이 모형은 아직 고전역학적인 전자궤도에 기초하고 있었고, 수소원자 외의 다른 원자에는 잘 맞지 않았다.

1925년 하이젠베르크는 보른Max Born, 조단Pascual Jordan과 함께 원자의 전자궤도를 체계적으로 계산할 수 있는 '행렬역학matrix mechanics' 방법을 발표하였다. 행렬역학은 보어의 불연속적인 에너지준위와 그 사이의 천이에 근거하고 있었는데, 측정 가능한 물리량을 행렬로 표시하면 이 행렬의 고윳값eigenvalue들은 가능한 (불연속적인) 물리량을 나타낸다. 그러나 당시에는 행렬역학이 잘 받아들여지지 않았으며, 비슷한 시기에 발표된 슈뢰딩거의 '파동역학' 방법이 주로 사용되었다. 그 이유는 행렬역학이 당시로는 너무 수학적이고 추상적이었다는 것과 함께, 아인슈타인이 지지한 드브로이의 물질파

---

17) 그러나 매우 강한 자석 근처에 놓은 알루미늄 바늘은 자석을 향해 정렬한다.

이론이 처음에는 보어의 불연속적인 에너지준위에 근거한 양자역학 이론과 거리가 있어 보였기 때문이다. 이 두 방법은 후일 디락Paul A. M. Dirac에 의해 대등한 것으로 증명되었다.

1926년 슈뢰딩거Erwin Schrödinger는 뉴턴의 운동방정식을 정제한 해밀턴 방정식과 광학의 페르마의 원리(5.4.1 참조)를 적절히 결합한 파동방정식을 만들어, 전자의 '파동'을 계산하는 방법을 발표하였다. 1차원에서 슈뢰딩거 방정식은

$$i\hbar \frac{\partial}{\partial t}\Psi(x,\ t) = \left[-\frac{\hbar^2}{2m}\frac{\partial^2}{\partial x^2} + V(x,\ t) \right] \Psi(x,\ t) \qquad (6\text{-}3)$$

의 미분방정식 형태인데, 여기서 m은 전자의 질량이고, $V(x, t)$는 전자에 미치는 위치에너지이다[16]. 슈뢰딩거 방정식의 해 $\Psi(x,\ t)$는 전자의 '파동함수'인데, 이것의 제곱 $|\Psi(x,\ t)|^2$은 전자가 시간 t에 위치 x에서 측정될 확률을 의미한다.

고전역학에서는 운동하는 물체의 위치와 속도를 정확히 알 수 있었지만 양자역학에서 알 수 있는 것은 입자가 존재할 확률, 즉 파동함수뿐이다. 만약 입자의 위치를 측정해서 알게 된다면 불확정성 원리에 의해 측정을 하는 행위가 이 파동함수를 무너뜨리고 입자로 바꿔버릴 것이다.

슈뢰딩거 방정식의 가장 간단한 예는 작은 1차원 상자 안에 있는 전자의 에너지 준위를 구하는 것이다. 상자는 무한히 깊어서 전자가 탈출할 수 없다고 가정한다. 위치에너지 우물이 너무 깊어서 터널링도 불가능하다. 따라서 전자는 상자 안에만 존재할 것이다. 그림 6-17은 이와 같이 상자 안에서는 0이고 밖에서는 무한대인 위치에너지를 주고 슈뢰딩거 방정식(식 6-3)을 푼 결과를 보여준다.

전자의 에너지준위는 그림과 같이 불연속적인 양자수로 주어지며 각 준위

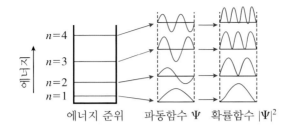

$n=4$
$n=3$
$n=2$
$n=1$

에너지

에너지 준위　　　파동함수 Ψ　　확률함수 $|\Psi|^2$

그림 6-17
상자 안에 있는 전자의 상태. 이들 중 가장 낮은 에너지 상태 4개(n=1~4)를 보여 주고 있다. 에너지준위 $E_n = \dfrac{1}{8m}\left(\dfrac{nh}{a}\right)^2$, $n = 1, 2, 3, 4, \dots$, a는 상자의 폭, m은 전자의 질량.

에 따라 파동 함수는 사인이나 코사인 함수로 나타난다. 이것은 그림 4-18의 파동의 고정단 반사에 의한 정상파와 같다.(4.8.3 참조) 단, 경계 벽이 한 쪽이 아니라 양쪽에 있는 경우이다. 이 파동함수를 제곱하면 전자가 어떤 위치에 어떤 확률로 존재할지를 알 수 있다. 그림에서 가장 낮은 에너지준위($n = 1$)의 확률함수를 보면 전자가 상자 중심에 있을 확률이 가장 높다는 것을 알 수 있다. 그러나 그 다음 준위($n = 2$)에 전자가 있다면 가운데 있을 확률이 낮고, 오히려 벽으로부터 상자 폭의 1/4 되는 곳에 전자가 있을 확률이 높다.

　물론 위의 1차원 상자는 실제 공간인 3차원에서 현실적인 전자의 거동을 나타내지는 못하지만 슈뢰딩거 방정식의 해와 파동함수의 물리적인 개념을 이해하는 데 큰 도움을 준다. 그리고 최근에는 나노미터 크기의 구조물 제작이 가능하여 인위적으로 차원을 제한한 구조를 만들 수 있으므로, 실제로 저차원에서 슈뢰딩거 방정식을 푸는 경우도 많다.

　가장 간단한 원자인 수소원자의 전자궤도는 슈뢰딩거 방정식을 3차원에서 풀면 구할 수 있다. 수소원자는 양성자가 그림 5-26의 점전하처럼(5.5.2 참조) 만드는 전기장 속에서 운동하는 전자의 문제로 생각할 수 있다. 이 $1/r$에 비례하는 정전기 위치에너지를 식 6-3과 비슷한 3차원 슈뢰딩거 방정식에 넣

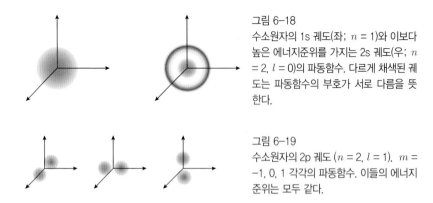

그림 6-18
수소원자의 1s 궤도(좌; $n = 1$)와 이보다
높은 에너지준위를 가지는 2s 궤도(우; n
$= 2$, $l = 0$)의 파동함수. 다르게 채색된 궤
도는 파동함수의 부호가 서로 다름을 뜻
한다.

그림 6-19
수소원자의 2p 궤도 ($n = 2$, $l = 1$). $m =$
-1, 0, 1 각각의 파동함수. 이들의 에너지
준위는 모두 같다.

고 풀어보면 전자의 에너지 준위와 파동함수는 아래와 같이 n, ℓ, m, 세 개의
양자수로 표현된다[16].

$$n = 1, 2, 3, \cdots$$
$$\ell = 0, 1, \cdots, n-1 ^{18)}$$
$$m = -\ell, -\ell+1, \cdots, \ell-1, \ell$$

주양자수 n은 궤도의 에너지를 결정하며, 부양자수 ℓ과 m은 각운동량을
나타낸다. 주양자수 $n = 1$과 2에 해당하는 파동함수들을 각각 그림 6-18과
6-19에 나타내었다. 이런 파동함수들은 북 위에 모래를 뿌려놓고 북을 칠 때
생기는 2차원 정상파 패턴과 유사하다. 1s 궤도란 $n = 1$을 뜻하며, 이 때 ℓ과
m은 0만 허용된다. 따라서 ('1s'로 쓴다.) $n = 2$일 때는 $\ell = 0$(2s)과 1(2p)의
두 경우가 있으며, 2p에는 다시 $m = -1$, 0, 1의 세 양자상태가 있는데, 이들의
에너지준위는 모두 같다.

'바닥상태'에서 수소원자의 전자는 그림 6-18(좌)의 1s 궤도에 있다. 그러
면 원자번호가 2인 헬륨(He)원자에는 전자가 어떤 상태로 배치될까? 헬륨원

---

18) 역사적인 이유로 0은 s, 1은 p, 2는 d, 3은 f 등으로 표시한다.

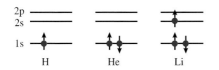

그림 6-20
바닥상태의 수소(좌), 헬륨(중), 리튬(우) 원자의 전자 배치. 화살표는 전자의 스핀 상태를 나타낸다.

자에는 2개의 전자가 있는데, 바닥상태는 이 두 전자가 모두 1s 궤도를 점유하되, 파울리의 배타원리에 의해 두 전자는 서로 다른 스핀을 가진다. (그림 6-20)

역시 파울리의 배타원리에 의해 이 1s 궤도에는 더 이상 전자가 들어갈 수 없으므로 헬륨의 1s 궤도는 '닫힌 껍질'을 이룬다. 따라서 헬륨은 화학적으로 '비활성'이다. 그 다음 원자번호가 3인 리튬(Li)원자는 3개의 전자를 가지는데, 두 개의 전자가 1s 궤도를 차지하고 나면 3번째 전자는 배타원리에 의해 1s 궤도에 들어가지 못하고, 그림 6-20과 같이 바로 위의 2s 상태를 점유한다. 따라서 리튬은 최외각 전자가 하나인 수소와 비슷한 화학적 성질을 갖는다. (따라서 반응성이 매우 크다.)

이와 같은 규칙에 따라 전자를 낮은 궤도부터 쌓아나가면 그림 6-21과 같이 원소의 원자번호에 각각 전자궤도를 부여할 수 있다. 여기서 p-궤도는 그림 6-19와 같이 6개의 전자를 채울 수 있으므로 헬륨 다음으로 닫힌 껍질을 갖는 원소는 원자번호 10번인 네온(Ne)이 된다. 따라서 네온은 헬륨과 비슷

1 H $1s^1$							2 He $1s^2$
3 Li $2s^1$	4 Be $2s^2$	5 B $2s^2 2\rho^1$	6 C $2s^2 2\rho^2$	7 N $2s^2 2\rho^3$	8 O $2s^2 2\rho^4$	9 F $2s^2 2\rho^5$	10 Ne $2s^2 2\rho^6$
11 Na $3s^1$	12 Mg $3s^2$	13 Al $3s^2 3\rho^1$	14 Si $3s^2 3\rho^2$	15 P $3s^2 3\rho^3$	16 S $3s^2 3\rho^4$	16 Cl $3s^2 3\rho^5$	18 Ar $3s^2 3\rho^6$

그림 6-21
멘델레예프의 주기율표 처음 일부분. 원소기호 상단에 원자번호, 하단에 전자궤도를 표시하였다.

한 화학적 특성을 가지며 역시 비활성 원소이다. 이와 같이 멘델레예프의 주기율표는 슈뢰딩거 방정식을 푼 파동함수와 파울리의 배타원리가 있어야 완전히 설명된다.

6.2.5 대응원리와 양자역학 요약

이제까지 알아본 것과 같이 양자역학은 고전역학이 설명하지 못했던 현상들을 설명하였고, 어떤 경우는 물리 상수의 정확한 예측까지 가능하게 한다. 그럼 양자역학이 맞고 고전역학이 틀리는 것일까? 작은 입자의 세계를 지배하는 것이 양자역학이라면, 고대 그리스의 플라톤이나 아리스토텔레스가 주장한 것처럼 천상(미시세계)의 법칙과 지상(거시세계)의 법칙이 따로 있을까? 그러나 다행히 현대의 양자역학이 고대 자연철학으로 회귀하지는 않는다. '대응원리correspondence principle'가 있기 때문이다.

대응원리는 양자역학 이론으로 예측된 현상이 양자수가 매우 커지는 극한에서는 고전역학의 결과를 나타낸다는 것이다. 대응원리는 보어가 1920년 체계적으로 수립하였지만, 실은 그 이전에 자신의 원자모형(그림 6-10)을 세울 때 이미 사용했었다. 보어의 원자모형에서 양자수(n)가 작은 경우 전자가 인접한 두 원 궤도 사이를 천이할 때 $\Delta E = h\nu$로 결정되는 복사 빛의 주파수가 고전역학으로 계산한 궤도의 역학적 에너지 차이와 잘 맞지 않는다. 그러나 양자수가 매우 클 때는 두 원 궤도 사이의 역학적 에너지 차이를 계산해 보면 보어의 원자모형과 근사적으로 맞는다는 것을 확인할 수 있다.[19]

일반적으로 불연속적인 양자 세계에서 양자수가 큰 극한으로 가면 에너지 준위 사이의 간격이 매우 작아져 연속적인 고전역학의 세계로 연결된다. 그

---

19) 사실 보어는 이 과정을 거꾸로 밟아 원자모형의 핵심 공식인 각운동량 $L = n\hbar$를 이끌어 내었다.

러나 대응원리는 양자역학뿐만 아니라 물리학에서 새로운 이론이 나타났을 때 이를 검증하는 일반적인 지침이 되었다. 즉, 새로운 이론은 기존 이론으로 설명이 가능했던 모든 현상을 특정 조건 하에서 다시 설명할 수 있어야 한다.

대응원리가 고전역학과 양자역학 사이에 징검다리 역할을 하기는 하지만, 여전히 양자수가 작을 때는 순전히 양자역학적인 세계가 펼쳐지면서 거시세계의 통념으로는 이해가 어려운 부분이 많다. 양자역학의 난해함에 대해 양자역학을 만든 천재들의 한마디를 들어보자.

보어: "누구나 양자이론에 접하고 충격을 받지 않았다면 그것(양자이론)을 이해하지 못한 것이다. (Anyone who is not shocked by quantum theory has not understood it.)"

파인먼: "아무도 양자역학을 이해하지 못한다고 단언할 수 있다고 나는 생각한다. (I think I can safely say that nobody understands quantum mechanics.)"

이렇게 난해한 양자역학을 감히 짧게 요약하자면, '양자quantum'란 것은 광자나 전자처럼 아주 작은 질량 혹은 에너지 덩어리이고, 모든 물질은 이러한 최소 단위의 덩어리들이 모여서 이루어지며, 이 불연속적인 작은 덩어리들의 운동을 지배하는 법칙이 양자역학이라고 말할 수 있다. 이렇게 작은 양자의 세계에는 인간의 직관이 통하지 않기 때문에 양자역학의 창시자들조차 곤혹스러운 것이다.

6.3 소립자

6.3.1 핵력

양자역학이 가장 많이 응용되는 분야는 소립자 물리이다. 6.1절에서 소개한 바와 같이 원자는 더 이상 만물을 이루는 궁극적인 입자가 아니다. 원자는 양성자와 중성자로 이루어진 핵과, 이들보다 훨씬 가벼운 전자들을 포함하고 있다. 그럼 양성자, 중성자, 전자들은 궁극적인 입자일까? 1930년까지만 해도 양자역학 이론을 양성자, 중성자, 전자에 적용하면 모든 문제가 풀릴 것으로 알았다.

그러나 그때까지 잘 알려지지 않은 '핵력'이란 힘이 물리학자들의 설명을 기다리고 있었다. 양성자와 중성자들은 어떻게 해서 지름 10^{-14} m 보다 작은 공간 안에 모여 있을까? 이 작은 거리에서는 쿨롱법칙(5.5.2 참조)에 의해 양성자들끼리 엄청난 정전기 힘으로 서로 민다. 따라서 이 큰 힘을 극복할 만한 또 다른 힘인 '강력'이 이들을 핵 안에 가두어 두고 있는 것이다.

'기본입자'들과 이들을 묶어놓는 힘에 대한 연구는 '만물이 무엇으로 이루어져 있으며, 어떻게 지금의 우주가 만들어졌는가'란 근원적인 질문에 대한 답을 찾는 과정이다[25, 26]. 20세기 중반부터 현재까지 30여명의 물리학자들이 이 분야에서 실험적 발견이나 이론적 진전을 이룬 공로로 노벨물리학상을 수상하였다.

소립자 이론은 1928년 디락Paul A. M. Dirac이 양자역학을 상대론까지 확장한 상대론적 양자역학 이론을 수립하고, 전자의 '반反입자'인 '양전자positron'를 처음으로 예측하면서 시작되었다. 모든 입자에 대해 반입자가 있는데, 반입자는 입자와 질량과 스핀은 동일하고 전하만 반대의 부호를 갖는다. 입자와 반입자가 만나면 소멸되면서 그 질량이 모두 에너지로 변환되므로 조그만 양으로도 큰 에너지를 얻을 수 있다.[20]

---

20) 〈천사와 악마〉란 영화에는 이미 휴대용 반물질 폭탄이 등장했다.

그러나 우리 주변에 반물질은 거의 없거나 매우 짧은 시간 동안만 존재한다. 양전자의 존재는 1932년 앤더슨Carl Anderson이 우주선cosmic ray을 관측하여 실증하였으며, 최근에는 의료진단용 장치에 쓰이고 있다. 현재까지는 반수소와 반헬륨 원자들이 인공적으로 만들어졌다. (물론 극소량이다.) 반수소에는 수소와 정반대로 음의 전하를 띤 반양성자 주위를 양의 전하를 띤 양전자가 돌고 있다.

이렇게 자연계에는 입자-반입자 대칭성이 존재하며, 우주가 만들어진 초기에는 입자와 반입자가 동시에 짝으로 창조되었을 것으로 추정된다. 하지만, 현재 우리가 관측하는 범위의 우주에는 어떤 알 수 없는 이유로 처음 창조되었던 입자와 반입자가 완전히 소멸되지 않고 처음의 10억분의 1 정도의 입자들이 남아 지금의 우주를 형성하고 있다[25, 26].

핵력에 대한 초기 연구는 1896년 베크렐이 관찰한 우라늄의 자연붕괴에서 시작되었다. 방사능 중에 특히 전자를 내는 '베타붕괴beta decay'가 많은 물리학자들의 관심을 끌었는데, 그 이유는 방출된 전자의 에너지가 기존 이론으로 예측한 것과는 달리 연속적인 스펙트럼을 보였다는 것이다. 이것은 에너지 보존법칙을 어기는 현상이었으므로 베타붕괴에 관여된 또 다른 입자가 있다는 것을 암시하고 있었다.

파울리는 1930년 전기적으로 중성이면서 매우 가벼워서 거의 탐지될 수 없는 또 다른 '중성자'의 존재를 예측했는데, 페르미는 1939년 베타붕괴에 대한 이론을 발표하면서 이것을 중성자neutron가 아닌 '중성미자neutrino'라고 고쳐 명명하였다. 여러 원소의 베타붕괴를 동시에 설명하는 반응식은 다음과 같다[16].

$$n \rightarrow p + e^- + \nu \tag{6-4}$$

이 식은 핵 안에 있던 중성자(n) 하나가 붕괴되어 양성자(p)와 전자(e^-), 그리고 중성미자(ν)가 하나씩 생성된다는 것을 의미한다. 양성자는 핵 안에 남고, 전자(베타선)와 중성미자가 방출되는데, 이 과정에서 질량수와 전하는 보존된다. 이와 같이 베타붕괴는 중성자나 양성자가 진정한 기본입자가 아니라는 증거이다. 페르미의 베타붕괴 연구는 후에 자연계에 존재하는 네 가지 힘 중 하나인 '약력'의 연구로 이어졌다.

6.3.2 통일이론과 기본입자

20세기 중반을 넘어서면서 양자역학 이론으로 소립자들의 존재를 예측하고, 거대 입자가속기에서 그 존재를 확증하는 실험들이 이어졌다. 로렌스Ernest O. Lawrence가 발명한 원형 입자가속기인 '사이클로트론cyclotron'이 필수적인 실험도구가 되었으며, 이론적으로 소립자들의 존재는 이들 사이에 작용하는 강력과 약력의 규명과 함께 이루어졌다. 이 힘들은 원자핵의 지름 정도, 혹은 그보다 작은 매우 가까운 거리에서만 작용하므로 중력이나 전자기력과 같이 일상생활에서 느낄 수 있는 힘은 아니다.

19세기 말에 패러데이, 맥스웰 등이 전기와 자기의 힘을 하나로 통합한 것처럼(5.5.5 참조) 아인슈타인은 상대론 발표 이후에 중력과 전자기력을 하나로 통합하려고 시도를 하였으나 성공하지 못했고, 현재는 많은 물리학자들이 중력과 전자기력뿐 아니라 자연에 존재하는 모든 힘을 하나로 통합하려는 통일이론을 추구하고 있다. 이 이론은 원초적으로는 하나의 힘이 상황에 따라 중력, 전자기력, 강력, 약력 등 네 가지의 다른 힘으로 나타난다고 설명하는 가장 보편적인 모형이다. 자연에서 일어나는 다양한 현상들 뒤에는 숨겨진 단순함이 있을 것이라는 믿음을 가지고 인류는 아직 이 '모든 것의 이론'[21]이란 물리학의 성배를 찾고 있다.

---

21) Theory Of Everything, 줄여서 TOE라 한다.

힘의 통합 노력은 어느 정도 성공을 거두었는데, 가장 먼저 전자기력과 약력이 하나의 힘으로 설명되었다. 그 시작은 빛과 물질(소립자)의 상호작용을 설명하기 위하여 연속적인 전자기장을 양자화한 '양자장론'의 개발인데, 1927년 디락이 양자역학과 특수 상대론 사이의 모순을 해결하여 '양자전자기학quantum electrodynamics; QED'으로 발전시켰다. 양자전자기학은 1940년대 이후 베테Hans Bethe, 토모나가Sin-Ichiro Tomonaga, 슈빙거Julian Schwinger, 파인먼 Richard Feynman 등에 의해 완성되었으며, 현존하는 가장 완벽한 소립자물리 이론으로 여겨진다.

살람Abdus Salam, 글래쇼Sheldon Glashow, 와인버그Steven Weinberg 등은 양자전자기학을 바탕으로 소립자들 사이의 약력과 전자기력을 하나로 통합하였다. 즉, 이 두 힘은 일상의 낮은 에너지(온도)에서는 매우 다르게 나타나지만 100 GeV[22] 이상에서는 '약전자기력electroweak force'이라고 하는 하나의 힘으로 나타난다. 100 GeV, 즉 10^{11} eV는 대략 10^{15} K란 엄청난 온도에 해당하므로 지구는 물론이고 태양 중심의 온도에서도 약력과 전자기력은 매우 다르게 나타난다. 그러나 '빅뱅' 직후 우주가 매우 뜨거울 때에는 약전자기력이 자연계를 지배하였을 것이다. (7.4 참조)

약전자기력 이론은 1973년에 중성미자 산란에서 중성전류[23]가 관측되고, 1983년 양성자-반양성자 충돌에서 W와 Z-보존이 발견됨으로써 실증되었다. 약전자기력에 강력까지 통합하려는 시도는 대통일이론Grand Unification Theory; GUT이라고 불리는데, 현재도 매우 활발히 연구되고 있지만, 실험에 10^{14} GeV 이상의 막대한 에너지가 필요하므로 직접적인 실험적 증빙은 당분간 쉽지 않을 전망이다.

---

22) 기가 전자볼트(Giga electron-volt). 1 전자볼트(eV)는 전자 하나가 1 V의 전위차에서 갖는 에너지로 약 1.6×10^{-19} J이라서 1 GeV는 매우 작아 보이지만 소립자 하나의 에너지로는 큰 값이다.
23) 전기에서 말하는 전류가 아니다. Z-보존 교환에는 전하 전달이 없기 때문에 이렇게 부른다.

20세기 중반 이후 이론과 실험장비의 발전으로 수백 개의 새로운 입자들이 발견되었다. 알려진 원소가 고작 백여 개인데 원소의 수보다 더 많은 기본입자가 존재한다는 것은 무언가 잘못되었을 것이므로 이들을 이루는 진정한 '기본입자'에 대한 탐구가 계속되었다. 그 결과 '모든 것의 이론'에는 미치지는 못하지만 '거의 모든 것의 이론'이란 '표준모형Standard Model'이 1980년대에 만들어졌다. 표준모형은 중력을 포함하지 않아 완벽한 이론은 아니지만 그림 6-22와 같이 기본입자들을 예측하였고 대부분 그 존재가 실증되어, 표준모형의 타당성은 상당 부분 입증되었다.

이 모형의 중요한 부분은 '쿼크quark'와 이들 사이의 힘인 강력인데, 강력에 대한 연구는 1935년 일본의 유카와Hideki Yukawa가 '중간자meson'를 예측하였고 10년 후 이것이 발견되면서 시작되었다. 쿼크 이론은 1964년 겔만Murray Gell-Mann과 츠바익George Zweig에 의해 제안되었으며, 곧바로 한무영Moo-Young Han과 남부Yoichiro Nambu의 선구적인 업적과 그 뒤를 이은 많은 물리학자들에 의해 최종적으로 '양자색소역학quantum chromodynamics; QCD'으로 정립되었다.

쿼크는 그림 6-22의 첫째와 둘째 줄에 있는 1세대의 '위 쿼크(u)'와 '아래

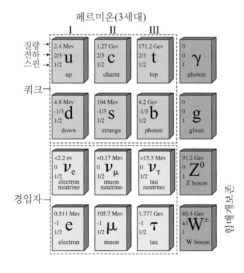

그림 6-22
표준모형에 근거한 기본입자들

쿼크(d)', 2세대의 '맵시 쿼크(c)'와 '기묘 쿼크(s)', 3세대의 '꼭대기 쿼크(t)'와 '바닥 쿼크(b)'가 있는데, 강력(g)은 이들 사이에만 작용한다. 각 쿼크는 질량이 다르지만 모두 스핀 1/2인 페르미온들이다. 그리고 각 쿼크의 전하량은 전자 전하의 2/3 아니면 −1/3이다[16, 24].

각 쿼크는 '빨강', '녹색', '파랑'의 세 종류가 있다. 반쿼크antiquark는 이 세 가지의 반대색을 가진다. 물론 이들은 우리가 일상에서 보는 색과는 관계가 없다. 이런 이름을 붙인 이유는 양자색소역학에서 쿼크 사이의 힘을 '색깔힘'이라 하고, 쿼크들은 무색(백색)의 조합만으로 결합될 수 있다는 이론 때문이다. 즉, 빨강, 녹색, 파랑의 쿼크를 하나씩 모아 무색인 '중입자baryon'를 만들 수 있다. 또는 빨강과 반빨강 쿼크를 하나씩 모아도 무색이 되므로 이런 조합은 '중간자meson'를 이룬다. 쿼크들로 이루어진 중입자와 중간자를 합하여 '강입자hadron'이라 한다. 무색 규칙을 어기는 조합의 강입자는 아직 관측되지 않았다.

강력을 매개하는 입자를 '글루온(gluon; g)'이라고 하는데 광자(photon; γ)와 마찬가지로 질량이 없다. 글루온과 같이 힘을 매개하는 입자들은 그림 6-22 표의 가장 오른쪽 열에 나열되어 있다. 광자는 전자기력을 매개하며, W와 Z-보존들은 약력을 매개하는데, 이들은 질량이 0인 광자와는 달리 상당히 큰 질량을 가진다. 기본입자들은 이 힘매개 보존들을 내거나 받아들여 상호작용하며, 힘매개 보존으로 입자들의 결합은 물론이고, 입자-반입자의 생성과 소멸도 설명된다.

중입자의 대표적인 예는 양성자와 중성자이다. 그림 6-23과 같이 색이 모두 다른 위 쿼크 두 개와 아래 쿼크 하나가 모여 양성자를 이루며(p = u + u + d), 색이 모두 다른 위 쿼크 한 개와 아래 쿼크 두 개가 결합되면 중성자(n = u + d + d)가 만들어진다. 그림 6-22 표의 전하 값을 사용하면 양성자의 전하는 2/3 + 2/3 − 1/3 = 1이라서 양성자는 기본전하량을 갖고, 중성자의 전하는

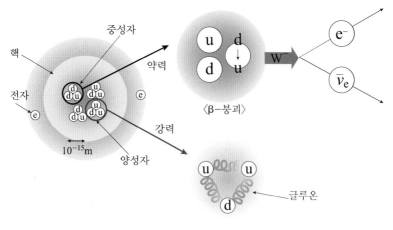

〈양정자/중성자의 구조〉

그림 6-23
핵을 이루는 중성자와 양성자, 그리고 이들을 이루는 쿼크들. 오른쪽 그림들은 이들 사이의 약한(상), 그리고 강한(하) 상호작용을 나타낸다. *컬러사진 게재, 4쪽 참고

2/3 − 1/3 − 1/3 = 0이라서 중성자는 말 그대로 중성임을 확인할 수 있다.

그리고 식 6-4로 설명했던 베타붕괴는 보다 근본적으로 $d \rightarrow u + e^- + \overline{\nu_e}$ 란 반응식으로 설명된다. 즉, 아래 쿼크 하나가 붕괴되어 위 쿼크, 전자, 중성미자가 하나씩 만들어지는데, 이 과정은 W^- 보존에 의해 매개되는 약한 상호작용(약력)에 의해 지배된다.

양성자나 중성자와는 달리 전자는 그 자체가 기본입자이다. 그림 6-22의 아래 2줄은 '경입자lepton'들인데, 전자 외에도 전하가 전자와 같은 '뮤온muon'과 '타우tau'가 있으며, 이들 각각에 대응하는 전하가 없는 '중성미자neutrino'들이 있다. 경輕입자라고 모두 가벼운 것은 아니며, 특히 뮤온은 전자보다 200배 이상 큰 질량을 가진다. 강력이 쿼크입자들에만 작용하는 반면 약력은 모든 기본입자에 작용한다. 따라서 경입자들은 '색'이 없다.

위와 같은 표준모형은 양자장론에 근거하여 자체적으로는 모순이 없으나 분명히 한계를 가지고 있다. 즉, 표준모형에는 중력이 고려되지 않았으며, 우주론에서 예견되는 '암흑물질'이나 '암흑에너지'를 설명하지 못한다. (7.4 참조) 또한 중성미자 진동을 설명하지 못하는 등 상당한 문제를 안고 있다.

그럼, 중력을 포함한 자연계의 모든 힘은 모두 하나로 통일될 수 없는 것일까? 중력은 아인슈타인에 의해 일반 상대론(7.3 참조)으로 기술되므로 양자역학과 일반 상대론의 통합이 필요하다. 1960년대 말부터 '끈이론string theory'이 그 대안으로 떠오르기 시작하여 1990년대에 활발히 연구되었는데, 이것은 양자중력이론과 모든 입자와 힘에 대한 통일장 이론처럼 보인다. 이것은 그림 6-24와 같이 쿼크와 전자 같은 기본입자들이 하나의 점이 아니고 끈으로 이루어져 있으며, 모든 입자와 힘을 이 끈들의 진동으로 설명하는 이론이다.

끈이론은 10차원 초대칭성에 근거하므로 인간이 인지할 수 있는 4차원(시간 포함) 외에도 관찰할 수 없는 많은 차원을 포함하고 있어 비현실적으로 보인다. 그러나 이 많은 숨겨진 차원이 중력을 설명할 수 있을 것이란 기대도 있다. 즉, 중력이 다른 힘들에 비해 매우 작은 이유는 이것이 다차원계의 힘이라서 인간이 인지하는 4차원에는 일부 단면만 나타나기 때문이라고 설명할 수

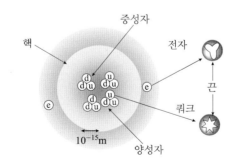

그림 6-24
끈이론에 의하면 기본입자를 끈으로 묘사할 수 있다.

있다. 1990년대에 몇 종류의 다른 끈이론들을 통합한 11차원의 'M-이론'이 나오는 등 '모든 것의 이론'은 끝없이 추구되고 있다.

그러나 끈이론은 검증 가능한 예측을 내놓지 못하거나 실험적 검증이 거의 불가능한 예측을 하는 경우가 있으므로 과학이론으로서의 타당성에 대해 비판하는 물리학자들도 많다. 이것이 과학이론인지 아름다운 수학인지는 실험이 답을 해줄 것인데, 실험에는 극단적으로 큰 에너지가 요구되므로 매우 먼 미래에 밝혀지거나 아니면 인류가 생존할 동안은 검증이 불가능할지도 모른다.[24]

현재 소립자물리 실험에 사용되는 입자가속기 중 가장 큰 것은 스위스와 프랑스 국경에 걸쳐 설치된 유럽입자물리공동연구소CERN의 거대강입자가속기Large Hadron Collider; LHC이다. 그림 6-25의 사진에 보인 것과 같이 둘레 27

그림 6-25
CERN의 거대강입자가속기(LHC) 지역의 항공사진. 원은 지하 100 m에 매설된 입자가속기의 통로를 나타낸다. 스위스와 프랑스의 국경에 걸쳐 있다. (출처: CERN image gallery)

---

24) 중세 이후 유럽에서 태양중심설이 나왔을 때도 이러한 비관론이 팽배했었다. 그 당시로는 연주시차를 보지 못하였고, 이것을 영원히 검증하지 못할 것이라고 생각한 사람들도 많았다.

km의 거대한 원형 입자가속기가 지하에 묻혀 있다. LHC는 2009년부터 가동되었으며, 현재 양성자를 최고 3.5 TeV의 에너지를 가질 때까지 가속시킬 수 있어,[25] 기본입자를 찾고 새로운 소립자 이론을 검증하는 실험의 중심이 되고 있다.

현대 과학 연구의 특징은 기술과의 융합은 물론이고 그 규모가 엄청나게 커지고 있다는 것이다. CERN의 LHC뿐만 아니라 1940년대 미군이 주도했던 맨해튼 프로젝트도 13만 명 이상의 인원과 20억 달러(1940년대 당시 화폐 단위)란 대규모 투자로 이루어졌다. 이러한 대규모 투자는 국가방위나 산업적인 수요가 있는 것이 통상적이지만, LHC는 이러한 수요보다 순수과학 연구를 지향하고 있는 것이 특징이다.

6.3.3 한인 물리학자들

과학 혁명 이후 물리학은 유럽에서 태어났고, 19세기 후반까지 물리학은 거의 유럽에서만 연구되었다. 그 이후 미국과 소련이 세계 최강국으로 부상하면서 지리적으로는 물리학의 범위가 넓어졌지만 서양 이외의 다른 문화권에서는 20세기 들어 현대물리학을 전혀 새로운 학문으로 받아들이기 시작하였다.

중국을 예로 들면 명이나 청제국 때 서양의 천문학을 받아들이던 태도와는 크게 달라진 것이다. 그나마 중국은 정치적인 불안정으로 20세기 말까지 자체적으로 물리학의 기반을 마련하지 못하였고, 많은 인재가 주로 미국으로 유학을 가서 정착하였다. 인도는 보제와 라만, 파키스탄은 살람 등의 뛰어난 물리학자를 배출했으나 이들 국가는 당시 영국의 식민지였다.

그러나 일본은 예외적으로 메이지 유신을 기점으로 자국 내에서 순수과학

---

25) T는 tera, 즉 1 조를 뜻함. 1 TeV = 10^{12} eV (1조 전자볼트).

의 기반을 독립적으로 닦았고, 유카와를 비롯하여 상당수의 물리학자들이 노벨상을 받는 등 세계적인 수준을 유지하고 있다. 우리나라는 식민지 통치의 수탈과 6.25 전쟁으로 1970년대까지 자체 기초과학 기반을 마련하지 못하였으므로 많은 과학인재들이 유학을 갔으며, 그 곳에서 재능을 발휘한 경우가 많았다.

소립자 이론 연구에 기여한 우리나라 출신 물리학자들 중 대표적인 인물은 앞에서 언급했던 양자색소역학 이론 수립에 기여한 한무영과, 표준모형과 맵시쿼크 이론에 기여한 이휘소가 있다. 두 분 모두 비슷한 나이에 서울 출생이며, 6.25 전쟁 직후 어려운 상황에서 물리학 공부할 곳을 찾아 미국으로 유학을 갔다. 한무영은 듀크대 재직 후 2016년 타계할 때까지 양자색소역학에 관련된 다수의 저술을 남겼는데, 그와 같이 양자색소역학 연구를 하였던 일본계 미국인 남부Nambu는 2008년 노벨물리학상을 받았다.

이휘소Benjamin Lee, 1935-1977는 1977년 페르미연구소의 이론물리 연구부장을 역임하는 등 전성기에 불의의 교통사고로 생을 마쳤다[27]. 그의 급작스런 사고사에 대해 당시 우리나라의 핵무기 개발 시도와 관련되었다고 주장하는 소설 '무궁화꽃이 피었습니다'가 한 때 베스트셀러가 된 적이 있었는데, 이 일로 유족이 작가를 명예훼손으로 고소하기에 이르렀다.

시간이 많이 흐른 다음 한 TV 방송국에서 이휘소의 일생을 조명한 프로그램을 특집으로 방영한 적이 있었는데, 결국 이 소설이 허구였고, 작가는 많은 독자가 좋아할 책, 즉 많이 팔릴 책을 썼다는 것이다. 작가의 주된 목적은 과학자를 대중에게 알리는 것보다 대중의 애국심을 자극하여 발생하는 이익이었겠지만, 이러한 허구가 없었다면 한 물리학자가 국민들에게 이렇게 많이 알려질 수 있었을까? 어쨌든 과학자가 진정한 업적이 아닌 허구로 대중에게 알려지는 것이 바람직한 현상은 아닐 것이다.

이휘소는 미국의 과학자로서 활동하였지만 우리나라 물리학의 기반 수립에도 크게 기여하였다. 그는 1974년에 AID 차관 심사단으로 조국을 방문하여 대학의 열악한 상황을 파악하고는 교육의 중요성을 특히 강조하였다. 우리나라 대학의 물리학과들이 그나마 일찍 현대적인 교육과정을 수립하고 체계적으로 젊은 과학자를 키울 수 있었던 것은 그의 공적이 크다[27]. 이휘소는 2006년에 과학기술인 명예의 전당에 헌정되었다[26].

6.4 양자역학의 산업 응용

20세기 이후에는 과학과 기술의 결합이 두드러지게 된다. 제5장에서 소개했듯이 전자기학은 무선통신에 응용되어 라디오, TV, 그리고 휴대전화까지 우리 사회 전반에 큰 영향을 미치고 있다. 양자역학은 지난 절에서 살펴 본 바와 같이 화학은 물론, 핵 및 소립자물리학의 기초가 되었고, 핵무기와 원자력발전에 응용되고 있다. 또 다른 응용으로 양자역학은 고체물리학 연구를 가능케 함으로써 반도체 산업을 창출하였고, 컴퓨터의 양산과 대중 보급이 실현되었다. 물론 고체물리학에는 반도체 외에도 초전도체, 자성체, 강유전체 등의 흥미로운 주제들이 있지만, 이 절에서는 산업 응용이 활발한 반도체 물리와 그 응용에 대해 소개한다.

6.4.1 반도체의 물리

양자역학의 슈뢰딩거 방정식을 풀면 수소 원자의 전자궤도를 구할 수 있었다. (6.2.4 참조) 수소원자 두 개가 만나면 수소분자(H_2)를 만드는데, 이것은 분자가 각각의 원자보다 더 안정된 (에너지가 낮은) 상태이기 때문이다. 그럼

26) http://kast.or.kr/HALL/

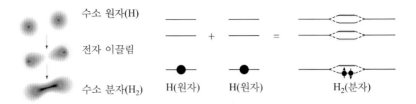

그림 6-26

수소 원자 2개가 만나 수소 분자를 만드는 과정(좌)과 이것을 전자준위의 혼성화로 설명하는 도해(우)

수소분자의 전자궤도는 어떤 모양일까? 분자의 전자궤도도 원칙적으로 슈뢰딩거 방정식을 풀어 구할 수 있지만 입자의 수가 많아지면 계산이 너무 복잡해지므로 그림 6-26과 같이 도식적으로 이해해 보자.

공간적으로는 바닥상태(1s)에 있는 수소 원자 두 개가 서로 접근하면 왼쪽 그림과 같이 전자가 상대 핵(양성자)에 끌려가면서 궤도가 약간 왜곡된다. 그 다음에는 두 전자궤도가 서로 겹쳐지고 두 전자는 두 핵에 의해 공유되면서 '공유결합'이 이루어진다. 두 전자는 서로 다른 스핀을 가지면서 같은 분자 궤도에 있을 수 있다.[27]

이 과정을 전자준위의 '혼성화'로 나타낸 것이 그림 6-26의 가장 오른쪽 그림이다. 즉, 같은 원자 둘이 만나면 각각의 준위가 조금 분리되면서 분자의 새로운 에너지준위가 나타난다. 바닥상태에서는 전자들이 가장 낮은 준위를 점하는데, 그림에서 보는 것과 같이 이 상태는 원자 각각의 바닥상태보다 낮은 에너지를 가지므로 더 안정된 궤도이다. 따라서 공유결합은 매우 단단한 구조이며, 분자를 원자로 다시 나누려면 상당한 에너지를 주어야 한다.

고체(결정)와 같이 매우 많은 수의 원자가 결합하는 경우도 이와 같이 전자준위의 혼성화로 유추할 수 있다. 즉, 원자의 전자궤도가 크게 분리되면서 그

---

27) 파울리의 배타원리에 어긋나지 않는다.

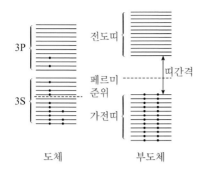

전도띠

3P

페르미
준위

3S

띠간격

가전띠

도체

부도체

그림 6-27
원래 원자의 3s, 3p 궤도가 혼성화되어 에
너지띠로 형성된다. 띠 사이의 간격에 따
라 도체와 부도체로 구분된다.

림 6-27과 같이 에너지 띠band를 이룰 것이다. 이 '띠이론Band Theory'은 결정구
조를 갖는 고체의 전자 상태를 설명하는 데 핵심이 된다[16]. 고체에서는 수
많은 원자가 결합하여 하나의 결정을 이루므로 전자의 수 또한 매우 많다. 따
라서 그림에서 표시한 불연속적인 준위들은 각 에너지띠 안에서는 거의 연속
적이 될 것이다.

전자는 파울리 원리에 따라 가장 낮은 에너지준위부터 채워 올라가서 마지
막 전자까지 채우면 여기가 '페르미 준위'가 된다. 인접한 띠와 띠 사이가 매
우 가까우면 페르미 준위 상단 부근의 전자들은 원자핵에 묶이지 않는 자유전
자가 되어 전기를 잘 통하게 된다. 그러나 이 두 띠 사이의 '띠간격band gap'이
커지면 이야기는 달라진다. 전자는 '가전띠valence band'를 가득 채우며 그 위
의 '전도띠conduction band'와는 분리되어 있다. (페르미 준위는 그림과 같이 띠
간격 안에 있다.) 전도띠는 바닥상태에서는 비어 있으며, 상온에서는 전자가
열운동으로 전도띠로 뛰어 오르기 어려우므로 전도전자가 거의 없어 부도체
가 되는 것이다.

고체가 도체가 될지 부도체가 될지는 고체를 구성하는 원소와 이들의 결합
구조에 의해 좌우된다. 가장 잘 알려진 반도체는 주기율표[28]에서 IV족인 규

---

28) 그림 6-21의 주기율표 참조. '족'을 표기할 때는 통상적으로 로마숫자를 쓴다.

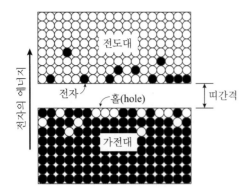

그림 6-28
반도체의 에너지띠 구조와 온도가 있을
때 전자와 홀의 배치

소(실리콘; Si)로 구성되는데, 규소는 모래 속에서 산화물인 규사(SiO₂)의 형태로 풍부히 존재한다. 규소 외에도 주기율표에서 규소 바로 아래의 IV족인 게르마늄(Ge)과, 게르마늄 바로 좌우에 있는 III족 갈륨(Ga)과 V족 비소(As)의 화합물인 갈륨비소(GaAs) 등이 흔히 반도체 소자로 사용된다.

　반도체는 원래 부도체이지만 띠간격이 3 eV 이하로 비교적 작아 열운동 하는 전자가 매우 적은 수이지만 전도대로 올라갈 수 있으므로, 온도를 높이면 전기를 조금 통한다. 그림 6-28은 이 상황을 도식적으로 묘사하고 있다. 한 가지 유의할 점은 전자만 아니라 전자가 결핍한 상태인 '홀hole'도 전기전도에 기여한다는 것이다. 반도체에 전기장을 걸어주면 홀은 전자와 반대 방향으로 이동하지만 전자와 반대인 양의 전하를 가지므로 결국 전류에는 전자와 같은 방향으로 기여한다. 전자는 음전하를 가진 전하운반자이고, 홀은 양전하를 가진 전하운반자이다.

6.4.2 반도체 소자

그러나 순수한 반도체는 상온에서 전하운반자 수가 너무 적어 전기를 거의 통하지 않는다. 따라서 회로에 응용하기 위해서는 그림 6-29와 같이 약간의 불순물을 '첨가doping'하여 전도전자나 홀의 수를 늘려 전기전도도를 증가시킨다.

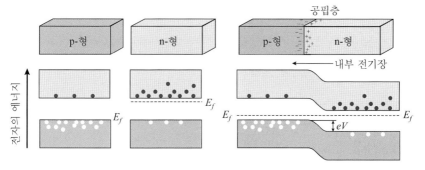

그림 6-29
p-형과 n-형 반도체(좌)와 그 접합(우). 파란색 점은 전자, 흰 점은 홀을 나타낸다. E_f는 페르미 준위이다.

규소와 같이 IV족 반도체인 경우 V족인 인(P)을 첨가하면 전자가 더 많아지므로 'n-형 반도체'가 되며, III족인 알루미늄(Al)을 첨가하면 전자가 모자란 (홀이 과잉된) 'p-형 반도체'가 된다.[29] 따라서 페르미 준위는 n-형 반도체에서 높아지고, p-형 반도체에서는 낮아진다.

반도체 소자는 p-형과 n-형 반도체의 '접합junction'으로 만들어진다. 접합 부근에서는 그림 6-29(우)와 같이 p-형 쪽에서는 전자가, n-형 쪽에서는 홀이 접합의 경계면으로 끌려가서 중화되어 과잉 전자나 홀이 없는 '공핍층depletion layer'을 만든다. 이 층을 중심으로 전자의 에너지 준위는 이때 발생한 내부전기장에 의해 그림과 같이 휘어진다. 이 때 p-형 쪽에서 n-형 쪽으로 '정방향' 전압을 걸어주면 접합 근처에서 p-형 쪽의 가전띠 가장자리와 n-형 쪽의 전도띠 가장자리가 더 가까워지면서 전자와 홀이 공핍층으로 밀려들어 전류가 흐르게 된다. 그러나 이와 반대로 '역방향' 전압에 대해서는 반대의 현상이 일어나므로 전류가 거의 흐르지 않는다. 이것이 한쪽 방향으로만 전기를 통하는 '다이오드diode'이다.

한편, 형광을 잘 내는 GaAs와 같은 반도체로 다이오드를 만들고 정방향 전

---

29) n은 음(negative), p는 양(positive)을 뜻한다.

압을 걸면 공핍층으로 밀려들어온 전자와 홀이 결합하여 소멸되면서 그 에너지가 광자(빛)로 나온다. 이 현상을 '전자발광electroluminescence'이라고 하며, 이것을 이용한 발광소자가 'LEDlight emitting diode'이다. LED는 백열등이나 형광등에 비해 부피가 작고 전력소비가 적으며, 원하는 색과 구조를 쉽게 만들 수 있는 등 장점이 많으므로 휴대폰, 컴퓨터, TV 등의 화면display, 신호등, 조명에 점점 더 많이 사용되고 있다.

또한 LED로는 반도체 레이저를 만들 수 있다. 반도체 레이저는 눈꼽보다 작은 크기에서 큰 출력을 낼 수 있으므로 산업에 많이 응용되고 있다. 반도체 레이저는 레이저 포인터, CD 플레이어, 광통신 등에 광원으로 사용된다.

반도체 접합으로 다이오드뿐만 아니라 '트랜지스터transistor'를 만들 수도 있다. 그림 6-30은 세 단자를 가진 트랜지스터의 구조를 보여준다. 'Emitter (E)'와 'Collector(C)'의 두 전극 사이에 새로운 전극 'Base(B)'를 두고 여기에 전압을 가하면 E에서 C로 흐르는 전류의 흐름을 제어할 수 있다. 이 특성을 이용하여 트랜지스터는 전류 신호를 증폭하거나 신호들 사이의 연산을 하는 기능이 뛰어남으로 20세기 중반까지 쓰였던 진공관을 대체하면서 전자공학의 혁명을 가져왔다.

최초의 트랜지스터는 게르마늄(Ge)점접촉 트랜지스터로 (그림 6-30),

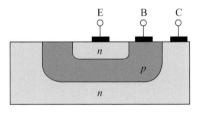

그림 6-30
최초의 트랜지스터 복제품(좌)과 트랜지스터의 기본 구조 도해(우). E: emitter, B: base, C: collector (출처: Wikimedia Commons)

1947년 미국 벨 연구소Bell Labs의 쇼클리William Shockley, 바딘John Bardeen, 브래튼Walter Brattain 등에 의해 발명되었다.

트랜지스터는 '집적회로Integrated Circuit; IC'로 진화하면서 컴퓨터 등 전자기기의 발달을 촉진하였다. IC의 집적화를 더욱 높인 'VLSIvery-large scale IC'가 개발되면서 초고집적 연산 및 데이터 저장이 가능해졌고, 산업계에서는 그림 6-31과 같이 작은 칩 하나에 가능한 많은 수의 트랜지스터를 집적할수록 성능과 가격 면에서 경쟁우위를 지킬 수 있었다. 반도체 칩 위에 회로의 폭(선폭)을 반으로 줄이면 같은 넓이에 트랜지스터의 수를 4배로 증가시킬 수 있다.

반도체소자 발명자 중 한 사람인 쇼클리는 연구결과를 산업에 응용하기 위해 1956년 그의 이름을 딴 Shockley Semiconductor Laboratory를 설립하였으나 얼마 되지 않아 그로부터 독립한 8명의 유능한 젊은 기술자들이 샌프란시스코 남쪽 지역에 Fairchild Semiconductors란 회사를 세워서 게르마늄 대신에 실리콘으로 반도체 산업화를 시작하여 크게 성공하였다.[30] 뒤이어

그림 6-31
반도체 IC 소자의 겉모습(좌)과 내부 회로의 현미경 사진(우)
(출처: Wikimedia Commons, Angelo Leithold, 2004)

---

[30] 독단적인 쇼클리에게 등을 돌린 '8인의 배산자들'이 세운 회사로, 이것이 실리콘밸리 신화의 시작이다.

Intel, Texas Instruments 등의 반도체 회사들이 반도체 칩의 양산을 시작했으며, 이어서 일본의 대기업들도 반도체소자의 선폭을 좁히는 경쟁에 뛰어들었다.

우리나라에서도 1984년 삼성전자가 반도체 생산을 시작하여 지금 메모리소자 분야에서는 우리나라가 세계 최대 생산국이 되었다. 삼성전자의 성공 사례는 기초기술이 없는 후발 기업의 대규모 설비투자가 장기적으로 선도 기업의 기술 우선권보다 효율적일 수 있다는 전례를 보여주었으며, 중국 등의 후발 공업국가들에 모범사례가 되었다. 그러나 삼성전자의 반도체 사업 초기에는 선도 기업들에게 엄청난 특허권 사용료를 물어 큰 위기를 겪기도 하였다.

'무어의 법칙Moore's law'은 18개월마다 반도체 소자의 메모리 밀도가 2배 증가한다는 경험 법칙이다. 이 선폭경쟁 덕분에 요즘은 32 GB 내외의 용량을 가진 플래시 메모리를 그리 비싸지 않은 가격에 살 수 있다. 이 안에는 손톱보다 작은 소자 위에 2천 5억 개의 트랜지스터가 집적되어 있는 것이다. 무어의 법칙은 50년 이상 맞아 왔지만 최근에는 증가 추세가 좀 둔화된 듯하다. 현재까지는 개인용 컴퓨터PC와 휴대폰의 끊임없는 발전에 의한 반도체 칩의 지속적인 수요가 무어의 법칙을 유지시키는 동력이 되어왔지만, 10 nm 이하의[31] 매우 작은 선폭에 대해서는 터널링 등의 양자효과에 의한 전류 누설로 기존 소자의 작동이 근본적으로 불가능하게 될 수 있다. 따라서 현재 반도체 선도 기업들은 기존 반도체 소자를 대체할 새로운 형태의 집적회로를 고민하고 있다.

6.4.3 과학의 산업 응용: 기업체 연구소

기업들은 사업을 통한 이윤 추구가 최고의 목표이지만 기업의 존속과 발전을

---

31) 10 nm는 1억분의 1 m이다.

위하여 항상 새로운 제품과 기술을 개발하고 있다. 따라서 많은 기업들이 사설 연구소를 두고 있는데 우리에게 아스피린 제작사로 잘 알려진 독일 Bayer 사는 1874년에 주로 화학자로 구성된 연구소를 설립하여 염료 등을 개발하였다. 비슷한 시기에 미국에서는 에디슨이 Thomas Edison Lab을 설립·운영하였으며(1876), 그 이후 Standard Oil(1880), General Electrics(1901), Du Pont(1902), Park-Davis(1902), Corning(1908), Northern Bell(1911), Eastman Kodak(1913), General Motors(1919) 등의 대기업들이 연구소를 설립하였다.

이 중 벨 연구소Bell Labs에서는 기초과학에 대한 연구에 크게 투자하여 노벨상 수상자를 다수 배출하였다. 그러나 대다수 산업체 연구소들의 특징은 기업들 사이의 이윤추구 경쟁 때문에 신기술 개발보다는 기존기술의 개량과 확장에 주력한다는 것이다. 반면에 일부 연구소들은 수요를 따라 기술을 개발하지만은 않았고, 가끔 수요를 창출하기도 하였다. 예를 들어 복사기는 미국 Xerox 사에서 개발한 기계인데 "발명이 필요의 어머니"가 된 대표적인 사례이다.32)

그러나 여기서 신기술이 바로 응용과학인가 하는 질문에 대해 생각해 볼 필요가 있다. 유럽의 산업혁명을 이룬 기술자들은 전통적으로 과학의 도움을 크게 받지 않고도 많은 문제를 해결하고 유용한 기계를 만들어 낼 수 있었다. 20세기에 들어와서도 이러한 추세는 계속되었는데, 에디슨의 수많은 발명과 포드Henry Ford의 자동차 대량생산이 이에 해당한다. 컨베이어식 대량생산의 창시자인 포드는 이론만 앞세우는 과학자들을 경멸했다고 한다. 아직도 많은 생산 공정에서 문제 해결은 기술자들의 경험과 손재주에 상당 부분 의존하고 있다.

---

32) 아직 복사를 '제록스'라고 부르는 사람들이 있을 정도로 제록스는 보통명사가 되었다.

그러나 20세기 이후 과학이론의 완성도가 높아지고, 어느 정도 응용에 대한 예측이 가능해지면서 과학이 기술을 창출하는 경우가 많아졌다. 예를 들어 전자기학 이론이 무선통신을 가능케 하였고, 양자역학은 이 장에서 소개한 반도체 산업과 원자폭탄 개발을 위한 맨해튼 프로젝트의 바탕 이론이 되었다. 현대의 경쟁력 있는 산업기술은 과학이론을 응용하여 개발하는 경우가 많다.

제7장

현대물리 II:
빠르고 큰 세계의
물리법칙

7.1 아인슈타인

20세기 초 양자역학과 함께 고전역학의 영역을 뛰어넘는 또 하나의 새로운 역학이론인 상대성 이론이 젊은 과학자 아인슈타인Albert Einstein, 1879-1955에 의해 발표되었다. 양자역학이 작은 세계에 관한 법칙을 새로 세웠다면 상대성 이론(간단히 상대론)은 그 반대쪽 극한에 대한 법칙을 새로 썼고, 우주를 더욱 더 깊이 통찰하는 창을 제공하였다. 또한 양자역학이 다수의 뛰어난 물리학자들에 의해 만들어진 반면에 상대론은 대부분 아인슈타인의 작품이다. '아인슈타인'이 '천재'의 동의어가 될 만큼 그의 과학적인 재능은 뛰어났다.

아인슈타인은 상대론 외에도 물리학의 다양한 분야에서 매우 중요한 업적을 다수 남겼으며, '타임TIME'지에 의해 20세기 100년 동안에 가장 큰 영향을 미친 인물로 선정되었다. 정치가나 경제인이 아닌 물리학자가 1위로 선정된 것은 그의 과학과 사상이 인류문화에 지대한 영향을 끼친 점을 인정한 것이다.

아인슈타인은 1879년 독일 울름Ulm의 유대계 가정에서 태어났다. 김나지움 (독일 인문계 고등학교)에 다닐 때 이미 빛의 속력에 대해 깊이 생각하기 시작하였다. 수학에는 매우 뛰어났지만 다른 과목의 성적은 신통치 않았다. 그는 1896년 스위스 취리히의 폴리텍(현재 ETH)에 입학하여 수학하였는데, 1900년 대학 졸업 후 가정교사 등을 전전하다가 1902년 베른의 특허청에 취직하였다. 특허청에 재직 중인 1905년 아인슈타인은 브라운 운동 이론, 광전효과 이론, 특수 상대성 이론 등 3가지 중요한 논문을 발표하였다. 브라운 운동의 해석은 원자의 존재를 실증하면서 통계역학의 확립을 가져왔으며(5.3.4 참조), 광전효과 이

그림 7-1
알버트 아인슈타인 (Albert Einstein, 1979년 (구)소련 우체국에서 아인슈타인 탄생 100주년을 기념해 발행한 우표)

론으로는 빛의 입자성을 입증하여 양자역학의 초석을 제공하였다. (6.2.1 참조) 특수 상대성 이론은 다음 절에서 상세히 다루겠지만 뉴턴 고전역학의 한계를 탈피하고 물리학의 범위를 한 차원 넓혔다.

그는 20대에 발표한 연구 업적을 인정받아 1909년 취리히와 프라하에서 대학 교수직에 있다가 1914년 베를린의 빌헬름 황제 연구소장으로 취임한다. 특수 상대론 발표 후 10여 년간 연구 끝에 1916년에는 부족했던 점을 보완하여 중력을 포함한 일반 상대성 이론을 발표하였다. 일반 상대론은 중력과 시간-공간에 대한 새로운 통찰을 제공하였고, 우주론 연구에 필수적인 도구가 되었다. 그리고 그 다음 해 레이저의 기본 이론인 빛의 유도방출 이론과 우주 구조론을 발표하였다.

그는 취리히 폴리텍 대학의 같은 학과에서 만난 밀레바 마리치와 1903년 결혼하여 슬하에 2남 1녀를 두었으나 1914년 이혼하였고, 1919년 사촌인 엘자와 재혼하였다. 1921년에는 광전효과 연구업적으로 노벨상을 수상하였으며, 1933년 나치의 유대인 탄압을 피해 미국으로 이민가서 프린스턴 고등연구소에 정착하였다. 그 당시 아인슈타인은 이미 과학계뿐만 아니라 사교계에서도 유명인사가 되어있었다. 1939년에는 루즈벨트 대통령에게 핵폭탄 개발을 권고하는 편지를 써서 맨해튼 프로젝트의 추진에 동력을 제공했으나, 그 사용에는 반대하는 입장이었다. 그는 전쟁과 군국주의를 반대하는 평화주의자였다.

아인슈타인은 1955년 4월18일 미국 뉴저지 프린스턴에서 복강 출혈로 타계하였다. 인공적인 생명 연장을 거부하고 자연스러운 죽음을 맞이한 것이다. 아인슈타인은 죽은 후에도 뇌를 도둑맞는 유명세를 치렀다. 이 천재의 뇌는 여러 조각으로 나뉘어져 음성적으로 전 세계에 퍼졌다. 우리나라에서도 어느 인체 전시회에서 아인슈타인의 뇌 조각을 전시한 적이 있다.[1]

---

1) 그의 뇌는 평균적인 사람의 뇌보다 좀 더 많은 수의 뉴런을 가졌다고 주장하지만, 현미경 사진에서 그렇게 차이가 나는 것 같이 보이지는 않았다.

그러나 이 천재에게도 실수와 실패는 있었다. 대표적인 예는 우주의 안정성에 관한 이론이다. 그는 우주가 안정적이고, 무한하며, 영원할 것이라고 믿었다. 그러나 스스로 개발한 일반 상대론으로 추론해 보면 우주는 팽창하는 것으로 예측된다. 이럴 가능성이 없다고 생각한 그는 '우주상수'란 임의의 상수를 그의 상대론 방정식에 도입하여 우주가 안정적임을 주장하였다. 그러나 1929년 허블이 우주가 팽창한다는 증거를 발표하자(7.4 참조) 그는 우주론을 철회하며 우주상수 도입은 인생의 가장 큰 실수라고 인정했다고 한다. 그러나 최근 우주팽창이 가속되고 있다는 새로운 관측이 나와 우주상수에 대한 관심이 다시 일어나고 있다.

또한 아인슈타인은 말년에 중력과 전자기력을 통일하려는 꿈을 가지고 많은 노력을 기울였으나 결국 실패하였다. 그 이유는 약력과 강력(6.3 참조)을 고려하지 않았기 때문인데, 이 새로운 힘들은 그의 사후에 알려지게 된다. 그의 꿈이었던 통일장 이론은 아직도 물리학의 풀리지 않은 과제 중 하나이다.

아인슈타인은 광자 개념을 도입하여 양자역학의 초석을 놓았으나 그 이후의 양자역학을 받아들이지 않았으므로, 아쉽게도 양자역학의 발전에 더 이상 기여하지는 못했다. 아인슈타인도 초기에는 보어의 원자모형을 불완전하지만 과도기적으로 필요한 이론으로 지지하였다. 그러나 보어는 그의 광자 개념을 좋아하지 않았다.

아인슈타인은 1924-1929년 사이 보어와 하이젠베르크가 중심이 되어 확립한 '코펜하겐 해석'에 반대하였다. 입자의 정확한 위치는 알 수 없고 불확정성 원리에 근거하여 확률만 알 수 있다고 하는 코펜하겐 해석은 현재 양자역학의 정설로 받아들여지고 있다. 하지만 아인슈타인은 "신은 주사위를 던지지 않는다"는 말로 확률적인 해석을 비판하였다. 아인슈타인이 양자역학을 연구했더라면 현재와는 다른 진보가 있지 않았을까하는 아쉬움이 남는다. 그러나 아인슈타인은 이론적인 대립과는 별도로 보어와 좋은 관계를 끝까지 유지하였다.

7.2 특수 상대성 이론

7.2.1 고전물리학의 모순과 상대성 이론의 배경

운동의 '상대성'은 새로운 개념은 아니며, 3.4.4절에서 이미 갈릴레이의 상대성을 소개한 바 있다. 즉, 관성기준계끼리 보면 누가 실제로 정지해 있는지 모르므로, 물리법칙은 모든 관성기준계에서 동일한 방식으로 적용되어야 한다. 아인슈타인의 '특수 상대성 이론special theory of relativity'도 마찬가지다.[2] 그러나 아인슈타인의 상대성은 빛의 속력이 어느 기준계에서 보아도 일정하다는 대전제를 깔고 있다는 것이 갈릴레이의 상대성과 크게 다른 점이다. 이것은 상식적으로 이해하기 어려우나 실험적으로 맞는 것으로 관측되었다.

고전역학의 결함이 발견되기 시작한 것은 19세기 말부터이다. 첫째 문제는 광학과 뉴턴역학 사이에 모순이 있는 것으로 관측된 것이었다. 빛의 속도를 정밀하게 측정한 피조(5.4.4 참조)는 1851년 흐르는 액체 속으로 빛을 보내면서 광속을 측정하였더니 갈릴레이의 상대론에 의해 계산한 속도와 일치하지 않았다. 즉, 고전역학에서처럼 (광속)+(매질의 속력) 혹은 (광속)−(매질의 속력)이 성립하지 않았던 것이다.

또한 1887년 마이컬슨-몰리 실험에서는 에테르 흐름의 효과를 측정하지 못하였다. (5.4.5 참조) 더구나 푸앵카레Henri Poincaré는 전자기학 법칙으로부터 움직이는 두 전하가 서로에게 미치는 로렌츠 힘을 따져보면 작용-반작용 법칙이 성립하지 않는다는 것을 발견하였다. 뉴턴의 제3법칙이 깨진다는 것은 운동량 보존원리가 성립하지 않는다는 것이므로 어딘가 잘못되어도 크게 잘못된 것이다. 더구나 맥스웰 방정식, 즉 전자기학의 법칙도 갈릴레이 변환을 만족하지 않는다. (5.5.5 참조)

---

2) '특수'란 관성계, 즉 가속도가 0인 특수한 경우를 말한다.

특수 상대론의 배경이 된 또 하나의 현상은 전자의 질량이 속력에 따라 달라진다는 것이다. 이것은 전자의 존재를 처음 발견한 1897년 톰슨의 음극선 실험(6.1.1 참조)과 관련이 있는데, 그 이전에 이미 톰슨 등은 전자의 속력이 광속이 되면 질량이 무한대로 커진다고 예측하였었다. 이러한 전자의 속력에 따른 질량 변이를 처음에는 '전자기적 질량'으로 해석하고자 했다.

1902년 아브라함Max Abraham은 전자가 공 모양이고, 전자의 전하는 공의 표면에 고루 분포되어 있다는 모형으로 전자기학 법칙을 적용하여 이 겉보기 질량을 계산하였다[28]. 그러나 로렌츠Hendrik Antoon Lorentz 등은 전하가 전자의 표면이 아니고 부피에 퍼져서 분포하며, 전자가 빠르게 움직이면 전하의 분포가 운동 방향으로 수축하여 분포하는 것으로 모형을 세워서 전자기적 질량을 계산하였다. 그의 결과는 아브라함의 이론과 미세하게 다른 함수로 나타났다(1889). 이 논란의 와중에 아인슈타인이 특수 상대론을 발표하였는데(1905), 겉보기로는 로렌츠의 전자 모형과 같은 결과를 예측하였다.

'카우프만Walter Kaufmann 실험'은 이 두 모형을 검증하기 위해 1901년부터 수행된 일련의 실험을 말한다[28]. 카우프만의 초기 실험 (1901-1905) 결과는 아브라함의 모형을 맞추는 것으로 보였으나 확증을 하기에는 정밀도가 부족했다. 그러나 1908년 부헤러Alfred Bucherer의 실험은 로렌츠와 아인슈타인 쪽을 지지하는 결과를 주었다. 이 두 모형에 대한 논란과 정밀도를 개선한 실험들이 1915년까지 계속되었는데, 후일 이 초기 실험들은 두 모형을 검증할 수 있을 정도로 정밀하지 않았다는 것이 밝혀졌다. 결국 1940년에야 제대로 된 실험이 이루어져서 로렌츠-아인슈타인 모형이 맞는 것으로 검증되었고, 아브라함의 모형은 폐기되었다.

즉, 카우프만 실험은 전자의 속력이 질량을 바꿔놓는 것을 정성적으로 보여주었을 따름이며, 그 이전에 특수 상대론은 다른 방법으로 증명이 되었다. 그리고 특수 상대론에 의하면 전자가 아니라 중성인 입자라도 속력이 커지면 질량이 증가한다. 즉, '전자기적 질량'은 물리적인 근거가 없는 가정이었다.

7.2.2 특수 상대론이 예측하는 현상들

아인슈타인의 특수 상대론은 단 두 가지 가정 위에 세워졌다. 즉,

(1) 진공에서 광속은 관측자나 광원의 운동과 관계없이 일정하다.

(2) 상대성, 즉 모든 관성기준계에서 물리법칙은 같다.

가정 (1)의 의미는 다음과 같다. 관측자가 서 있을 때 빛의 속력을 c라고 하면, 매우 빨리 달리는 기차를 타고 가면서 빛을 보아도 여전히 빛의 속력은 c이다. 이 광속은 기차가 빛의 방향으로 가나 그 반대 방향으로 가나 상관없이 c로 일정하다. 이것은 광속의 99%의 속력으로 달리는 기차를 타고 가도 마찬가지이다. 이것은 '상식'에 위배되므로 이해하기 쉽지 않다. 그러나 이 이상한 가정은 실험으로 검증되었다. 우리의 상식은 광속에 비해 매우 느린 속력에 근거하고 있고, 매우 빠른 속력에 대해서는 직접적인 경험이 없다. 따라서 대응원리(6.2.5 참조)를 적용해 보면 특수상대론에 있어서 우리의 상식은 자연법칙의 제한된 영역, 즉 속력이 느린 경우에 해당된다. 가정 (2)는 갈릴레이의 상대성(3.4.4 참조)과 동일하다.

위의 가정을 바탕으로 예측되는 결과로는 빠르게 움직이는 물체의 시간 지연, 길이 수축, 질량 증가 등이 있는데, 이들은 직·간접적인 실험으로 증명되었다. 이 현상들은 위에서 언급한 것처럼 직관적으로 이해하기는 불가능하다. 이 이상한 현상들의 바닥에는 '동시성의 상대성'이란 개념이 깔려 있으므로 이것에 대해 먼저 생각해 보자.

동시성의 상대성

동시성의 상대성이란 한 관측자(기준계)에게 같은 시간(동시)에 일어난 두 사건이 등속운동하는 다른 관측자에게는 동시가 아니라는 새로운 개념인데, (1)과 (2), 두 가정으로부터 연유한다[13,16]. 예를 들어 그림 7-2의 위 그림과 같이 일정한 속도로 달리고 있는 기차의 가운데서 갑자기 섬광(플래시)이 터진다고 하자. 이 빛은 광속으로 퍼져나가서 아래 그림에서 묘사한 것처럼 기차의 앞과 뒤의 벽에 도달할 것이다. 기차를 타고 있는 관측자 (가)는 기차와 같이 운동하므로 이 관측자가 볼 때 기차는 정지해 있다. 따라서 빛은 양쪽 벽에 동시에 도달하는 것으로 보인다.

그러나 기차 밖의 땅 위에서 보는 관측자 (나)에게는 이것이 다르게 보인다. 즉, 빛이 전파되는 동안에도 기차는 움직이므로 그림 7-2의 아래 그림과 같이 빛은 뒤쪽 벽에 먼저 도달한다. 따라서 관측자 (가)가 '동시'라고 판단한 사건을 관측자 (나)는 '동시가 아니'라고 판단하게 된다. 물론 기차가 매우 빨

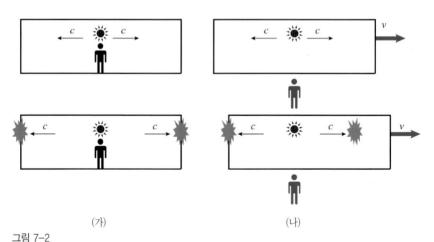

(가)   (나)

그림 7-2
동시성의 상대성. 기차의 중심에서 섬광이 발생하여(위 그림) 일정 시간 후 빛은 기차의 앞과 뒤쪽의 벽에 도달한다(아래). 달리는 기차를 타고 있는 관측자 (가)와 기차 밖에서 보는 관측자 (나)는 동시성을 각각 다르게 인식한다.

리 달리지 않으면 두 관찰자의 시간 관측 차이는 매우 작을 것이지만, 속도가 빨라지면 이야기는 달라진다.

위 논의에서 광속이 관측자의 속도에 무관하게 일정하다는 아인슈타인의 첫 번째 전제를 사용했음을 유의하자.

시간 지연

이러한 동시성의 상대성은 '시간'이 관측자마다 다를 수 있다는 놀라운 결과를 낳으므로 일상의 상식으로는 잘 이해되지 않을 뿐만 아니라 기존의 고전역학과도 모순이 된다.[3] 그럼 시간이 어떻게 관측자에 따라 달라지는지 그림 7-3과 같은 사고실험을 해보자. 이번에는 달리고 있는 기차의 바닥에서 천장으로 빛을 쏘고, 천장의 거울에서 반사되어 되돌아온 빛을 관찰하여 그 왕복 시간을 잰다.

빛이 아니라 공을 위로 던졌다면 기차를 타고 있는 관측자 (가)에게는 공이 위로 올라갔다가 자유낙하하는 수직 방향의 직선운동으로 보인다. 그러

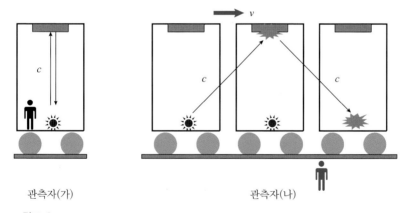

관측자(가)　　　　　　　　　　관측자(나)

그림 7-3
빛 시계. 천장에 빛을 반사하는 거울이 달려있다. 관측자(나)가 볼 때 빛은 관측자(가)가 측정한 거리보다 더 먼 거리를 갔다.

---

3) 뉴턴의 고전역학은 시간의 절대성을 전제로 하고 있다.

나 기차 밖의 땅 위에 서있는 관측자 (나)에게는 공의 운동은 비스듬히 던진 포물체 운동으로 보일 것이다. (4.4.3 참조) 물론 공의 속력도 관측자 (가)와는 다르게 측정한다.

그러나 빛의 속력은 공과는 달리 c로 일정하다. 관측자 (나)의 입장에서 볼 때 빛은 관측자 (가)가 측정한 거리보다 더 먼 거리를 전파했다. 따라서 빛의 왕복 시간을 '거리÷광속'으로 계산하면 (가)보다 (나)가 더 긴 시간을 측정한 것이다. 즉, 땅에 서 있는 관측자 (나)에게는 기차 안의 시간이 더 느리게 가는 것으로 보인다. 그림 7-3(나)의 삼각형에 피타고라스 정리를 적용하여 관측자 (가)의 시간 t와 관측자 (나)의 시간 t' 사이의 관계를 구하면 다음과 같다.

$$ t = \frac{t'}{\sqrt{1 - (\frac{v}{c})^2}} \tag{7-1} $$

이것이 '시간 지연time dilation' 공식이다[13]. 시간 지연을 설명하는 인자 $\gamma = \dfrac{1}{\sqrt{1 - (\frac{v}{c})^2}}$ 를 '로렌츠 인자'라고 한다. 물체의 속력이 클수록 분모가 작아져서 로렌츠 인자, 즉 시간 지연 효과는 더 커지며, 속력이 광속에 접근하면 시간은 무한대가 된다. (시간이 정지한 것처럼 보인다.) 그러나 기차의 속력이 광속에 비해 매우 작으면 로렌츠 인자 γ는 1에 접근하면서 시간 지연 효과는 측정하기 어렵게 된다. 이것이 일상의 경험이며, 갈릴레이 상대성은 특수 상대론에서 물체의 속력이 광속보다 매우 작은 극한이라는 것을 확인할 수 있다.

그러나 실제로 기차 안의 시간이 느리게 가지는 않는다. 그림 7-3의 상황은 완전히 상대적인 것이다. 따라서 기차 안의 관측자 (가)는 시간이 느려진다고 느끼지 못할 뿐만 아니라, 오히려 바깥에 있는 (나)의 시간이 느리게 가는 것

으로 관측한다. 그러나 이것은 모순이 아니다. 이 두 사람의 시간이 같을 필요가 없기 때문이다.[4]

시간 지연은 물리적, 기계적, 심리적, 생물학적인 모든 시간에 영향을 끼친다. '쌍둥이 역설twin paradox'은 시간 지연이 상식과 극단적으로 대비되는 예를 보여준다. 20세의 쌍둥이 A와 B중에 B가 멀리 떨어진 별에 광속에 가까운 속력으로 갔다가 다시 같은 속력으로 지구에 돌아왔다. 물론 별은 매우 멀리 있으므로 A가 B를 다시 만났을 때 A는 70세의 노인이 되었다. 시간 지연으로 인해 A가 볼 때 B의 시간이 느리게 갔으므로 아직 청년인 B를 만난다.

이것은 매우 역설적으로 보인다. 왜냐하면 B는 상대적으로 A의 시간이 느리게 간 것으로 판단하기 때문이다. 그러나 이 문제에서 A와 B의 입장이 완전히 대등하지는 않다. 즉, B가 별에 갔다가 돌아오려면 방향을 180도 바꾸어야 하므로 큰 가속도가 필요하다. 그러나 지구에 있던 A는 거의 가속도를 받지 않았으므로 A의 판단이 옳다.[5]

'쌍둥이 역설'을 검증하려면 광속에 버금가는 속력으로 날 수 있는 빠른 로켓이 있어야 하지만 현재로는 불가능하다. 그러나 비행기나 인공위성 안에 10억분의 1초까지 잴 수 있는 매우 정밀한 원자시계를 싣고, 지구 둘레를 여러 바퀴 회전시킨 후 지구상의 시계와 비교해 본 결과 작은 양이지만 시간 지연이 증명되었다. 쌍둥이 역설은 더 이상 역설이 아닌 것이다.

길이 수축과 로렌츠 변환

빠르게 움직이는 물체의 길이가 수축되는 현상은 시간 지연으로부터 설명될 수 있다. 길이 수축 현상은 상대론이 발표되기 전에 로렌츠가 '전자 이론'으로 이미 예견하였다. (7.2.1 참조) 그러나 입자가 전하를 띠는 것과 관계없이

---

4) 즉, 동시성의 상대성이다.
5) 가속도를 받는 물체의 시간은 다음 절 일반 상대론에서 다룬다.

(전자기학 이론을 쓰지 않고) 위에서 소개한 시간 지연으로 길이 수축은 쉽게 설명된다.

쌍둥이 역설에서처럼 지구에서 우주선이 광속에 가까운 속력 v로 어떤 별까지 가는 과정을 생각해 보자. 지구에서 본 별까지의 거리를 L이라고 하면, 우주선이 별에 도달하는 데 걸리는 시간은 $t = L/v$가 될 것이다. 이 시간이 인간의 수명보다 길면 우주인은 늙어 죽은 후 별에 도달할 것 같지만, 특수 상대론에 의하면 살아서 갈 수도 있다. 왜냐하면 지구에서 관측한 우주인의 시간은 느리게 가기 때문이다. 그러나 상대속력 v는 말 그대로 상대적이므로 우주인이 본 지구의 속력과 같아야 한다. 따라서 우주인이 보는 지구-별 사이의 거리는 원래의 거리 L과는 다른 L'로 바뀌어야 한다. 즉, $t' = L'/v$가 되는데, 여기에 시간 지연 공식 (식 7-1)을 적용하면 아래와 같이 길이(거리) 수축 공식을 얻을 수 있다[13,16].

$$L = \frac{L'}{\gamma} \tag{7-2}$$

즉, 움직이는 물체의 길이는 (운동방향 쪽으로) 줄어든다.

시간 지연에서와 같이 속력이 광속에 비해 매우 작으면 로렌츠 인자 γ는 1에 접근하므로 일상의 경험과 같이 길이 수축 효과가 두드러지게 나타나지 않는다. 그러나 속력이 광속에 접근하면 로렌츠 인자는 매우 커지므로 길이(거리)는 매우 짧아진다. 즉, 광속에 버금가는 속도로 날아가면 살아서 먼 별에 갈 수 있다!

그러나 물체가 광속으로 운동하면 어떻게 될까? 길이는 0이 되고 시간은 정지하는 상태가 되는데, 자연계에서는 이와 같이 발산하는 물리량이 존재하지 않을 것이다. 물체의 속력이 커지면 질량도 $m = \gamma m_0$로 증가한다[2,13]. (여기서 m_0는 '정지질량'이다.) 따라서 광속에 접근하면 질량이 급속히 커지므로 아무리 작은 입자라도 광속으로 만드는 데는 무한대의 에너지가 들 것이다. 따라서 질량을 가진 물체는 결코 광속까지 가속할 수 없다. 빛(광자)은 질량이 없기 때문에 진공 속에서 광속 c로 전파한다.

이제 갈릴레이의 상대성은 무너졌고, 아인슈타인의 상대성으로 관성기준계의 물리법칙을 새로 정리해야 한다. 위의 시간 지연에 보인 바와 같이 두 관성계 사이의 좌표변환에서는 변위(x)뿐만 아니라 시간(t)도 같이 변한다. 아인슈타인의 상대성에 따르는 좌표변환을 '로렌츠 변환'이라고 하는데, 갈릴레이 상대성과 본질적으로 다른 점은 시간도 변위와 함께 변한다는 것이다. 따라서 변환식은 단순하지 않으며, 시간(t)과 공간(x)이 뒤섞여 있다. 여기서는 복잡한 로렌츠 변환 공식을 소개하지는 않고, 그 결과에 대해서만 간단히 논한다.

로렌츠 변환의 결과 중 하나는 속도 합성 공식이다. 직선상을 운동하는 두 물체의 예를 들어보자. 속력이 각각 u와 v로 반대 방향으로 멀어지는 두 물체 사이의 상대속도 w를 갈릴레이 상대성으로 계산하면 단순히 $w = u + v$ 로 두 속력을 더하면 된다. 그러나 아인슈타인의 상대성, 즉 로렌츠 변환에 의하면

$$w = \frac{u + v}{1 + uv/c^2} \tag{7-3}$$

으로 직관적이지 않은 답이 나온다[13]. 이 식에서 두 물체의 속력이 광속보다 매우 작으면 분모가 1에 접근하여 갈릴레이 변환($w = u + v$)으로 근사되므로 우리의 '상식' 범위로 돌아간다. 그러나 둘 중 하나가 광속으로 운동한다면, $v = c$를 위 식에 넣어 $w = c$란 결과를 얻는다. 즉, 광속은 어떤 관성계에서 보아도(u가 어떤 값이라도) 광속인 것이다.

7.2.3 특수 상대론의 의미와 영향

특수 상대성 이론은 고전역학과 전자기학을 통합한 현대물리학의 혁명이다.

먼저 일정한 광속을 도입함으로써 속력의 한계를 설정하였다. 빛의 속력이 기준계에 관계없이 일정하다는 것은 맥스웰 방정식에서 예측되었고, 고전역학과 모순이 생겼지만 그 시비는 아인슈타인이 가렸다. 결론적으로 전자기학의 법칙들은 이미 특수 상대론을 만족시키고 있었던 것이다. 그러나 특수 상대론이 고전역학을 폐기한 것은 아니다. 고전역학은 특수 상대론의 한 근사로, 운동하는 물체의 속력이 광속에 비해 매우 작을 때는 훌륭하게 성립한다. 특수 상대론은 물체의 속력이 매우 큰 경우를 포함하여 운동을 설명하는 포괄적인 역학체계인 것이다.

이제 광속 c는 양자역학의 플랑크 상수와 함께 현대 물리학에서 가장 중요한 상수이다. 그리고 실용적으로도 광속이 거리의 표준을 제공한다. 또한 절대시간의 개념이 폐기되고 기준계에 따라 달라지는 시간을 인정하게 되었다. 그렇다고 시간이 주관적이란 뜻은 아니며, 다른 관성기준계들의 시간 사이에 변환 규칙이 존재한다. 3차원에서 변위(공간의 좌표)가 갈릴레이 변환 규칙에 따라 바뀌듯이 특수 상대론에서는 시간도 공간좌표와 함께 로렌츠 변환 규칙에 의해 변한다.

즉, 시간과 공간을 따로 구분할 수 없고, 시간은 공간과 같이 한 차원을 차지하므로 공간과 시간이 합쳐진 4차원 공간을 '시공간space-time'이라고 한다. 물론 직관적이지는 않지만 3차원에서 4차원으로 인지의 범위가 넓어진 것이다. 인간이 4차원의 감각을 가지고 있다면 과거로 혹은 미래로 시간 여행을 마음대로 할 수 있을 것이지만, 불행히도 인간은 3차원 동물이라서 시간을 공간처럼 오가지는 못한다. 대부분의 인간들은 4차원에 대해 직관적인 감각은 없으나 수학의 도움을 받아 간접적으로나마 시공간을 감지할 수 있다.

특수 상대론에 의하면 질량을 가진 물체를 가속시켜 광속에 도달하는 것은 불가능하다. 그러나 2011년 '오페라(OPERA; Oscillation Project with Emulsion tRacking Apparatus)' 실험에서 중성미자의 속력이 광속보다 0.002% 정도 빠르다는 보고가 있었다. CERN의 가속기에서 발생시킨 중성미자가 730 km 떨어진 이탈리아 그란사소 지하 실험실에 도착하는 시간을 측정하여 이러한 결론에 도달한 것이다. 당시에는 특수 상대론 발표 후 100여 년이 흘렀기 때문에 새로운 물리학이 나타날 시점이 된 것은 아닐까하는 기대감이 있었지만, 결국 초광속 입자의 존재는 복잡한 실험과정 때문에 생긴 해프닝으로 판명되었다. 아직도 아인슈타인의 성벽은 굳건하다.

7.3 일반 상대성 이론

7.3.1 중력에 대한 새로운 해석

아인슈타인은 특수 상대론을 발표한 후 10여 년을 더 연구하여 1915년 순수한 중력 이론인 '일반 상대성 이론general theory of relativity'을 완성하였다. 특수 상대론이 관성계의 역학법칙을 다룬 이론이라면 일반 상대론은 가속하는 계 혹은 중력장을 포괄하는 이론이다. 일반 상대론의 출발점은 아인슈타인이 1907년 인식한 '동등원리equivalence principle'이다. 즉, 중력질량과 관성질량이 같다는 것인데, 이는 자유낙하에 대한 새로운 해석과 밀접한 관련이 있다.

　아리스토텔레스는 4원소론에 근거하여 자유낙하가 무거운 원소로 구성된 물체가 제자리(지구 중심)를 찾아가는 자연스러운 운동이며, 무거운 물체가 더 빨리 땅에 떨어진다고 하였다. (1.2.5 참조) 갈릴레이는 이 오래된 이론을 뒤집고 모든 물체는 같이 떨어진다고 하는 새로운 자유낙하 이론을 세웠다. (3.4.3 참조) 뉴턴은 드디어 중력법칙과 운동법칙을 도입하여 사과가 자유낙하하는 운동과 달이 지구 주위를 도는 운동을 같은 중력에 의한 운동으로 해석하였다. 그러나 뉴턴은 운동법칙에 들어가는 관성질량과 중력법칙에서 나타나는 중력질량이 서로 같다고 생각했지만 왜 그래야만 하는지 근본적인 이

유를 밝히지 못하였다. (4.3.3 참조)

아인슈타인은 중력과 가속도를 구분할 수 없다는 것을 인식하였다. 우리는 엘리베이터를 타고 있을 때 이와 같은 경험을 할 수 있다. 엘리베이터가 일정한 속력으로 올라가거나 내려갈 때는 지상에 서있을 때와 같이 작은 진동 외에는 아무런 변화를 느낄 수 없다. 즉, 엘리베이터 안에 저울이 있어서 몸무게를 달아 보면 60 kg인 사람은 그대로 60 gN(뉴턴)으로 측정될 것이다. 여기서 g는 중력가속도이다.(4.3.3 참조)

그러나 엘리베이터가 출발하여 위로 가속할 때나 내려가다가 정지하기 위해 감속할 때는 몸이 무거워진 느낌이 든다. 예를 들어, 몸무게가 $60g$ N에서 $70g$ N으로 늘어난 것으로 측정된다고 가정하자. 이 사람은 증가한 힘 $10g$ N 이 엘리베이터의 가속에 의한 효과임을 안다. (이 예에 운동방정식을 적용하면 $F = ma = 10g$로부터, $m = 60$ kg이므로 엘리베이터의 가속도는 $a = g/6$, 즉 중력가속도의 1/6 임을 알 수 있다.)

그러나 만약 이 사람이 자신이 엘리베이터에 타고 있다는 것을 모르는 상태에서 엘리베이터가 일정하게 가속하고 있다면 어떻게 될까? 그럼 이 사람은 자신의 몸무게가 몇 시간 전보다 10 gN이 늘었다고 생각할 것이다. 갑자기 살이 10 kg 찐 것이 아니라면 중력이 커진 것이라고 판단할 수 있다.

반대로 엘리베이터가 출발하여 아래로 가속할 때나 올라가다가 정지하기 위해 감속할 때는 몸이 가벼워진 느낌이 든다. 즉, 중력이 줄어든 것으로 판단할 것이다. 극단적으로 엘리베이터가 줄이 끊어져 자유낙하하면 엘리베이터 안에 있는 사람은 중력이 없어진 무중력 상태를 느낄 것이다.6) 중력이 가속도에 의해 사라질 수 있다는 것이다.

요약하자면 그림 7-4의 오른쪽 그림과 같이 무중력 상태에서 가속하고 있

---

6) 실제로 우주 비행사 훈련용 무중력 상태를 만들기 위해 우주인들을 태운 비행기를 중력가속도와 같은 가속도로 낙하시킨다.(4.3.2 참조)

그림 7-4
엘리베이터 안의 사람은 중력의 힘과 가속도에 의한 힘을 구분할 수 없다. (a는 가속도)

는 엘리베이터 안에서 느끼는 힘은 엘리베이터가 가속하고 있는지 모르는 상태에서는 이것을 정지하고 있을 때의 중력(왼쪽 그림)과 구분할 수 없다. 이와 같이 가속도와 중력은 같은 효과를 주며, 어떤 실험도 가속 기준계와 중력장을 구분할 수 없다. 아인슈타인은 베른 특허국에 근무할 때 이런 간단한 생각을 하고 스스로 소스라치게 놀랐다고 한다. 중력과 가속 효과가 같다는 동등원리가 일반 상대론 연구를 시작한 계기가 되었다.

7.3.2 중력과 시공간

동등원리에 의해 중력질량과 관성질량이 왜 같아야 하는지가 설명된다. 이렇게 이해하면 중력 자체를 가속에 의한 관성 힘으로 볼 수 있는데, 중력장 안에서의 운동경로도 관성운동으로 해석할 수 있다. 즉, 중력의 효과를 휘어진 시공간으로 표현하고, 입자의 운동은 '측지선geodesic'이라고 하는 휘어진 시공간 안에서의 최단 경로로 묘사되는 것이다.

상대론에서는 4차원 시공간을 다루기 때문에 수학적으로 리만 기하학을 써야 하지만, 쉽게 설명하기 위해 차원을 줄여 그림 7-5와 같이 나타내었다.

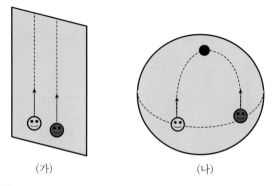

그림 7-5
중력이 없는 경우(가)와 강한 중력이 있는 경우(나)의 관성운동과 측지선

중력이 없으면 시공간이 휘지 않으므로 (가)의 평면으로 묘사할 수 있다. 이 평면 위에서 서로 평행하게 운동하는 두 질점은 관성에 의해 계속 만나지 않고 평행선을 그릴 것이다. (물론 두 질점 사이의 중력은 무시하였다.) 이 경우 측지선은 단순히 직선이다.

그러나 큰 질량이 있어 강한 중력장을 만들면 시공간이 휘어지는데 이것을 그림 7-5(나)와 같이 구면으로 표현하였다. 그러면 적도 위의 두 지점에서 정북을 향해 운동하는 두 질점은 결국 북극에서 만날 것이다. 고전역학으로 보면 이들의 운동은 중력을 받는 가속운동이나, 상대론에서는 휘어진 공간 안에서의 관성운동으로 해석할 수 있다. 시공간은 물체(질량)에 의해 휘고, 그 휨 정도는 물체가 어떻게 움직일지를 결정한다.

휘어진 공간 개념을 지구의 공전운동에 적용해 보자. 태양의 큰 질량에 의해 휘어진 시공간을 그림 7-6과 같이 고무판 위에 무거운 쇠공을 놓은 것으로 비유하였다. 쇠공이 있는 곳은 고무판이 움푹 들어가기 때문에 작은 공을 고무판 어디에나 조용히 갖다 놓으면, 이 작은 공은 휘어진 고무판의 경사를 따라 무거운 쇠공 쪽으로 굴러 갈 것이다. 그러나 작은 공을 쇠공의 원주 방향으

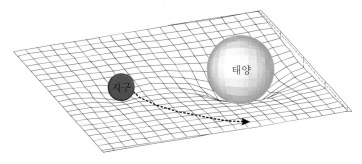

그림 7-6
무거운 쇠공(태양)이 눌러 움푹 들어간 고무판 위에 작은 공(지구)을 적당한 속도로 굴리면 큰 공에 끌려가지 않고 공전한다.

로 적당한 속력을 주어 굴리면 작은 공은 경사를 따라 굴러가지 않고 그림과 같이 쇠공 주위를 빙빙 돌 수 있다. 이와 같이 지구의 공전운동도 태양에 의해 휘어진 시공간 속의 관성운동으로 해석된다. 갈릴레이가 주장한 '원운동 관성'(3.4.6 참조)으로 다시 돌아온 느낌이다.[7]

7.3.3 일반 상대론이 예측하는 현상들

중력에 의해 시공간이 휘어지므로 중력장 안에서는 시간과 공간에 관련된 여러 가지 변화가 일어난다. 먼저 일반 상대론은 중력장 안에서 시간 지연을 예측한다. 이것을 '중력 시간 지연'이라고 하는데, 지구와 같은 작은 행성 주변에서도 관측된다. 현재 지상의 시간과 위치를 정확히 알려주는 인공위성의 GPSGlobal Positioning System는 일반 상대론에 의해 위성에 탑재된 시계를 보정해 주고 있다. 상대론적 시간 보정이 없다면 위성에서 알려주는 위치가 하루에도 수 km씩 틀리게 될 것이다.

시공간의 휨은 빛의 전파에도 영향을 미친다. 즉, 중력장에서 멀어지는 빛

---

7) 물론 갈릴레이는 중력의 존재를 알지 못했다.

은 주파수가 낮아지는 적색이동, 다가오는 빛은 청색이동을 보이며, 빛의 경로도 중력장 안에서 휘어진다. 1911년 아인슈타인이 예측한 이 현상은 그림 7-4의 엘리베이터 실험으로 이해할 수 있다. 즉, 가속되는 엘리베이터에서 보는 빛의 경로는 휘어져 보일 것이며, 동등원리에 의해 중력장 속에서도 그렇게 보일 것이다. 당시에 많은 사람들이 이 예측을 미심쩍어했지만 에딩턴 Arthur Eddington이 1919년 5월 29일 개기일식 동안 태양 주변에서 별의 위치를 관측하여 증명하였다. 관측 결과 별빛은 태양의 중력으로 인해 1.75초 휘었다고 한다.

이 실험 결과로 일반 상대론의 효과 중 하나가 처음으로 검증되었기 때문에 상대론에 대한 신뢰도 증가와 함께 아인슈타인은 대중적으로도 유명인사가 되었다. 아인슈타인은 전보로 날아온 에딩턴의 관측 결과를 듣고도 당연한 결과를 본 것처럼 놀라지 않았다고 한다. 자신의 이론에 대해 확신하고 있었기 때문이었다.

빛이 중력에 의해 휘는 현상은 '중력렌즈'란 방법으로 천체관측에 응용된다. 블랙홀black hole과 같이 빛을 내지 않는 천체는 망원경으로 직접 관찰할 수 없으므로 더 멀리 있는 별빛이 휘는 것을 보고 그 존재를 찾아낼 수 있다. 별빛이 휘어지면 그림 7-7과 같이 하나의 별 혹은 은하가 여러 개로 보이는 등 상의 왜곡현상이 나타난다.

일반 상대론은 그 외에도 앞 7.1절에서 언급했던 것과 같이 우주의 팽창을 예견하였고, 중력파도 예측하였다. 즉, 진동하는 전하가 전자기파를 내는 것처럼 거대한 질량의 가속이 중력파를 낸다는 것이다. 중력파도 빛의 속력으로 전파되는데, 먼 우주로부터 오는 중력파를 측정하기 위해 5.4절에서 상세히 언급한 레이저 간섭 중력파 천문대LIGO가 1999년 운전에 들어가 2015년 첫 중력파 신호를 잡는 데 성공하였다. (5.4.5 참조)

중력파 존재의 증명은 19세기 말엽 헤르츠의 전자기파 발견 실험을 떠올린

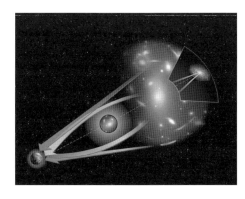

그림 7-7
일반 상대론에 의한 중력렌즈 현상.
빛은 안쪽 화살표와 같이 휘어지므로
관측자에게는 바깥쪽 직선 화살표로
진행한 것처럼 보인다.
(출처: nasaimages.org)
*컬러사진 게재, 5쪽 참고

다. 물론 LIGO가 130여 년 전 헤르츠의 전기회로와 안테나보다 훨씬 정교하고 복잡하지만 둘 다 이론으로만 예측했던 새로운 파동의 존재를 확인했다는 공통점이 있다.

　반면에 중력파 측정 실험을 역시 130여 년 전 에테르를 검증하려했던 마이컬슨-몰리 실험과 비교해 볼 수 있다. LIGO 작동 후 거의 20년 동안 중력파를 측정하지 못했을 때는 마이컬슨-몰리 실험처럼 혹시 이것이 아인슈타인의 일반 상대론을 부정하는 증거가 되지 않을까하는 일말의 기대가 있었다. 하지만 결국 중력파의 존재가 확인되면서 새로운 물리학 탄생의 기회는 아쉽게도 사라졌다. 아인슈타인은 역시 옳았다.

　일반 상대론은 중력에 관한 이론이므로 질량이 매우 큰 천체의 연구에 흔히 적용된다. 그러나 그 반대 극한인 소립자의 세계를 설명하는 양자역학과 아직 잘 융합되지 못하고 있다.　현대의 많은 물리학자들이 찾고 있는 '모든 것의 이론'은 이 두 이론의 통합에서 나올 것이라고 예측할 수 있다.

7.4 우주의 물리과학

인간은 본질적으로 우주에 대한 호기심을 가지고 있다. 근대물리학이 천문학에서 태어난 것은 물론이고, 우주에 대한 연구는 현대과학에서 관심이 집중되는 분야 중 하나이다. 대부분의 종교도 '하늘'의 신비로움에 대한 경외를 포함하고 있다. 인간이 이토록 우주를 동경하는 이유는 우주가 인류 자신의 근원과 미래이기 때문일 것이다. 물리학은 "우주는 어떻게 창조되었는가?" "우리(우주)는 어디서 와서 어디로 가는가?" "우주의 끝은 어디인가?"와 같은 기본지식에 대해 어느 정도 설명해 줄 수 있다. 우주는 너무나 크고 빠른 물체들로 이루어져 있으므로 우주론에는 앞 절에서 소개한 상대성 이론이 자주 사용된다. 하지만 극한적인 환경을 가진 우주의 탄생 초기를 설명하기 위해서는 6.3절의 소립자 이론도 사용된다.

7.4.1 관측 가능한 천체들

우주The Cosmos는 크기를 짐작하기 힘들 정도로 광활하다. 우리가 과학적으로 다룰 수 있는 우주는 상대론에 의해 빛이 우리에게 도달할 수 있는 거리의 범위에 한정된다. 이러한 한계를 논하기 전에 먼저 여러 천체의 크기와 거리를 알아보자.

대략 지구의 반지름은 6,400 km인데 점보 여객기로 8시간 정도면 갈 수 있는 거리다. 지구와 태양 사이의 거리는 이것의 2만 배 이상인 1억 5천만 km인데, 이것을 1 AU, 즉 '천문학 단위astronomical unit'라고 정의한다. 그러면 태양계의 크기[8])는 30 AU정도이다. 태양계 밖으로 눈을 돌려 좀 더 멀리 보면 가장 가까운 별(항성)인 알파 켄타우로스Alpha Centauri까지의 거리는 약 4.3 광년인데, 1

---

8) 태양과 해왕성 사이의 거리

광년은 빛이 1년 동안 가는 거리이며, 약 63,000 AU(9.5조 km)이다.

그러나 이마저 가까운 거리이다. 좀 더 멀리 쳐다보면 우리 은하Milky Way의 지름은 10만 광년이며, 태양계는 은하의 중심에서 3만 광년 떨어져 있다. 그리고 우리 은하를 벗어나면 가장 가까운 안드로메다Andromeda 은하까지의 거리는 2백만 광년이며, 처녀자리Virgo 성운까지는 40억 광년이나 된다. 빛의 속력을 감안하면 지금 우리가 보고 있는 처녀자리는 40억 년 전의 상태이다. '관측 가능한' 우주의 끝은 138억 광년쯤 된다.

우리는 첨단 관측기기 덕분에 거의 우주 끝까지 볼 수 있다. 지상의 천체 망원경은 대기의 요동으로 분해능이 떨어지므로, 인공위성에 망원경을 탑재해 공기가 없는 지구 궤도에 쏘아 올렸다. 첫 번째 위성은 1990년 쏘아올린 허블 우주 망원경Hubble Space Telescope이며, 아름다운 우주의 모습을 지금도 계속 보내오고 있다. (5.4.2 참조)

그림 7-8은 인류가 본 가장 먼 우주의 모습이다. 허블 망원경이 아무것도 보이지 않는 허공을 긴 시간 촬영한 수많은 사진을 겹쳐보니 이와 같이 뚜렷한 상이 나타났다. 이 사진은 'Hubble Ultra-Deep Field HUDF'라 부르는데, 사진의 각도 영역은 달의 1/10, 즉 0.05° 밖에 되지 않는다. 이 좁은 공간각 안에 이렇게 많은 은하들이 있으며, 이 중 가장 먼 별의 거리는 130억 광년쯤 된

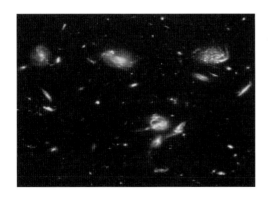

그림 7-8
Hubble Ultra-Deep Field (2004)
(출처: nasaimages.org)
*컬러사진 게재, 5쪽 참고

다고 한다. 우리는 거의 우주의 끝을 보고 있는 것이다.

이 광활한 우주 안에는 어떤 천체들이 얼마나 많이 존재할까? 우리 은하 안에만 3천억 개의 별이 있는 것으로 추산되며, 그림 7-8의 HUDF에 찍힌 은하의 수로부터 추정하면 우리 은하와 비슷한 규모의 은하가 전 우주에 천억 개 이상 존재한다고 한다. 대략 설탕 한 스푼에 포함된 원자의 수만큼 이다9). 인간의 역사로 보면 이 별들은 '항성恒星'이라고 하여 영원한 것으로 보았지만, 별도 생명체처럼 태어나서 자라고 결국에는 죽는다. 현재 우리의 별 태양은 약 45억 년의 나이를 먹은 청년기에 있다고 한다.

별의 탄생은 우주에 가장 풍부한 원소인 수소가 중력에 의해 뭉쳐서 이루어진다. 그림 7-9는 7,000 광년 떨어진 독수리 성운Eagle nebula에서 관측된 '창조기둥'이다. 여기는 별들이 탄생되는 곳인데 밀도가 높은 수소가 중력에 의해 뭉치고 운동이 격렬해 지면서 온도가 높아지면 핵융합이 시작된다. 별의 탄생에는 수소, 중력, 시간만 있으면 된다. 이렇게 태어난 태양은 앞으로 수십

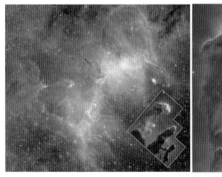

그림 7-9
허블 망원경이 포착한 '창조기둥(pillars of creation)'. 왼쪽 사진에 표시된 부분을 확대한 것이 오른쪽 사진이다. (기둥의 길이는 약 1광년) (출처: nasaimages.org) *컬러사진 게재, 6쪽 참고

---

9) 지구와 같은 행성이나 위성들은 셈에 포함하지 않았다.

억 년 후까지 점점 더 커지고 뜨거워져서 적색거성red giant이 된 다음 핵융합 연료를 다 소모하고 나면 백색왜성white dwarf으로 식으면서 일생을 조용히 마칠 것으로 예상된다.

그러나 모든 별이 태양처럼 조용히 죽지는 않는다. 태양보다 질량이 조금 더 큰 별들은 초신성supernova 폭발을 일으키며 매우 격렬한 최후를 맞는다. 이 폭발은 엄청난 에너지를 한꺼번에 방출하여 짧은 기간 동안 매우 밝게 빛나기 때문에 초신성이란 이름이 붙었는데, 역사적으로 천문학 연구의 중요 표적이 되었다. 초신성 폭발은 다양한 원소의 많은 물질을 쏟아 내어 다른 별의 재료가 되며, 심지어 지구의 생명체들도 초신성 폭발의 잔재로 생각된다. 그림 7-10은 1604년 관측된 '케플러 초신성'의 잔유물이다.

초신성 폭발 후 남은 핵의 질량이 어느 한계보다 크면 자체 중력으로 인하여 원자핵과 궤도 전자가 융합되어 모두 중성자로 변한다. 모든 내부 물질이 중성자로 바뀌는 '중력붕괴' 과정을 거친 후 중성자별이나 심지어 블랙홀이 된다. 중성자별을 이루는 물질은 원자와 전자궤도 사이의 공간이 모두 제거되었으므로(6.1.1 참조) 물질의 밀도가 핵의 밀도와 맞먹을 정도로 매우 크다. 태양 정도의 질량이 반지름 20 km의 공 안에 집약되었다고 생각하면 된다. 블랙홀은 밀도가 너무 커서 빛마저 탈출할 수 없으므로 이런 이름이 붙었다.

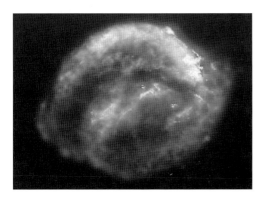

그림 7-10
허블 망원경이 찍은 1604년에 폭발한 케플러 초신성의 잔유물 사진
(출처: nasaimages.org)
*컬러사진 게재, 6쪽 참고

7.4.2 팽창하는 우주

우주의 안정성 문제는 오래 풀리지 않은 문제였다. 천체들 사이의 힘은 오직 중력이므로 중력 이론 연구는 항상 우주의 안정성 문제를 다루었다. 뉴턴의 중력법칙으로 계산해 보면 태양과 가장 가까운[10] 별인 알파 켄타우로스 사이의 붕괴시간은 약 2천만 년으로 계산된다. 뉴턴도 태양계가 조금씩 불안정해질 수 있음을 인지하고 '신'이 개입하여 우주가 안정하다고 설명하였다. 일반 상대론을 만든 아인슈타인도 우주상수를 도입하여 무한하고 정적인 우주를 믿었으나 허블이 우주의 팽창을 발표한 후 우주상수를 포기하였다. (7.1 참조)

그러나 허블 이전에도 우주는 무한한가라는 질문에 대해 생각해 본 사람이 있었다. '올베르스의 역설Olbers' paradox'이란 밤하늘은 왜 어두운가에 대한 역설적인 설명이다[25]. (1823) 우주가 정적이고 무한하다면 어느 방향을 바라보아도 통계적으로 동일한 수의 별들이 보일 것이며, 멀리 갈수록 더 많은 별들이 일정 공간각의 범위 안에 있을 것이다. 태양이 가까이 있다고 해서 낮이 밝고 밤이 어두운 것은 무한하고 정적인 우주로 설명되지 않는다. 따라서 우주는 유한하다는 것인데, 얼핏 역설 같이 보이지만 그렇지 않다. 우주가 유한하다면 그 끝은 어딜까?

1925년 벨기에의 천문학자 르메트르Georges Lemaître는 정적인 우주 이론에 이의를 제기하는 우주 팽창 이론을 처음 주장하였다. 이는 현재의 빅뱅 이론과 매우 비슷하나 그 당시에는 쉽게 받아들여지지 않았다. 그가 가톨릭 신부였다는 것도 하나의 걸림돌이 되었을 것이다.

비슷한 시기에 허블Edwin Hubble이 별에서 오는 빛의 스펙트럼을 관찰하여 별이 지구로부터 멀어지거나 다가오는 속력을 알 수 있는 방법을 고안해 내었

---

10) 가장 가까운 것이 4.3광년이다.

다. 즉, 별빛의 색 변이는 도플러 효과(4.8.3 참조)에 의한 것이므로 스피드건으로 자동차의 속력을 재는 것과 같은 원리로 별의 속력을 알 수 있다. 별이 멀어지는 속력은 별의 거리에 비례한다는 것도 알아내고 이것을 법칙화 하였는데, 이것을 '허블-르메트르의 법칙'이라고 한다. 즉, 별빛의 색(스펙트럼)을 분석하면 이 별까지의 거리를 알 수 있다는 것이다. 이것은 20세기 천문학의 중요한 돌파구로, 천체관측을 2차원에 3차원으로 확장한 것이다.[11]

허블은 이 새로운 천체관측법을 써서 거의 모든 별이 지구로부터 멀어지고 있다는 것을 발견하였다. 즉, 우주는 정지해 있지 않고 팽창한다는 것이 밝혀졌다. (1929) 그러나 별이 멀어지는 속력은 광속보다 작아야 하므로 우리에게 관측 가능한 최대 거리가 존재한다. 이것을 '허블 반지름'이라 하며, 허블-르메트르의 법칙에 의하면 그 값은 약 138억 광년이다. 이것이 우리가 관측 가능한 우주의 크기이다.

7.4.3 빅뱅 이론

우주가 팽창한다면 시간을 거슬러 먼 과거로 거슬러 올라가면 우주의 크기가 0인 '최초의 순간'에 도달할 수 있을 것이다. 따라서 '빅뱅big bang' 이론은 팽창하는 우주의 논리적 시작으로 받아들여진다. 태초(시간 0)에 원자보다 더 작은 알갱이가 하나가 폭발하여 퍼져나가면서 우주가 형성되었고, 지금도 팽창해 나가고 있다는 이론인데 현재 정설로 받아들여지고 있다. 이 태초의 알갱이는 '시공간 특이점'이라고 하는데 인류가 현재 알고 있는 모든 물리법칙이 붕괴되는 무한 온도, 무한 압력, 무한 밀도, 무한 시공간 곡률을 갖는 곳이라고 추정된다. 굳이 물리법칙을 논하자면, 이곳에서 자연계의 모든 힘들은 하나로 통일되어 있었을 것이다[25].

---

11) 당시까지 천문 관측은 2차원이었다. 별의 거리를 알 방법이 거의 없었기 때문이다.

빅뱅 후 10억분의 1초가 지나자 중력이 가장 먼저 분리되어 나오고, 양성자와 중성자가 만들어진다. 1초가 지나면 남아있던 힘이 다시 우리가 알고 있는 정전기력, 약력, 강력, 세 가지의 힘으로 분리되고, 수소원자가 만들어지기 시작한다. 온도는 아직 5억도 정도. 38만 년이 지나자 빛(광자)이 물질로부터 분리되어 나온다. 그리고 10억 년이 지난 후 수소와 헬륨이 뭉쳐서 별들이 만들어지고 핵융합이 일어나며, 그 결과물로 탄소, 질소, 산소 등의 다양한 원소들이 만들어져 현재에 이르게 되었다. 지금 우주는 약 3K(영하 약 270°C)까지 냉각되어 있다. 이것이 요약한 우주의 역사이다.

그러면 우주의 미래는 어떻게 될까? 우주가 팽창을 계속할 것인지 아니면 팽창을 멈추고 다시 수축할 것인지에 대해 논란이 많았는데, 우주의 종말이 어떠할지에 대한 예측이므로 매우 흥미롭다. 여기에는 '암흑물질dark matter'과 '암흑에너지dark energy'가 매우 중요한 역할을 하는데 (7.4.4 참조), 암흑물질은 중력으로 팽창을 방해하고, 암흑에너지는 팽창을 촉진하는 역할을 한다. 최근 초신성 연구에 의하면 우주의 팽창은 가속되고 있다고 한다. 그렇다면 우리의 우주는 언젠가는 매우 차갑고 외로운 종말을 맞이할 것이다. 모든 천체는 끝없이 멀어져 별은 하나도 보이지 않게 될 것이고, 결국에는 물질도 모두 흩어져 하나하나 고립된 소립자의 형태로 끝을 맺는 '빅립big rip'이 예측된다. 물론 인류의 역사는 그 시간에 비하면 찰나에 지나지 않겠지만...

그러면 태초(시간 0) 이전에는 무엇이 있었을까? 이 질문은 우주의 크기, 즉 허블 반지름 바깥에는 무엇이 있는가 하는 질문과 마찬가지로 과학에서 답을 찾기는 어렵다. 왜냐하면 과학에서는 측정 가능한 대상만을 연구하기 때문이다. 다만 시공간이 빅뱅으로 탄생했으며, 그 이전에는 인간이 이해할 수 있는 시간도 공간도 없었다고 하는 것이 과학의 범위 안에서 답이 될 것이다.

7.4.4 빅뱅의 증거와 우주의 구조

별들이 멀어지고 있다는 관측만으로는 빅뱅 이론을 증명할 수 없었다. '빅뱅' 은 이 이론에 반대하던 호일Fred Hoyle이 어느 라디오 방송 인터뷰에서 처음 사용한 용어로, 이 황당한 이론에 대한 조롱의 의미를 담고 있었다. 빅뱅 이론은 1960년대까지 가설로 남아있었으나 '우주배경복사Cosmic Microwave Background Radiation'가 우연히 관측되면서 매우 타당한 우주 형성 이론으로 자리를 굳히기 시작하였다.

우주배경복사란 폭발 최초의 순간 온도를 잴 수 없을 정도로 뜨거운 우주가 식어서 지금의 우주가 되었는데, 현재의 매우 낮은 온도에도 불구하고 우주 전체가 내는 빛, 즉 흑체복사를 의미한다. 우주배경복사를 '최초의 빛' 혹은 '창조의 여운'이라고도 한다. 그러나 우주의 온도가 매우 낮다면 흑체복사 이론(6.2.1)에 따라 이것은 가시광선이 아니라 매우 파장이 긴 전자기파의 스펙트럼을 보일 것이다.

1964년 벨 연구소Bell Labs의 펜지아스Arno Penzias와 윌슨Robert Wilson은 그림 7-11(상)과 같이 큰 안테나를 가진 전파 측정 장치를 세워 전파 천문학 분야에서 위성통신 실험을 수행하고 있었는데, 파장 5 cm 근처의 전자기파 잡음을 제거할 수가 없었다. 모든 잡음 요인을 제거했고 심지어는 안테나를 오염시킨 새의 배설물까지도 제거해 보았지만 이 잡음은 없어지지 않았는데, 결국 이것이 허공의 모든 방향에서 날아오고 있다는 것을 알게 되었다. 이 전자기파 잡음은 잡음이 아니라 절대온도 3K 정도의 흑체복사로 판단되는 우주배경복사의 신호라는 것을 알게 되었고, 윌슨과 펜지아스는 창조의 여운을 최초로 관측한 인물이 되었다.

그 후 우주배경복사를 더욱 정밀하게 측정하기 위해 진보된 마이크로파 검출기를 탑재한 인공위성들이 지구 궤도로 올려졌다. 1989년에는 COBE

그림 7-11
우주배경복사를 측정한 장치(좌)와 온도 비등방성 지도(우). 위로부터 윌슨과 펜지
아스의 안테나(1964), COBE 위성(1989), WMAP 위성(2001)
(출처: nasaimages.org) *컬러사진 게재, 7쪽 참고

Cosmic Background Explorer, 2001년에는 WMAP Wilkinson Microwave Anisotropy Probe
위성이 발사되어 우주배경복사를 정밀하게 측정하였다. 이 위성들은 매우 작
은 온도 차이지만 방향에 따라 우주의 온도가 조금씩 다르다는 정보를 주었
다. 이것을 우주배경복사의 '비등방성anisotropy'이라고 하는데, 그림 7-11의
오른쪽 그림들은 이 인공위성들이 측정한 우주의 온도 비등방성 지도를 보여
준다.

이 비등방성 데이터는 '급팽창 이론(inflation theory)'을 지지하는 증빙이 되
어 빅뱅 이론의 문제점을 다소 해결해 주었고, 우주의 구조가 왜 지금과 같이
되었는지를 설명할 수 있게 하였다. 급팽창 이론은 1980년 구스Alan Guth가 처
음 제안한 이론인데 빅뱅 후 10^{-32}초 안에 극단적으로 급속한 팽창이 일어났

다는 이론이다.

이 급팽창 후 우주는 허블의 법칙에 따라 팽창하였다. 현재 우주가 평평하게 보이는 이유를 빅뱅 이론만으로는 설명할 수 없고, 급팽창 모형이 추가되어야만 설명이 가능하다고 한다. 그러나 아직 우주의 급팽창 시대와 현재 관측되는 가속팽창, 암흑에너지 등과의 관계가 있는지에 대해서는 밝혀져 있지 않은 상황이다. 2009-2013년에는 보다 정밀한 측정장치를 탑재한 '플랑크 위성'이 발사되어 우주의 기원을 밝히는 데 필요한 더욱 정확한 데이터를 제공하였다.

그럼 우주는 어떤 물질로 구성되어 있을까? 우리가 알고 있는 원소로 가장 많은 것은 수소이고 (질량 비율로 75%), 그 다음은 헬륨이다(24%). 그 밖에 이들보다 무거운 원소들은 다 합쳐야 1% 남짓 밖에 되지 않는다. 그러나 모든 원소를 다 모아도 우리가 알고 있는 형태의 물질은 4~5%에 불과하고, 암흑물질과 암흑에너지가 대부분을 차지한다. 전 우주에 암흑물질은 23%, 암흑에너지는 72%나 되는 것으로 추정되고 있다.[12] 이들의 정체에 대해 몇 가지 제안이 되고 있으나 아직 실증된 것은 없다. 다만 이들이 있어야만 우주 팽창 등의 관측 결과가 설명이 되는 것이다. 현대에 들어 인류의 과학은 눈부시게 발전하여 이제 모르는 것이 거의 없을 것이라고 짐작할 수 있는데, 사실은 그 정반대 상황이 벌어진 것이다. 우리는 언제쯤 우주를 제대로 이해할 수 있을까?

7.4.5 우주 탐사

천문학은 근대물리학의 탄생 동기를 제공하였고, 현대물리학의 첨단 분야이기도 하다. 과학의 역사는 우주관의 진보와 밀접한 관련이 있다. 인류의 우주 모형은 고대의 지구중심에서 출발하여 근대에는 태양 중심으로 되었다가, 다시

---

12) 이 용어들에서 '암흑'이란 어두운 것이라기 보다 '모른다'는 뜻이다.

태양계 전체가 우리 은하 주위를 공전하는 모형으로 발전하였다[25]. 하나의 별로 알았던 천체가 별을 천억 개 이상 가지고 있는 은하임이 판명되고, 보이지도 않았던 은하들이 셀 수 없이 많이 있다는 것도 알게 되었다. 그러나 동시에 우주는 유한하며, 한 점에서 태어났고, 팽창하고 있다는 것도 알게 되었다.

우리는 아직도 우주가 어떻게 창조되었는지 잘 모른다. 과연 우주의 창조와 그 원인을 과학에서 논할 수 있을까? 우주 창조의 가설을 제시하는 사람도 있지만 이것이 과학의 범주에 들지는 두고 보아야 할 것이다[29]. 어쨌든 인간의 호기심은 끝이 없다. 알면 알수록 모르는 것이 더 많아지고, 가보지 않은 우주는 어떨까 더욱 궁금하다.

천체망원경으로 하늘을 보는 것만으로는 이 근본적인 호기심을 충족시키지 못하기 때문에 인류는 탐사선을 여러 차례 우주로 쏘아 보냈다. 주로 달과 태양계 행성들이 우선 목표가 되었다. 최초의 인공위성은 구 소련이 쏘아올린 스푸트닉 1호Sputnik-1이고(1957), 가가린Yuri Gagarin이 최초의 우주인이 되었다. (1961) 여기에 자극을 받은 미국은 우주 탐사선에 집중 투자하여 최초로 사람을 달에 보냈다. 암스트롱Neil Armstrong 등이 아폴로 11호를 타고 1969년 6일 20일 역사적인 달 착륙에 성공한 것이다.

태양계 행성 중 가장 많은 탐사선을 보낸 곳은 화성이다. 1965년 처음으로 화성을 지나간 NASA의 마리너Mariner 4호를 시작으로 지금도 2012년 착륙시킨 무인 탐사로봇 큐리오시티Curiosity가 화성 토양을 채취·분석하여 귀중한 데이터를 보내오고 있다. 화성은 지구와 닮은 행성으로 생명체가 있었거나 있을 가능성에 주목하고 있다. 생명체는 아직 발견되지 않았으나 최근 화성의 토양에서 물이 발견되었다고 한다.

그 외의 태양계 행성의 궤도와 대기권에도 무인 탐사선이 진입하였으며, 특히 외행성 탐사를 위해 NASA가 쏘아 올린 탐사선 카시니Cassini는 토성의 궤도를 돌다가 다시 소형 탐사선 하위헌스Huygens을 쏘아 토성의 위성 중 하나인 티탄Titan에 착륙시켰다. (2005) 하위헌스 탐사선은 신기한 사진들을 포함한 많은 정보를 전송하였는데, 티탄에는 물 대신 메탄 등의 액화 탄화물의 비가 내리고 강이 흐르는 등 원시지구와 닮은 점이 많다고 한다.

그림 7-12는 하위헌스 탐사선이 찍어서 전송한 티탄 표면 사진이다. 하위헌스가 1655년 처음 발견했을 때 티탄은 망원경으로도 겨우 볼 수 있는 희미한 점이었지만 (4.8.1 참조), 350년이 지난 후 인류가 보낸 무인 탐사선이 무려 십오억 km 떨어진 곳에서 보내온 이 사진을 보면 그의 꿈이 이루어진 것 같아 감동을 준다.

그림 7-12
하위헌스 탐사선이 찍은 티탄 표면 사진. 돌멩이들과 누런 대기를 보여준다.
(출처: nasaimages.org)

최근에 다른 천체에도 생명체가 존재할 가능성에 많은 관심이 쏠리고 있다. 화성은 비교적 가깝기는 하지만 이제까지의 노력에 비추어 볼 때 고등생물이 존재할 가능성은 낮아 보인다. 그러나 우주에는 수많은 별들이 있고, 이들에 딸린 행성들은 더 많은데, 이 중에 몇 개에는 확률적으로 생명체가 존재할 가능성이 매우 크다는 논리이다. 실제로 우주 생명체 탐색은 액체 물을 가지고 있는 '지구 같은 행성Earth-like planets'에 대한 원거리 탐사이다. 첨단 관측 장비들을 동원하면 수백 광년 떨어진 별을 공전하는 행성의 궤도와 대기 온도 등을 추정할 수 있다. 천문학자들은 이미 여러 개의 지구 같은 행성을 발견했고, 액체 물의 존재 여부, 온도 등 생명의 조건을 탐구하고 있다.

맺는 글

이제까지 물리학의 역사를 따라가면서 중요한 물리 개념들을 간략히 소개하였다. 그러나 너무 많은 내용을 모두 소개할 수 없었으므로 저자의 주관으로 선별하여 정리하였다. 특히 20세기 이후에는 기하급수적으로 많은 발명, 발견들이 이루어졌으므로 중요한 일들이 많이 누락될 수밖에 없었다. 이 부분은 다른 문헌들을 참고하기를 권한다.

세상을 바꿔놓은 물리학의 발전은 되돌릴 수 없는 것으로, 그 자체가 '열역학 제2법칙'의 적용을 받고 있는 것이 확실하다. 발전은 항상 가속되어 왔으나, 19세기 말처럼 모든 문제가 다 풀리고 더 이상 물리학의 발전은 없다고 생각된 정체기도 있었다. 그러나 새로운 지식의 지평은 이때부터 열리기 시작하였다.

20세기 초에 등장한 양자역학과 상대론을 '현대물리'의 양 축이라고 부르고 있으나, 이들의 나이는 거의 100세나 되었으므로 사회통념상의 '현대' 물리는 아니다. 뉴턴과 맥스웰로 대표되는 '고전물리'와 대비하여 그렇게 부르고 있을 뿐이다. 그러나 물리학은 공학이나 다른 과학 분야들에 비해 '관성'이 매우 크므로 아직은 현대물리라고 불러도 될 것 같다.

인류가 현대물리를 통하여 자연현상을 더 잘 이해하게 된 것은 사실이지만, 알면 알수록 모르는 것은 더 많아지고 있다. 우주의 끝이 있다지만 이것은 현재 측정 가능한 끝이다. 그 바깥에는 무엇이 있을까? 빅뱅 이론이 맞는다면 빅뱅 이전에는 무엇이 있었을까? 우리 우주 외에 다른 우주는 없을까? 있다면 이들은 어떻게 만들어졌고 어떻게 종말을 맞을까? 암흑물질과 암흑 에너지는 무엇일까? 이러한 질문들에 대해 과학적인 답이 과연 있기나 할까? 답이 있다면 현재 혹은 가까운 미래에 나타날 물리법칙으로 설명이 가능할까? 아니면 전혀 새로운 과학이 나타날 시기가 된 것은 아닐까?

질문은 끝없이 이어지고, 인류가 당장 이와 같은 질문에 대한 답을 알 수 있을 것 같지는 않다. 그러나 물리학이 발전할수록 인간이 볼 수 있는 영역은 확장되어 가고 있다. 과연 그 끝을 볼 수 있을지, 아니면 모르는 부분의 영역이 더욱 늘어날지는 알 수 없다. 분명한 것은 물리학은 계속 그 끝을 추구할 것이고 우리가 보는 자연의 지평은 더욱 확장될 것이다. 이것이 기술의 발전과 결부되어 인간의 삶과 사회에 지대한 영향을 미쳐 왔으며, 앞으로도 계속 그러할 것이다.

참고문헌

[1] Charles Van Doren, *A History of Knowledge*, Ballantine Books (1996).

[2] Tony Rothman, *Instant Physics: From Aristotle to Einstein, and Beyond*, Byron Press (1995).

[3] James E. McClellan III, Harold Dorn 저, 전대호 역, "과학과 기술로 본 세계사 강의", 모티브북 (2006).

[4] Michael H. Morgan 저, 김소희 역, "잃어버린 역사, 이슬람", 성균관대 출판부 (2009).

[5] 오민영, "동양과학사", 두리미디어 (2007).

[6] 김학수, "말로 물을 끓인 사람", 부산대학교 출판부 (1998).

[7] John Gribbin 저, 강윤재, 김옥진 역, "과학: 사람들이 알아야 할 모든 것", 들녘 (2004).

[8] Hal Hellman 저, 이충호 역, "과학사 속의 대논쟁 10", 가람기획 (2000).

[9] Robert P. Crease 저, 김병남 역, "세상에서 가장 아름다운 실험 열 가지", 지호출판사 (2006).

[10] Heinrich Zankl 저, 도복선, 김현정 역, "과학의 사기꾼", 시아출판사 (2006).

[11] Thomas Levenson 저, 박유진 역, "뉴턴과 화폐위조범", 뿌리와이파리 (2015).

[12] Bureau International des Poids et Mesures, *Information for users about the redefinition of the SI*, Updated May 20, 2019.

[13] Halliday, Resnick, Walker 저, "일반물리학 제 1,2권", 고려대, 서강대, 연세대, 이화여대, 충남대, 한양대 물리학과 교수 역, 범한서적 (2015).

[14] 야마모토 요시타카(山本 義隆) 저, 이영기 역, "과학의 탄생", 동아시아 (2005).

[15] Barry R. Masters, *Ludwig Boltzmann, A Pioneer in Atomic Theory*, in Optics and Photonics News, Nov. 2011.

[16] Serway, Moses, Moyer 저, 김광철, 김은규, 김태완, 박계태, 윤석현, 이미리, 황운학 역, "현대물리학", 북스힐 (2007).

[17] 김학수, "빛 이야기", 부산대학교 출판부 (2003).

[18] Eugene Hecht, *Optics, 4-ed.* Addison Wesley (2002).

[19] Thomas Young, *The Bakerian Lecture: Experiments and Calculations Relative to Physical Optics*, Philosophical Transactions of the Royal Society of London, **94**, 1-16 (1804).

[20] Daniel Kleppner, *Master of Dispersion*, Physics Today **58**, 10, Nov. 2005.

[21] Carl Sagan 저, 홍승수 역, "코스모스", 사이언스북스 (2010).

[22] Davide Castelvecchi, Alexandra Witze, *Einstein's gravitational waves found at last*, Nature News (2016.2.11.).

[23] New York Times 편집진, *The Chirp Heard Across the Universe*, New York Times (2016.2.16.).

[24] A. Tonomura, J. Endo, T. Matsuda, T. Kawasaki, and H. Ezawa, *Demonstration of Single-Electron Buildup of an Interference Pattern*, American Journal of Physics **57**, 117 (1989).

[25] Stephen Hawking 저, 김동광 역, "그림으로 보는 시간의 역사", 까치글방 (2005).

[26] 최무영, "최무영교수의 물리학강의, 개정판", 책갈피 (2019).

[27] 강주상, "이휘소 평전", 럭스미디어 (2011).

[28] James T. Cushing 저, 송진웅 역, "물리학의 역사와 철학", 북스힐 (2006).

[29] Stephen Hawking, Leonard Mlodinow 저, 전대호 역, "위대한 설계", 까치글방 (2010).

찾아보기

물리로 세상을 바꾸다

2019년 8월 27일 1판 1쇄 펴냄

지은이 차명식 | 펴낸이 류원식 | 펴낸곳 (주)교문사(청문각)

편집부장 김경수 | 책임진행 신가영 | 본문편집 OPS design | 표지디자인 유선영
제작 김선형 | 홍보 김은주 | 영업 함승형 · 박현수 · 이훈섭
주소 (10881) 경기도 파주시 문발로 116(문발동 536-2) | 전화 1644-0965(대표)
팩스 070-8650-0965 | 등록 1968. 10. 28. 제406-2006-000035호
홈페이지 www.cheongmoon.com | E - mail genie@cheongmoon.com
ISBN 978-89-363-1846-8 (93400) | 값 17,000원